Uni Taschenbücher 759

UTB

Eine Arbeitsgemeinschaft der Verlage

Birkhäuser Verlag Basel und Stuttgart
Wilhelm Fink Verlag München
Gustav Fischer Verlag Stuttgart
Francke Verlag München
Paul Haupt Verlag Bern und Stuttgart
Dr. Alfred Hüthig Verlag Heidelberg
Leske Verlag + Budrich GmbH Opladen
J. C. B. Mohr (Paul Siebeck) Tübingen
C. F. Müller Juristischer Verlag – R. v. Decker's Verlag Heidelberg
Quelle & Meyer Heidelberg
Ernst Reinhardt Verlag München und Basel
F. K. Schattauer Verlag Stuttgart-New York
Ferdinand Schöningh Verlag Paderborn
Dr. Dietrich Steinkopff Verlag Darmstadt
Eugen Ulmer Verlag Stuttgart
Vandenhoeck & Ruprecht in Göttingen und Zürich
Verlag Dokumentation München

Umweltpolitik

Umweltpolitik

Beiträge zur Politologie des Umweltschutzes

Herausgegeben von
Martin Jänicke

Leske Verlag + Budrich GmbH Opladen

CIP-Kurztitelaufnahme der Deutschen Bibliothek

Umweltpolitik: Beitr. zur Politologie d. Umweltschutzes / hrsg. von Martin Jänicke. — 1. Aufl. — Opladen: Leske und Budrich, 1978.
  (UNI-Taschenbücher; 759)
  ISBN 3-8100-0234-8

NE: Jänicke, Martin [Hrsg.]

© 1978 by Leske Verlag + Budrich GmbH, Opladen
Satz: Gisela Beermann, Leverkusen
Druck: Hain-Druck Meisenheim
Bindearbeit von Sigloch-Henzler KG, Stuttgart
Einbandgestaltung: Alfred Krugmann, Stuttgart
Printed in Germany

Vorwort

Der vorliegende Band ist hervorgegangen aus — im Ansatz unterschiedlichen — Referaten, die auf dem Kongreß der Deutschen Vereinigung für Politische Wissenschaft im Oktober 1977 in Bonn gehalten wurden. Hinzugekommen sind die Einleitung sowie die Beiträge von Erich Hödl und Jürgen Gerau. Organisiert wurde die „Umwelt-Sektion" des Kongresses von den Mitarbeitern des Projekts „Politik und Ökologie der entwickelten Industriegesellschaften" an der Freien Universität Berlin. Einige Materialien des — aus Mitteln der VW-Stiftung geförderten — Projekts sind diesem Band als Anhang beigefügt. In diesem Zusammenhang habe ich insbesondere Herrn Dipl. Pol. Helmut Weidner für seine Hilfe als maßgeblicher Mitarbeiter des Projekts zu danken. Bei der Bearbeitung und Durchsicht des Manuskripts wirkte Frau Dipl. Pol. Harriet Hauptmann mit.
Die Auswahl der Beiträge versucht vorrangig dem Umstand Rechnung zu tragen, daß das Verhältnis von Politik und Ökonomie als Problemaspekt von Umweltpolitik noch längst nicht hinreichend erforscht ist, nicht jedenfalls, wenn man es als interessenbedingt-konflikthaftes begreift und in diesem Sinne nicht bloß modelltheoretisch konzipiert (das eigentliche Politikum sind ja meist die ausgeklammerten „ceteri"). In zweiter Hinsicht ist die Evaluation von Strategien und Instrumenten der Umweltpolitik — auch unter international vergleichenden Aspekten — von Belang. Dies zum einen, weil die unmittelbaren Durchsetzungschancen und Effektivitäten umweltpolitischer Vorgehensweisen von hohem praktisch-politischem Interesse sind; zum anderen aber, weil die unmittelbaren „Erfolge" einer Strategie — etwa die optischen Effekte der Entsorgungsstrategie — kein ausreichendes Effizienzkriterium sind und weitergehender kritischer Analyse bedürfen, wenn Umweltpolitik mehr sein soll als Problemverschiebung oder technologische Symptombekämpfung mit der Folge

von Kostenexplosionen (oder neuen Umweltkrisen), die die Finanzprobleme des Staates verschärfen helfen.

Der Schlußbeitrag von Ronge versucht schließlich — ebenso wie die Einleitung — deutlich zu machen, was es bedeutet, wenn die Diskussion über Wachstumskrise und Umweltbelastung — unpolitologisch — mit der ebenso verbreiteten wie verheerend naiven Prämisse geführt wird, daß „wir alle" oder auch „der Staat" letztlich nur „umzudenken" brauchten, um die absehbaren Entwicklungskrisen der spätindustriellen Gesellschaft in den nächsten zwanzig Jahren zu vermeiden. Es hat strukturelle Gründe, warum die Fetischisierung des Industriewachstums heute wie vor den Meadows und der Ölkrise anhält. Umweltpolitik ist eine Summe von Kraftakten ohne gesicherte Organisations- oder gar Machtbasis, die gegen die übermächtige Koalition von unternehmerischen, gewerkschaftlichen und staatlichen Wachstumsinteressen durchgesetzt werden müssen. Sie kann nur im Maße ihrer Illusionslosigkeit Erfolge erzielen.

M. Jänicke

Inhaltsverzeichnis

Martin Jänicke
Umweltpolitik im kapitalistischen Industriesystem
Eine einführende Problemskizze 9

Arparslan Yenal
Wirtschaftswachstum und umweltpolitische
Problemlösungskapazität 36

Dieter Ewringmann / Klaus Zimmermann
Umweltpolitische Interessenanalyse der Unternehmen,
Gewerkschaften und Gemeinden 66

Erich Hödl
Konjunktur und Umweltpolitik 101

Jürgen Gerau
Zur politischen Ökologie der Industrialisierung
des Umweltschutzes 114

Martin Jänicke
Blauer Himmel über den Industriestädten — eine
optische Täuschung 150

Lennart J. Lundquist
Bürgerbeteiligung und Luftreinhaltung 166

Ulrich Albrecht
Umweltschutz und Rüstung 200

Volker Ronge
Staats- und Politikkonzepte in der sozio-ökologischen
Diskussion 214

Anhang
  Schaubilder und Tabellen 252
  Literaturverzeichnis 263
  Die Autoren 268

Umweltpolitik im kapitalistischen Industriesystem
Eine einführende Problemskizze
Martin Jänicke

Vorbemerkungen und Begriffsbestimmungen

Die allgemeinen Termini der politischen Sprache taugen politikwissenschaftlich meist nur soviel, wie die in ihnen enthaltene Negation mitgedacht und -analysiert wird. Erst dann erhalten sie Konkretheit, reduziert sich die Beliebigkeit möglicher Definitionen, verweisen sie auf das in ihnen enthaltene Politikum.

„Umweltpolitik" ist in diesem Verständnis nur aus der Zuspitzung einer bestimmten Negativität industriegesellschaftlicher Entwicklung mit der Folge immer weiterer Beeinträchtigungen von Mensch und Natur zu begreifen. Sie ist konflikthafte Reaktion auf diese Entwicklung. Und ihre Durchsetzung trifft wiederum auf Konfliktreaktionen des Industriesystems.

Wer von Umweltpolitik spricht, muß folglich vom Industriesystem — und dem Verhältnis von Politik und Ökonomie in ihm — reden.

Der folgende Beitrag nimmt sich dies vor. Als „einführende Problemskizze" will er weder Forschungsergebnisse ausbreiten noch Literatur diskutieren, noch gar Theorie entwickeln. Es geht um die *deskriptive* Charakterisierung des komplexen Geflechts von Macht, Einfluß und — vor allem — zwanghaften Interessenlagen, in dem das parlamentarisch-bürokratisch regulierte kapitalistische Industriesystem Umweltprobleme generiert und Umweltpolitik restringiert. Unsere Darlegung ist aus Gründen objektiver und subjektiver Betroffenheit nicht wertfrei. Sie bemüht sich — selbstverständlich — um Objektivität. Sie ist da, wo sie über bekannte Forschungsstände hinausgeht, hypothetisch. An solchen Punkten muß der Leser — aufgrund seiner Informationen und politischen Erfahrungen — über Richtigkeit oder Plausibilität der Aussage entscheiden.

Umweltpolitik ist ein neuer Typus — genauer: Aspekt — von Politik. Als „Umweltschutz" ist sie in der bürokratisch-arbeitsteiligen Definition die Summe der Ressorttätigkeiten „Luft- und Wasserreinhaltung", „Lärmschutz" und „Abfallbeseitigung"; Umweltpolitik (im weiteren Sinne) umfaßt dann auch Bereiche wie Technologie-Politik, Raumordnung, Stadtentwicklungsplanung oder Naturschutz. Daneben ist auch von Umweltpolitik als Querschnittsaufgabe die Rede. Diese Handhabung des Begriffs verweist auf die Universalität des Problems, wenn auch nicht auf seinen negativen Kern: Umweltpolitik ist zuallererst Problemabwehr im Hinblick auf *Beeinträchtigungen durch industrielle Produktionen und Produkte.* Diese Problemabwehr beginnt beim Umweltschutz im engeren Sinne, sie erweist sich aber als ebenso notwendig im Arbeitsschutz, im Lebensmittel- oder Arzneimittelrecht, in den Sicherheitsbestimmungen für Kernkraftwerke oder in Regelungen für den Luftverkehr. Umweltpolitik ergibt sich *notwenig* angesichts der erreichten Quantität und großtechnologischen Qualität industrieller Produktion. Die *Quantität* der industriellen Emissionen, der durch Industrieansiedlungen, Straßenbau oder Tagebaugewinnung von Rohstoffen vernichteten Lebensräume und die *Qualität* der produzierten Gefährdungen des Menschen erzwingen diese neue Ebene politischer Problemlösung.

Aber was ist dies für eine Struktur, in der die Probleme industriell produziert, die Problemlösungen hingegen dem politischen System zugeschoben werden?

Wir werden weiter unten zeigen, daß die Gründe für die reaktive Rolle des Staates gegenüber dem Industriesystem die gleichen sind wie die Gründe seiner unzureichenden Problemlösungskapazität. Hier ist zunächst einmal festzuhalten, was wir unter „Industriesystem" verstanden wissen wollen.

Das *Industriesystem* ist eine Erfindung des Kapitalismus, und seine – produktive wie destruktive – Dynamik ist noch immer da am größten, wo der Profit das beherrschende Investitionsmotiv ist. Profit bedeutet Wachstum. Und Wachstum ist das bestimmende Kennzeichen des Industriesystems. Dennoch ist dieses nicht auf den Kapitalismus beschränkt und sein Wachstum nicht ausschließlich profitwirtschaftlich verursacht. Die sozialistischen Länder sowjetischen Typs haben zwar die Machtverhältnisse und Eigentumsstrukturen des Kapitalismus revolutioniert. Aber das Postulat, den kapitalistischen Prototyp des Industriesystems einzuholen und zu überholen, hat zu einer immer stärkeren Orientierung an der westlichen Ökonomie und Technologie, vor allem aber zu einer immer weiteren Integration in den kapitalistischen Weltmarkt geführt. Spätestens am Weltmarkt verhalten sich diese Länder wie kapitalistische Großbetriebe unter Konkurrenzbedingungen. Und diese Struktur wirkt nach innen. Die COMECON-Länder haben von ihrer Planungsstruktur her zwar die Möglichkeit vorausschauender Strukturpolitik und Technologiekontrolle. Aber sie haben diese Möglichkeiten bisher nicht genutzt. Weder haben sie alternative — problemlose — Technologien (low impact technologies) entwickelt, noch Alternativen zur zentralistisch vermachteten, hochspezialisierten Großindustrie geschaffen. Die großindustrielle Gigantomanie ist bisher unangefochten, weniger als im Kapitalismus — trotz analoger Problemeffekte und analoger reaktiver Problemlösungen des Staates und einem ständigen Anstieg der sozialen Kosten.

Deshalb ist das Industriesystem eine Erfindung des Kapitalismus und dennoch weltweit. Wir vertreten gleichwohl nicht die Theorie einer einheitlichen Industriegesellschaft. Es ist ein gewaltiger Unterschied, ob ein Systemtypus an chronischem Kapitalüberschuß oder aber an ständigem Kapitalmangel leidet. Es ist gleichermaßen nicht belanglos, welche gesellschaftlichen Widerspruchsmöglichkeiten das politische System bereitgestellt (→ weil sie das Innovationspotential der Gesellschaft erhöhen). Es ist unter umweltpolitischen Aspekten ferner nicht unerheblich, welche Rolle der private Konsum in einem System spielt und ob die private Vergeudung eine Wachstumsbedingung ist oder nicht. Das Verhältnis von Konvergenz oder Divergenz der westlichen und der östlichen Industriegesellschaften kann jedoch unmöglich auch nur ein Nebenthema dieses kurzen Beitrags sein. Deshalb beschränken wir uns hier auf den parlamentarisch-bürokratisch regulierten Prototyp des *kapitalistischen* Industriesystems.

Industrie ist gleichermaßen eine Struktur wie ein dynamisches Prinzip. Ihre Strukturmerkmale sind die *Spezialisierung,* die *Zentralisierung* und die *Rationalisierung.* Diese Struktur — Massenproduktion von Spezialgütern durch industrielle Großaggregate auf der Basis des jeweils günstigsten Verhältnisses von Aufwand und Ertrag — ist auf vielfache Weise dynamisch:

— Massenproduktion tendiert zur ständigen Erweiterung der Märkte.
— Das Verhältnis von Aufwand und Ertrag läßt sich technologisch ständig verbessern.
— Der hierdurch in Gang gehaltene „technische Fortschritt" schafft sich neue Nachfrage.
— Der hierbei steigende Kapitalbedarf fördert die Zentralisierung etc.

Ein weiterer dynamischer Aspekt von Industrie ist ihre Tendenz zur *Totalisierung nach außen und innen:*

- nach außen durch Schaffung von Weltmärkten (Internationalisierung)
- nach innen durch Universalisierung industrieller Prinzipien: Es werden immer weitere Gesellschaftsbereiche und Aspekte des Lebens von ihnen erfaßt (von der Nahrungs- bis zur Kulturindustrie). Selbst die industriell geschaffenen Probleme (Umweltverschmutzung oder „Zivilisationskrankheiten") unterliegen einer Tendenz zur industrialisierten Problemlösung.

Die industrielle *Problemproduktion* ist der dritte dynamische Aspekt — und vermutlich der wichtigste. Die Rationalität der Industrie ist eine *betriebswirtschaftliche*. Der Einzelbetrieb mag multinationale Dimensionen haben, *sein Kostenkalkül schließt außerbetriebliche Rücksichten aus* (sofern sie ein Kostenfaktor und nicht politisch erzwungen sind). Diese strukturelle Rücksichtslosigkeit des einzelwirtschaftlichen Rentabilitätskalküls (auch im COMECON) wird im Falle von Umweltproblemen nur besonders evident. Sie gilt generell und verstärkt sich durch das arbeitsteilige Auseinanderreißen von Ursache (Produktionsentscheidung) und Schadenswirkung. Sie wird vor allem *erzwungen* durch Konkurrenz, wenn Kosten von Rücksichtnahmen Wettbewerbsnachteile erbringen. Und wo sie Probleme schafft, führt sie zum Ruf nach der staatlichen Instanz, die als Minimum *volkswirtschaftliche* Rentabilitätskalküle, als Optimum weitergehende Interessen der Allgemeinheit (z.B. Umweltinteressen) zur Geltung bringt.

Es scheint nun aber, als ob es im Zuge der industriellen Entwicklung immer mehr zu einer *Krise der politischen Instanz* und damit zur *Unregierbarkeit des Industriesystems* kommt. Während die industrielle Problemproduktion steigt, erhöht sich keineswegs die Interventionskapazität des Staates im hinreichenden Maße. Das Industiesystem ist — zumindest im Kapitalismus — sehr weitgehend in der Lage, den Staat und seine etwaigen Eingriffe auf dem Niveau einzelwirtschaftlicher Wachstums-Interessen zu halten, zumindest in dem Sinne, daß ein staatliches Veto gegen problematische Produktionen unterbleibt und stattdessen die wachstumskonforme, die industrielle Problemlösung (wenn überhaupt) durchgesetzt wird. Diese aber muß bezahlt werden. Es ist neben dem Konsumenten fast immer der Staat, der diese Kosten zu erbringen hat. Das aber bedeutet: Auch der „Problembeseitiger" Staat setzt auf Wachstum und erhöht damit die expansive Dynamik des Industriesystems.

Staat und Industriesystem

Die allgemeine Rolle des Staates im (kapitalistischen) Industriesystem bedarf einer etwas ausführlicheren Kennzeichnung. Eine Reihe industrieller Staatsfunktionen ergibt sich aus der Tatsache, daß das Industriesystem kein eigenes „Subjekt" hat, seine Dynamik vielmehr aus der einzelbetrieblichen Verwertung spezieller Technologien unter Anwendung einzelbetrieblicher Rentabilitätskalküle erwächst. Hieraus folgt:

1) Mit der wachsenden Spezialisierung wächst die Interdependenz der einzelnen „Wirtschaftssubjekte" und die Komplexität ihrer Beziehungsstrukturen. Dies ergibt eine wachsende Nachfrage nach staatlichen Regelungen und Verrechtlichungen. Ohne diese zunehmende *regulative Leistung* würde die Kalkulierbarkeit und damit die Effektivität des Industriesystems gemindert.

2) Die spezialisierte Massenproduktion hat *allgemeine Vorbedingungen*, die in das betriebswirtschaftliche Wachstumskalkül schwer integrierbar sind. Die Schaffung eines Reservoirs von hinreichend qualifizierten Arbeitskräften ist eine solche allgemeine Produktionsbedingung, die man besser der „Allgemeinheit" bzw. der staatlichen Bildungspolitik überläßt. Diese enthält denn auch – wie die Forschungspolitik – eine wachsende Bedeutung im Prozeß der industriellen Entwicklung. Der öffentliche Straßenbau und überhaupt die Schaffung allgemeiner Kommunikationsbedingungen für die Wirtschaft (Bahn, Post) sind andere Beispiele.

3) Noch größere Bedeutung haben die *allgemeinen Produktionsfolgen* bzw. die externen Effekte einzelbetrieblich kalkulierter Industrieproduktion. Die Belastung der Luft, des Wassers, die Abfallprobleme und das steigende Lärmniveau gehören hierzu ebenso wie die staatlich zu kompensierenden Gesundheitsschäden im Zeichen einer Krankheitsstruktur, die immer stärker industriegesellschaftlich bestimmt ist. Zu den allgemeinen Produktionsfolgen gehören auch die Urbanisierung oder das wachsende ökonomische Niveaugefälle zwischen einzelnen Landesteilen oder Wirtschaftszweigen (z.B. Industrie-Landwirtschaft), das immer neue Herausforderungen an die staatliche Umverteilungskapazität schafft. Auch die im Zuge der ständigen Erhöhung der Arbeitsproduktivität regelmäßig freigesetzten und umzudirigierenden Arbeitskräfte überlassen die spezialisierten „Wirtschaftssubjekte" naturgemäß der Allgemeinheit. Aber nicht nur die Tatsache, daß die Summe einzelwirtschaftlicher Teilinteressen

weder das „Gemeinwohl" noch auch nur ein volkswirtschaftliches Gesamtinteresse ergibt, erfordert einen „ideellen Gesamtkapitalisten" bzw. Gesamtindustriellen. Der Staat ist selbst ökonomisch wie politisch am Industriewachstum interessiert. Seine Neigung, die Einzelbetriebe mit optimalen Produktionsbedingungen zu versehen und sie von externen Kosten zu entlasten, entspricht dieser Wachstumsmotivation.

4) Der Staat im Industriesystem ist also Wachstumsmotor sui generis und in dieser Hinsicht vom Industriesystem abhängig. Es geht dabei weniger um die fiskalischen Bedürfnisse einer von eigenen Expansionsmotiven bestimmten staatlichen Bürokratie. Auch die Tatsache, daß sich der Staat durch wirtschaftliches Wachstum – und die hierdurch gegebenen wohlfahrtspolitischen Möglichkeiten – einen wesentlichen Teil seiner allgemeinen Legitimation verschafft, ist nicht so entscheidend wie etwa die Tatsache, daß die Schaffung von Vorbedingungen und die Bewältigung der Folgen des Industriewachstums einen steigenden Finanzbedarf schaffen. Der kapitalistische Staat ist zusätzlich wachstumsabhängig, weil er sich in der Rezession stets im Vorgriff auf den Aufschwung verschuldet. Generell steigt der Finanzbedarf des Staates der Industriegesellschaft auch durch sein wachsendes Umverteilungspensum im Hinblick auf disproportional entwickelte Regionen und Sektoren. Schließlich schafft auch die Verlängerung der Ausbildungszeit und des Rentenalters einen Zwang zur Einkommenssteigerung bei der öffentlichen Hand.

Wo immer der Zielkonflikt zwischen Wirtschaftswachstum und Umweltqualität sich zuspitzt, wird die Wachstumsorientierung des Staates allenfalls durch bestimmte legitimatorische Interessen modifiziert. Dies gilt auch für die Kommunen, zumindest in den – kapitalistischen – Ländern, deren Gemeinden ihre prekäre Finanzsituation vorrangig durch die Expansion örtlicher Industrien verbessern müssen.

Die bisher angeführten Punkte betreffen *funktionelle* Verflechtungen des Staates mit dem Industriesystem und seinen Wachstumsinteressen. Sie sind wichtig – wichtiger als personelle Verflechtungen, „Verfilzungen" und Zirkulationen zwischen beiden Bereichen –, weil sie zeigen, daß es keineswegs nur Machtabhängigkeit oder Korrumpierung sind, die staatliche Entscheidungen weitgehend auf industrielle Interessenlagen ausrichten. Die verbreitete Doktrin, man müsse nur die Industrie demokratisieren oder den Staatsapparat mit den richtigen Leuten besetzen, um der Wirtschaftsentwicklung eine gemeinwohl-

orientierte Richtung zu geben, ignoriert die objektiven Wachstumstendenzen des Industriesystems *und* seines Staates.
5) Dennoch wird kein Politologe seine Augen vor der Tatsache verschließen, daß es über diese funktionelle Verflechtung hinaus auch Einflüsse und Pressionen machtpolitischer Art gibt, die immer dann erkennbar werden, wenn der Staat aus legitimatorischen Gründen Allgemeininteressen im Konflikt gegen industrielle Wachstumsinteressen durchzusetzen sucht. Daß solche Konflikte insgesamt selten und außeralltäglich sind, hängt — neben den eigenen Wachstumsinteressen des Staates — mit der Alltäglichkeit der industriellen Organisationsmacht und Einflußmöglichkeit zusammen, die einer genaueren Betrachtung bedarf.

Industrielle Macht

Macht und Einflußchance des kapitalistischen Industriesystems bestimmen sich vor allem durch folgende Faktoren: (1) die Parallelität von wirtschaftlichen Wachstums-, staatlichen Steuer- und gewerkschaftlichen Einkommensinteressen, (2) die Organisationsmacht der einzelnen Industriekomplexe, (3) das hohe Konflikt- und Verweigerungspotential industrieller Interessen, (4) die Abwälzbarkeit industrieller Legitimationsbedürftigkeiten auf den Staat, (5) die industrielle Kontrolle über Technologien und Informationen, (6) die Suggestivität technologischer Möglichkeiten, (7) die entwickelten Manipulationskapazitäten und nicht zuletzt (8) das starke Effektivitätsgefälle zwischen hochorganisierten industriellen Erwerbsinteressen und schwach organisierten Nichterwerbsinteressen vom Typus der Umweltinteressen.
1. Es sind nicht nur die — wachstumsbestimmten — fiskalischen Interessen der zentralstaatlichen und der kommunalen Bürokratien, die dem industriellen Wachstumsinteresse parallel laufen. Dies gilt auch für die Einkommensinteressen der Gewerkschaften, und zwar im Maße ihrer Transformation in hocholigarchische, routinemäßige Lohnerhöhungsmaschinen, die selbst unternehmerische Funktionen ausüben und deren bürokratische Finanzinteressen die materielle Seite der Tarifabschlüsse auf Kosten der qualitativen Forderungen begünstigen. Die Erhöhung der Lebensqualität — wie die Minderung der Arbeitslosigkeit — sind dagegen Forderungen, die häufig mehr die Ideologieproduktion als die Praxis der Gewerkschaften bestimmen.

Durch das staatliche Interesse am Lohnsteueraufkommen wird dieser Ökonomismus der Gewerkschaften — im Rahmen der staatlichen Lohnpolitik — zusätzlich gefördert. So kommt es in verschiedenen Ländern, daß sich Gewerkschafter — zumindest auf der Betriebs- und Branchenebene — als industrielles Fußvolk gegen den Umweltschutz mobilisieren lassen. Dies kontrastiert nicht nur mit der Tatsache, daß die Arbeitswelt heute die brisantesten Umweltschutzprobleme aufwirft (vgl. die Tabelle im Anhang zur Entwicklung der Berufskrankheiten), sondern auch damit, daß der Umweltschutz heute mehr Arbeitsplätze geschaffen oder gesichert hat als jedes mit Arbeitsplatzargumenten an die Öffentlichkeit tretende wirtschaftliche Teilinteresse.

2. Die *Organisationsmacht* des Industriesystems bestimmt sich aber nicht nur durch diese *allgemeine* Übereinstimmung mit staatlichen und gewerkschaftlichen Wachstumsinteressen. Ihre Effektivität resultiert nicht zuletzt aus der *Spezialisierung industrieller Organisationskomplexe*. Sie ermöglicht es, Teilinteressen zu mobilisieren, die das *allgemeine* Wachstumsinteresse nicht hinter seine Fahnen scharen würde.

Hierbei ist zu unterscheiden zwischen den Industriesektoren, die — wie etwa die chemische Industrie oder der Maschinenbau — unmittelbar von *privater Kundschaft* leben, und jenen, die auf Staatskundschaft angewiesen sind. Die *Staats*kundschaft, die über die „öffentliche Nachfrage" gewonnen wird, erhält (wie die Staatsquote) im Verlauf der industriellen Entwicklung eine immer größere Bedeutung. Dies hat vielfältige Gründe. Wir sehen hier zunächst ein Ergebnis der wachsenden Rolle des Staates als Krisenmanager und Wachstumsförderer. Der „öffentliche" Markt erweitert sich aber auch mit der Zunahme von staatlichen Aufgaben, die wiederum weitgehend Bedingung und Folge des großindustriellen Wachstums sind. Aus der Sicht der Industrie ist die Attraktivität der Staatskundschaft offenbar: Im Gegensatz zur Privatkundschaft ist sie kalkulierbar; überdies lassen sich den staatlichen Verwaltungen meist Preise abverlangen, die die Privatkundschaft nicht akzeptieren würde (man denke an die enormen Preisaufschläge im Laufe der Bauzeit staatlicher Großprojekte!).

Industrien, die vorwiegend von privater Kundschaft leben, und solche, die auf staatliche Nachfrage bauen, weisen ein unterschiedliches Verhalten gegenüber dem Staat auf und differieren typischerweise auch in ihrem Organisationsverhalten: Industrien mit überwiegender Privatkundschaft treten als Interessenorganisation gegenüber dem

Staat zumeist nur als *Veto-Gruppen* auf, die interessenschädliche Maßnahmen der Parlamente und Verwaltungen abwehren. Im Gegensatz zu diesem vorwiegend negativen Interesse am Staat, suchen die auf Staatskundschaft bauenden Industriesektoren die Aufmerksamkeit und „Zuwendung" der Verwalter öffentlicher Finanzen. Ihr Interesse an der Schaffung und Erweiterung „öffentlicher" Märkte erfordert denn auch eine andere Organisationsweise. Staatliche Nachfrage wird hervorgerufen und legitimiert durch öffentliche Nachfrage, die über die Publizistik, über interessierte Beiräte, Gesellschaften oder Wissenschaftler geschaffen werden muß. All dies geschieht auf der Grundlage eines Organisationsgeflechts, dessen eindeutige Funktionen eine Vielzahl von Formen — je nach Branche — nicht ausschließen. Wegen ihrer engen Verbindung mit staatlichen Verwaltungen sollen diese Organisationskomplexe hier als *industriell-bürokratische Komplexe* bezeichnet werden. Die wichtigsten seien im folgenden benannt, wobei die Differenzierung zwischen einzelnen Industrieinteressen auch deshalb von großer Bedeutung ist, weil diese im Rahmen industriell-bürokratischer Interessenverflechtungen auf die *jeweiligen Teilbürokratien* zurückwirken und so auch die Widersprüchlichkeit und *Fragmentierung bürokratischer Interessen* erklären helfen; der Konkurrenz der auf Staatskundschaft ausgehenden Teilindustrien entspricht die Konkurrenz der je zuständigen Teilbürokratien um Budgetanteile.

Der älteste und bekannteste industriell-bürokratische Komplex ist der *militärisch-industrielle*. Dieser vollständig auf Staatskundschaft angewiesene Sektor (wenn man einmal vom privaten Waffenhandel absieht) umfaßt den staatlichen Militärapparat, die Rüstungswirtschaft und eine Reihe von nachfragefördernden Organisationen und Ideologieproduzenten, die sich — in Ost und West — die Förderung von Wehrhaftigkeit und die Stabilisierung von Freund-Feind-Bildern zur Aufgabe machen.

Sehr weitgehend auf Staatskundschaft angewiesen ist der *Bauwirtschafts-Komplex*. Er ist ein bevorzugter Ansatzpunkt staatlicher Wachstumspolitik, vor allem wegen seiner weitreichenden wirtschaftlichen Verflechtungen und Folgeinteressen, die von der Zementindustrie und den Kiesgruben über die Bauunternehmen bis zu den Bausparkassen, den Grundstücksmaklern oder der Möbelindustrie reichen. Bauunternehmen, Baugewerkschaften (oft selbst bauunternehmerisch tätig wie die Neue Heimat) und kommunale Bauämter bilden erkennbar ein stark konvergierendes Geflecht spezieller Wachstumsinteressen.

Der *Straßenverkehrs-Komplex* ist, soweit es um den — staatsfinanzierten — Straßenbau geht, dem Bausektor insgesamt zuzuordnen. Wegen seiner Interessenverbindung mit dem — *ansonsten* staatsunabhängigen — Automobilsektor hat er jedoch ein erhebliches wirtschaftliches Gewicht. Das so gebildete Interessengeflecht reicht von der Automobilindustrie und der Straßenbauwirtschaft über die Mineralölwirtschaft, die Zulieferindustrien, die Tankstellen und Reparaturbetriebe bis hin zu den Automobilverbänden (deren Organisationsmacht sich in der Bundesrepublik im Konflikt um das Tempolimit besonders eindrucksvoll mitgeteilt hat). Hier haben wir eine interessante Interessenkombination von staatsunabhängigen Veto-Interessen (z.B. bei Abgasbestimmungen) der Autoindustrie — deren Wachstumsbedingung allerdings der staatliche Straßenbau ist — und dem um Staatskundschaft werbenden Bausektor. Die Ideologieproduktion des Straßenverkehrs-Komplexes — „freie Bürger fordern freie Fahrt!" — entspricht in ihrer Massivität dessen ökonomischem Gewicht.

Der *elektro-industrielle Komplex* weist diese öffentlich-private Interessen-Verbindung wiederum in anderer Weise auf. Sie ergibt sich einerseits durch die — häufig — staatliche bzw. kommunale Rolle in der Stromerzeugung wie auch die starke staatliche Forschungsförderung (vor allem auf dem Gebiet der Kernenergie), andererseits durch die rein private Produktion von Kraftwerken, nebst Brennstoffen und Zubehör. In Verbindung mit der Elektro-Geräte-Industrie, die meist auch die Technik der Kraftwerke produziert, ist dies eine mächtige Koalition, deren „Autorität" nicht nur durch eine schwer durchschaubare Technologie, sondern auch durch ihre bisherigen Wachstumsraten gefördert wird. Ihre Ideologieproduktion in Form systematisch überhöhter „Bedarfsprognosen" wie apokalyptischer Untergangsprophezeiungen hat eine hohe Berücksichtigungschance im industriellen Kommunikationsnetz wie in der staatlichen Planung und der gewerkschaftlichen Interessenvertretung. Ist sie doch der Prototyp industriegesellschaftlich-großtechnologischer Modernität, der man ein enormes Investitionsvolumen geopfert hat, ganz zu schweigen von den hier anfallenden Gewinnen und Einkommen.

Sind die drei vorgenannten industriell-bürokratischen Komplexe ökologie-politisch besonders konfliktträchtig, so kann der *ökologisch-industrielle Komplex* auf eine ungleich größere öffentliche Nachfrage (ohne eigenen Propagandaaufwand) hoffen. Es ist umstritten, ob es sich hier um eine eigenständige Industriebranche handelt, da die meisten Produzenten von Umwelttechnologien Teile anderer Großunternehmen — z.B. der Chemie-Industrie oder des Maschinenbaus — sind, also nicht notwendig eine eigenständige Interessenlage besitzen. Aber sein Angewiesensein auf direkte staatliche Nachfrage (Beispiel Kläranlagenbau) oder indirekte staatliche Nachfragesicherung durch gesetzliche Maßnahmen schafft doch in den anderen industriell-bürokratischen Komplexen vergleichbares Interessensyndrom. Aus ihm ergibt sich nicht zuletzt die Präferenz für solche Umweltschutzstrategien, die durch Industrialisierung einen Wachstumsbeitrag leisten: Strategien der Entsorgung und technologischen Symptombekämpfung anstelle — mitunter kurzfristig wachstumshinderlicher — politischer Vorsorge- und Vetomaßnahmen. Die einen schaffen einen „öffentlichen" Markt, die anderen nicht.

Diese Vernachlässigung von Prävention zugunsten von industrialisierten Problemlösungen und technologischer Symptombekämpfung ergibt sich als Problemeffekt auch beim *medizinisch-industriellen Komplex,* der von der Pharma-Industrie und dem medizinischen Gerätebau über die hochorganisierte Ärzteschaft bis zu den Gesundheitsbehörden reicht. Auch hier haben wir einen spezialisierten Bereich industriell-bürokratischer Interessenverdichtungen, von dem ein allgemeines Interesse (Gesundheit) in spezifischer Weise selektiv in

Kategorien wirtschaftlichen und bürokratischen Wachstums übersetzt und in öffentliche Nachfrage umgesetzt wird. Diese knappen Hinweise auf die Rolle spezialisierter industriell-bürokratischer Komplexe mögen genügen, um deutlich zu machen, daß immer größere Teile der staatlichen Bürokratie in den Sog spezieller Wachstumsinteressen geraten. Das allgemeine Interesse des Staates am industriellen Wachstum — das auch den auf Privatkundschaft ausgehenden Branchen, als Vetotruppen, eine hohe Berücksichtigungschance im politischen Prozeß gibt — erhält hier noch einmal eine besondere Konkretisierung und Spezialisierung. Hierbei besitzen diejenigen industriell-bürokratischen Komplexe eine besondere Wachstumslegitimation, die sich den Problemfolgen industrieller Entwicklungen widmen. Für die Politikformulierung bedeutet dies insgesamt, daß andere als technokratisch-wachstumskonforme Problemlösungen im Bereich der äußeren oder inneren Sicherheit, des Verkehrs- oder Gesundheitswesens, der Energie, des Städtebaus oder des Umweltschutzes in aller Regel als Non-decisions im Vorfeld des Entscheidungsprozesses ausgesondert werden. Gesellschaftlich relevante Ziele wie die Einschränkung des Automobilismus oder des Wettrüstens können als Testfall für diese Aussage genommen werden. Eine öffentliche Diskussion findet statt, aber sie endet ziemlich regelmäßig im Vorfeld des Entscheidungsprozesses. Darüber hinaus zeigen die industriell-bürokratischen Komplexe aber auch die steigende Bedeutung der staatlichen Wachstumspolitik, ein Tatbestand, der gar nicht genug betont werden kann, wenn die Massivität industriegesellschaftlicher Wachstumsinteressen nicht verharmlost werden soll.

Die industriell-bürokratischen Komplexe sind also lediglich die Konzentrationspunkte des allgemeinen Wachstumsinteresses der kapitalistischen Industriesystems, dem eine allgemeine Wachstumskoalition industrieller Unternehmer und Gewerkschaftsführer, der kommunalen und zentralen Staatsbürokratien entspricht, die in allen Parlamenten über erdrückende Mehrheiten verfügt und so zu einer Legitimationskrise des Repräsentativsystems geführt hat. Die wichtigste Folge hiervon ist die außerparlamentarische Ökologie-Bewegung (s.u.).

3) Unsere Aufzählung industrieller Einflußmöglichkeiten ist jedoch noch nicht zuende. Diese beschränken sich ja nicht nur auf die Mobilisierungskapazitäten spezialisierter Industriekomplexe (mit und ohne Verbindung zu analog spezialisierten bürokratischen Interessen). Angesichts der internationalen wie kommunalen Konkurrenz um industrielle Ansiedlungen und Investitionen kommt dem *Verweige-*

rungspotential der multinationalen Wirtschaft eine nicht geringere Bedeutung zu. Wie auch sonst äußert sich industrielle Macht hier ganz unauffällig als *Wahrnehmung von Entscheidungsfreiheit unter Konkurrenzbedingungen:* Investiert wird am ehesten dort, wo die eigenen Bedingungen erfüllt werden. Eine Machtposition dieses Typs schafft der kapitalistischen Industrie auch die Massenarbeitslosigkeit. Sie festigt nicht nur die innerbetriebliche Stellung, sondern auch die Position gegenüber dem Staat: Forderungen aller Art lassen sich mit dem Arbeitsplatzargument massiv unterstreichen. Der äußerst seltenen staatlichen Androhung einer Betriebsschließung wegen Verstoßes gegen Umweltschutzauflagen steht die häufige Gegendrohung gegenüber, den Betrieb *wegen* der Umweltschutzauflagen zu schließen. Von der Rüstungswirtschaft bis zur Atomenergie – jedes staatliche Veto im Gemeinwohlinteresse läßt sich als eine „Vernichtung von Arbeitsplätzen" definieren. Voraussetzung dieser Pressionsstrategie – mit dem Einsatz von Arbeitern, die den *Staat* für Arbeitsplatzverluste verantwortlich machen – ist allerdings die systematische Arbeitsplatzvernichtung durch die Industrie selbst.

4) Daß der Staat hier eine so hilflose Rolle spielt, hat einen Grund von zunehmend grundsätzlicher Bedeutung: Es ist nicht die Industrie, die ihre Tätigkeit (und Struktur) zu legitimieren hat, sondern der Staat. Diese *Abwälzung industrieller Legitimationsbedürftigkeiten auf die politische Instanz* – von der Massenarbeitslosigkeit bis zum krisenhaften Aufbau von Überkapazitäten aller Art – ist ein beachtliches und bezeichnendes Phänomen. Daß die Industrie jedes eigene Versagen als Versagen der Politik umzudefinieren vermag, daß sie bei voller Verantwortung für ihre Investitionen die Verantwortung für deren Fehlfolgen dem Staat anzulasten vermag und daß all dies so gut funktioniert, wird man nicht nur der Tatsache zuzuschreiben haben, daß das Industriesystem im Kapitalismus über ausgezeichnete publizistische Einflußmöglichkeiten (insbesondere über die anzeigenabhängige Massenpresse) verfügt.

Das hier geschilderte Dilemma der politischen Instanz rührt vor allem daher, daß der Staat – dies auch im Sozialismus – nicht nur fiskalisch sondern auch legitimatorisch auf industrielles Wachstum setzt. Er ist es doch, der alle Wachstumshebel in Bewegung setzt. Es ist – im Kapitalismus – der Staat, dem die Investitionstätigkeit der Industrie nicht ausreicht, der Anreize aller Art gibt, damit die „Pferde saufen"! Und dafür hat er Gründe. Schließlich überläßt ihm die Industrie nicht nur die Legitimation ihrer Mängel – ihr „*Legitimationsvakuum*" ermöglicht es vielmehr auch, daß die Regierungen wirtschaftliche Leistungen als ihre Leistungen „verkaufen". Wer in der Rezession die Verantwortung übernehmen muß, darf auch im Boom in der Pose des erfolgreichen Staatenlenkers zusätzliche Wählerstimmen kassieren. Diese *„als-ob-Politik" staatlicher Allverantwortung* spielen beide Seiten mit eigenen Motiven. Am Ende bezahlt sie der Staat jedoch mit dem Verlust an politischer Entscheidungsautonomie.

Daß dies so ist, hat einen Grund von besonderer struktureller Relevanz. Wenn die These zutrifft, daß der moderne Industriestaat *zumindest* ein solches Wachstumsinteresse besitzt wie die Industrie — sie ist plausibel, aber nicht hinreichend erforscht —, dann ergibt sich von daher eine spezifische Abhängigkeitssituation der politischen Instanz: Wachstum ist nur durch die Wirtschaft zu erzielen. Es können Hilfen gegeben werden, es können die Voraussetzungen großbetrieblicher Produktionstätigkeit durch öffentliche Infrastrukturpolitik ständig verbessert, es können die Problemfolgen aus dem betrieblichen ins öffentliche Kalkül übernommen werden, kurzum: die Öffentliche Hand kann den Boden bereiten, aber das Wachstum selbst bestimmen die Betriebe.

Diese Abhängigkeitssituation ist der Ausgangspunkt zweier gegenläufiger Tendenzen: *der quantitativen Ausweitung der Staatstätigkeit bei deutlichem Souveränitätsverlust gegenüber der Industrie.* Beide Tendenzen bedingen sich. Je schwächer der Staat, desto erfolgreicher ist die industrielle Strategie der Kostenexternalisierung. Je größer die Souveränität des Staates nach innen, desto eher besteht die Möglichkeit, Problemfolgen der industriellen Entwicklung *vorsorglich, ursächlich und volkswirtschaftlich kostengünstig* zu unterbinden (s.u.).

5. Diese Problematik des Souveränitätsverzichts des Staates in seinem Verhältnis zum Industriesystem könnte als überzeichnet angesehen werden, solange nicht klargestellt ist, daß der Einsatz politischer Veto-Macht keineswegs auf ein Negativwachstum der Wirtschaft — und damit auf ihren Zusammenbruch — hinauslaufen muß. Wäre dies so, hätte die politische Instanz in der Tat keine Wahl, als jede industriell definierte Wachstumsmöglichkeit nach Kräften zu fördern und jede produktionsreife Technologie mit privater oder öffentlicher Nachfrage zu versorgen.

Die Alternative, vor die sich staatliche Entscheidungsinstanzen gestellt sehen, ist jedoch weniger die zwischen Bejahung und Verneinung von Wirtschaftswachstum als die nach der Qualität der wirtschaftlichen

Entwicklung. Hierbei geht es weniger um Alternativmöglichkeiten des „qualitativen Wachstums" als um *Alternativen zum ausschließlich industriell definierten Wachstum.*

Dies gibt zugleich die Möglichkeit, den bisher in kritischer Tendenz verwendeten Begriff des „industriellen Wachstums" näher zu umreißen:

Zunächst einmal verweist dieser Begriff auf das Wachstum der Industrie, das auch in denjenigen entwickelten Gesellschaften fortdauert, die voreilig bereits als „postindustriell" eingestuft werden: Auch da, wo die *Beschäftigten* des tertiären Sektors auf Kosten von Industrie und Landwirtschaft zunehmen – in Kanada und den USA bilden sie bereits zwei Drittel aller Beschäftigten –, nimmt die industrielle Produktion weiter zu; und gerade einige der modernsten Wachstumsindustrien (Atomenergie, Chemie) schaffen in ökologischer Hinsicht besondere Probleme. In unserem Zusammenhang des Verhältnisses von Staat und Industrie interessiert am „industriellen Wachstum" jedoch stärker die Frage nach der Instanz, die die Entwicklungsrichtung bestimmt.

In diesem Sinne wird hier „industrielles Wachstum" verstanden als ein *Wachstum auf der Basis einer technologischen Monopolstellung und autonomer Investitionsentscheidungen der Industrie.* Die Schwäche des Staates liegt hier in einer *doppelten Nachträglichkeit:* Trotz aller Forschungsförderung hat er relativ wenig Einfluß auf die Richtung der *technischen* Entwicklung. Technologische Neuerungen kommen auch ihm in aller Regel erst im Stadium ihrer Vermarktung zu Gesicht. (Im Gegensatz zu industriellen Hobby-Forschungen auf Staatskosten wird gerade bei den potentiell marktgängigen Technologien die monopolistische Kontrolle sorgsam sichergestellt.) In diesem Stadium sind alle Investitionen getätigt und müssen sich nun ökonomisch rentieren. Eine staatliche Technologiefolgenabschätzung mit Verbotskonsequenz käme also einer erheblichen wirtschaftlichen Schädigung gleich, die dem *staatlichen* Wachstumsinteresse zuwiderliefe. Die staatliche Anwendung politischer Kriterien kommt um Jahre zu spät, und die Verspätung wächst mit dem zeitlichen Abstand zwischen Forschungsauftrag und Vermarktung. Eine zusätzliche Verzögerung ergibt sich aus dem staatlichen Informationsdefizit hinsichtlich der oft schwer abschätzbaren Folgeprobleme, das zumeist selbst dann Schwierigkeiten bereitet, wenn öffentliche Forschungsinstitute einsetzbar sind. Angesichts der langen Durchsetzungsfristen staatlicher Gegenmaßnahmen ergibt sich daher die typische Situation, *daß indu-*

striell erzeugte Probleme der Gegenwart, basierend auf Investitionsentscheidungen von gestern und den technologischen Innovationen von vorgestern bestenfalls morgen auf Gegenmaßnahmen treffen, die eventuell übermorgen wirksam werden.
Auf einen kritisch gewendeten Begriff des industriellen Wachstums bezogen, heißt dies: Die Strukturdefekte dieses Wachstums verweisen auf die Alternative einer *politisch determinierten* Ökonomie, bei der Gemeinwohlkriterien bereits den technologischen Ausgangspunkt der Investitionsentscheidung bestimmen und das staatliche Veto noch frühzeitig genug kommt, bevor (a) soziale oder ökologische Schadensfolgen eingetreten sind und (b) das Verbot zu wirtschaftlichen Beeinträchtigungen führt. Eine solchermaßen als Gegentypus konzipierte Ökonomie unter den Bedingungen einer strukturpolitisch souveränen Staatsgewalt ist mit Wachstum durchaus vereinbar. Alles spricht dafür, daß sie eine stabile Entwicklung eher sicherzustellen vermag, als der groß-technologische Selbstlauf einer multinationalen Industrie.

6. Daß diese gleichwohl die ökologischen und sozialen Problemlagen der Gegenwart bestimmt und die nationalstaatliche Interventionsgewalt begrenzt, hängt neben den genannten Gründen auch mit der *Suggestivität* technologischer Innovationen zusammen. Diese schaffen in Verbindung mit angestiegenen Einkommen von Staat und Verbrauchern *objektive Möglichkeiten,* die vorher nicht bestanden. Und da die Expansion des Industriesystems davon abhängt, daß die technischen Neuerungen auf Nachfrage stoßen, gehen die technischen Ermöglichungen auch in Richtung von Neigungen und Bedürfnissen. Staatliche Veto-Entscheidungen zur Sicherung von Umweltinteressen der Allgemeinheit oder speziell Betroffener stellen daher zumeist einen Verzicht auf Möglichkeiten dar, die nicht nur für den Produzenten, sondern auch für bestimmte Konsumenten eine zumindest kurzfristige Annehmlichkeit bieten.

Allerdings sinkt der Grenznutzen der industriellen Angebote. Die Erfindung des Flugzeugs wird durch das Überschallflugzeug, die der Bahn durch neue Schnellbahnsysteme nur unwesentlich überboten. Die ökologischen Auswirkungen sind jedoch beträchtlich. Dies hat den Mythos, daß jede technische Möglichkeit immer auch gesellschaftliche Notwendigkeit ist, relativiert.

7. Die hohe Einflußchance des Industriesystems liegt jedenfalls nicht primär in den zentralistischen Strukturen und dem latent autoritären Potential, das diese darstellen. Seine Möglichkeiten sind — abgesehen

von akut-krisenhaften Bedrohungen seiner Verfügungsstruktur — weniger repressiver als suggestiver Art. Dies gilt zu allererst für den Bereich von Konsum und Einkommen: Die ständige Erweiterung objektiver Möglichkeiten durch höhere Volkseinkommen und neue Technologien hat eine wesentlich konfliktentschärfende Wirkung. Sie ist mit anderen Worten in entscheidendem Maße legitimationsträchtig. Dies gilt auch für die wachsende Wohlfahrtskapazität des Staates — einer der Gründe für die Wachstumsmotivation des Staates in beiden Varianten des Industriesystems. Ähnliche Stabilisierungseffekte hat die Bereitstellung von individuellen Aufstiegschancen. Dies suggestive Potential des Industriesystems macht Rechtfertigungspropaganda — bisher — weitgehend überflüssig und gibt der positiven Werbung ihre Basis. Systemische Alternativen werden denn auch weniger unterdrückt als positiv verarbeitet oder durch die Argumentationsvielfalt industrieller „Sachzwänge" überspielt und neutralisiert.

Die Möglichkeiten des industriegesellschaftlichen *Kommunikationssystems* sind also nicht an sich so gewaltig. Sie werden dies erst auf der Basis der Suggestion der neuen Möglichkeiten und der durch sie legitimierten Wachstums-Notwendigkeiten. Dennoch sind die Effekte und manipulativen Möglichkeiten des hochzentralisierten und hochtechnisierten Kommunikationssystems natürlich von hoher struktureller Bedeutung. Dies gilt für die kapitalistischen Länder in der Weise, daß die Presse als Wachstumsbranche auch in ökonomischer Hinsicht Bestandteil des Industriesystems ist (nicht nur im Anzeigenteil). In Ländern wie den USA gilt dies auch für Rundfunk und Fernsehen. Aber auch die öffentlich-rechtliche Struktur der Bundesrepublik gibt den industriellen Wachstumsinteressen (Industrie, Gewerkschaften, staatliche Bürokratie) in allen Gremien ein deutliches Übergewicht. Daß die Medien dennoch der Wachstumskritik mehr oder weniger breiten Raum bieten (nicht nur zum Zwecke der Widerlegung), hat Gründe, die vor allem in der besonderen „Marktsituation" der Publizistik liegen. Diesen Markt bestimmt *auch* die mit der Industrieexpansion angestiegene Zukunftsangst der Bürger. Sie erhöht — zumal unter Konkurrenzbedingungen — die Berücksichtigung von Alarmmeldungen. Auch die Umweltproblematik erhält hierdurch einen verstärkten Berücksichtigungswert.

8. Ein Übergewicht des Industriesystems — bei Zunahme von Gegengewichten — besteht auch in der *Organisationsstruktur* entwickelter Gesellschaften. Deren Interessenorganisationen sind überwiegend Organisationen von Erwerbsinteressen. Diese wiederum sind vorrangig

— unmittelbar oder mittelbar — *industrielle* Erwerbsinteressen. Sie umfassen nicht nur Unternehmer- und Gewerkschaftsinteressen im industriell produzierenden Bereich, sondern (indirekt) auch diejenigen Teile des tertiären Sektors, die dem Industriesektor zuarbeiten bzw. von ihm leben wie Werbung, Gütertransport, Handel, Banken, Versicherungen oder mittelständische Zuliefer- und Reparaturbetriebe. Die „Herrschaft der Verbände" (Eschenburg) ist zu allererst eine Herrschaft der Industrieverbände. Aber auch die nicht-industriellen Erwerbsinteressen sind als Einkommensinteressen wachstumsorientiert. Dies gilt auch für die wachsende Zahl der Staatsbediensteten. (Und es spricht für die Macht der staatlichen Bürokratie auch im Kapitalismus, daß ihre überproportionalen Einkommensteigerungen durch immer weitere Höhergruppierungen — z.B. durch den beträchtlichen Beamtenanteil in den Parlamenten — allenfalls im Vorfeld von Entscheidungen kritisiert werden, also faktisch weitgehend tabuisiert sind).
Den hochorganisierten Erwerbsinteressen industrieller Systeme westlicher Prägung stehen die mehr oder weniger schwach organisierten Interessen außerhalb des Erwerbssektors gegenüber: Interessen von Rentnern, Kindern, Hausfrauen, Studenten, Arbeitslosen, Kranken, Sozialhilfe-Empfängern, Mietern, aber auch Verbrauchern, Erholungssuchenden und den *Konsumenten von Umwelt* und Lebensqualität außerhalb des Erwerbssektors. Die Ungleichgewichtigkeit der organisatorischen Repräsentanz dieser „residualen" Interessen (Offe) einerseits und der Erwerbs- (bzw. Wachstums-)interessen andererseits, wird besonders deutlich, wenn man sich vergegenwärtigt, daß im gesamten Erwerbsbereich weniger als 10 Prozent des jährlichen Zeitbudgets einer entwickelten Industriegesellschaft zugebracht werden; und mit der weiteren Verkürzung der Arbeitszeit — bei rückläufiger Beschäftigtenzahl — nimmt dieser Anteil weiter ab.
Dies liegt nicht nur daran, daß die Erwerbsbevölkerung den kleineren Teil der Bevölkerung ausmacht. Auf das Jahr bezogen, verbringen auch die Erwerbstätigen nur rund ein Fünftel ihrer Zeit im Beruf. Der größere Zeitanteil auch von Managern, Bürokraten und Arbeitern liegt *außerhalb* des Erwerbslebens. Das Wachstum dieses Zeitanteils bringt auch eine Interessenverschiebung zugunsten von Wohn-, Erholungs- und Lebensqualitätsinteressen und könnte tendenziell auch die Motivationskraft bloßer Industrieinteressen (einschließlich der mit ihnen verbundenen Leistungserfordernisse) untergraben. Von ihrer Organisation her besitzen die vorwiegend industriellen Erwerbsinteressen jedoch ein beträchtliches strukturelles Übergewicht. In ideal-

typischer Vereinfachung sollen die Struktur- und Funktionsunterschiede des Erwerbssektors und des residualen Sektors in folgendem Schema gegenübergestellt werden:

	Erwerbssektor	*Residualer Sektor*
gesellschaftliche Rolle:	- Produktion - Subjekt des Gesellschaftsprozesses - Wachstumsinteressen	- Konsumtion - Objekt des Gesellschaftsprozesses - Schutzinteressen
Anteil am jährlichen Zeitbudget der Gesamtbevölkerung	- ca. 10 Prozent - sinkend	- ca. 90 Prozent - steigend
Merkmale ungleicher Organisationsmacht:	- hoher Organisationsgrad - hohe funktionelle Relevanz für den Gesellschaftsprozeß (Verweigerungskonsequenz) - hohe Zentralisierung - hohe Spezialisierung - hauptberufliche (vollzeitige) Interessenwahrnehmung - kompetente Interessenwahrnehmung - geregelte (institutionalisierte) Konfliktaustragung - hohe finanzielle Ressourcen - starke parlamentarische Vertretung	- niedriger Organisationsgrad - niedrige funktionelle Relevanz für den Gesellschaftsprozeß - Marginalisierung - hohe Diffusheit - nebenberufliche (teilzeitige) Interessenwahrnehmung - amateurhafte Interessenwahrnehmung - ungeregelte Konfliktaustragung - geringe finanzielle Ressourcen - schwache parlamentarische Vertretung

Wenn hier so global vom Erwerbssektor gesprochen wird, soll damit keineswegs die interne Schichtung und Heterogenität dieses Bereichs – Unternehmer vs. Gewerkschaften, Staat vs. Industrie, Industrie vs. Landwirtschaft usw. – geleugnet werden. Noch weniger soll der Eindruck entstehen, Umweltschutzprobleme entstünden erst außerhalb der Fabriken. Wie die Entwicklung der Berufskrankheiten zeigt (s. Anhang), gilt das genaue Gegenteil. Die Artikulationsschwäche solcher *nicht-ökonomischer* Interessen *im* Erwerbsbereich angesichts der Existenz starker — oft jedoch bürokratisch-oligarchischer — Gewerkschaften ist ein besonderes Paradox! — Ansonsten aber sind die internen Konfliktstrukturen des Erwerbssektors hinlänglich bekannt, mehr noch: Die tonangebende Vorstellung vom pluralistischen Interessenkonflikt sieht überhaupt nur diese institutionalisierten Konfliktfronten, die auch im derzeitigen Zustand des Parlamentarismus mit geradezu "monopolistischer" Ausschließlichkeit repräsentiert sind. Tatsächlich haben die internen Konflikte des Erwerbsbereichs lange Zeit als *Verteilungskonflikte* im Zentrum konfligierender Interessenartikulationen gestanden. Die externen Konflikte des Erwerbssektors — Konflikte mit typischen Schutzinteressen des residualen Bereichs (Umweltschutz, Naturschutz, Verbraucherschutz, Mieterschutz, Denkmalschutz, usw., usf.) — haben inzwischen die Verteilungskonflikte in ihrer Bedeutung eingeholt. Daß sie dennoch im politischen System kaum repräsentiert sind, liegt nicht nur an ihrer historischen Neuartigkeit. Die Interessenartikulationsbarrieren des residualen Bereichs sind vielmehr im Vergleich zu den Einflußchancen des Erwerbsbereichs beträchtlich:

Wer als *Konsument* von Gütern, Dienstleistungen und *anderen* Produktionseffekten des Erwerbsbereichs von Interessenschädigungen betroffen ist, hat mit vielfältigen Schwierigkeiten zu ringen:

- Die *objektive* Interessenschädigung (die Nebenwirkung eines Medikaments, die Spätfolgen einer neuen Technologie, die nächtlich ausgeschaltete Filteranlage eines Unternehmens) ist oft unbekannt, schon die *subjektive* Betroffenheit fehlt häufig.
- Liegt subjektive Betroffenheit vor, so ist diese stets reaktiver und nachträglicher Art: Bevor es zu der fraglichen Beeinträchtigung kommt, sind anderswo Entscheidungen über Forschungen, Investitionen oder Vermarktungen längst gefallen. Der räumliche und zeitliche Abstand zwischen Ursache und Wirkung ist zumeist beträchtlich und — physisch wie intellektuell — nur schwer zu überwinden. In fast jedem Fall liegen bereits schwerwiegende ökonomische Tatbestände (Investitionen, neue Arbeitsplätze) vor, die den nachträglichen Widerspruch Betroffener auch moralisch beeinträchtigen.
- Mit zunehmender Arbeitsteilung wird die Rolle des "Konsumenten" von Produktionseffekten immer weiter fragmentiert. Die Konfliktpunkte — Produktmängel bei wachsender Produktmenge, Lärmbelästigungen bei Zunahme der Lärmquellen, Beeinträchtigungen der Lebensumwelt in immer neuen Formen — haben zugenommen; zudem steigen die Kompetenzerfordernisse mit zunehmender

Spezialisierung, Zeit und Mittel der Interessenwahrnehmung sind jedoch begrenzt.
- Dagegen verfügt jeder einzelne Verursacher über die zeitlichen, materiellen und informationellen Ressourcen einer hauptamtlichen Interessenwahrnehmung. Er steht darüber hinaus in einem eingespielten Organisationszusammenhang, dessen Zweck eben dies ist: Produktionsinteressen ohne kostspielige Rücksichten durchzusetzen. Während der einzelne Betroffene seine nebenberufliche Zeit mit der Suche nach anderen mitbetroffenen *Individuen* zubringt, mobilisiert das verursachende Unternehmen häufig bereits mitinteressierte *Organisationen,* wobei ihm die allgemeine Solidarität der Wachstumsinteressen in aller Regel ein breites Bündnispotential eröffnet.
- Hinzu kommt das hohe Verweigerungspotential im Erwerbsbereich: Die Möglichkeit, nicht oder anderswo zu investieren, oder die — wenn auch schwächere — Möglichkeit, die Arbeit kollektiv zu verweigern, sind Sanktionsmechanismen, die dem Residualbereich allenfalls im Konsum verfügbar sind. Die Organisation von Konsumenten aber unterliegt wiederum den oben genannten Restriktionen.

Die Struktur umweltpolitischer Konflikte und die Gegenmacht der Betroffenen

Trotz all der angeführten Restriktionen ist es in der Bundesrepublik und in anderen westlichen Ländern zur Blockierung von Milliardeninvestitionen durch Bürgerinitiativen und Gerichte gekommen! Dieser Tatbestand spricht nicht etwa gegen die These von der Übermacht industrieller Erwerbsinteressen, sondern für die Radikalität der Interessenbeeinträchtigungen durch die überkommene großtechnologische Wachstumsmaschinerie. Gründe für diese Gegenmacht der von negativen Wachstumseffekten Betroffenen liegen jedoch auch im westlichen System:
Dies gilt erstens für die *rechtlichen* Widerstandsmöglichkeiten gegen eine Entwicklung, die neben Umwelt- und Gesundheitsinteressen von Bürgern auch immer privilegiertere Eigentumsinteressen beeinträchtigt. So geht es heute nicht mehr nur um die Interessen einzelner Erholungssuchender oder Kleingärtner, sondern um Besitz- und Erwerbsinteressen des höheren Mittelstandes, im Einzelfall bereits von Produktionsstätten (Pharma-Fabrik gegen Kernkraftwerk) und Groß-

kommunen. Gegen diesen Prozeß der *Entwertung niederer Eigentumsformen durch höhere* bietet das bürgerliche Recht eine Reihe von Mitteln. Ein zweites Gegengewicht entsteht — in einigen westlichen Ländern bereits deutlich erkennbar — dadurch, daß die *politische Konkurrenz* im parlamentarischen System auch den schwach organisierten Wählermarkt einbeziehen muß, wenn er zahlenmäßig ins Gewicht fällt. Dies kann in manipulativen Formen geschehen. Aber am Beispiel der Rentner der Bundesrepublik ließe sich zeigen, daß stimmstarke Gruppen ohne Organisationsgewicht mitunter nur um den Preis des politischen Mißerfolgs ignoriert werden können. Daß sich die Parteien den schwach organisierten Interessen zunehmend widmen (z.B. in der Form der Doktrin der Neuen Sozialen Frage), ist aus diesen Mechanismen der politischen Konkurrenz auf dem Wählermarkt erklärbar. Die Gefahr spezieller Öko-Parteien erhöht dieses Berücksichtigungspotential weiter.

Ein weiterer Mechanismus, der umweltpolitischen Gegenartikulationen zugute kommt, liegt (wie bereits erwähnt) in der Struktur der Publizistik, deren Marktchancen beeinträchtigt wären, wenn sie brisante Themen dieser Art gänzlich ignorieren oder allzu einseitig behandeln würde.

Erwähnt sei schließlich — viertens —, daß Umweltbeeinträchtigungen im Residualbereich immer stärker auch von denen perzipiert werden, die in ihren Berufsrollen den systemischen Wachstumszwängen unterliegen. Der Spitzenmanager, der in seinem Wohnbereich durch eine Industrieansiedlung, einen neuen Flughafen oder eine Autobahntrasse beeinträchtigt wird, mag beispielhaft verdeutlichen, weshalb die Wachstumskritik auch innerhalb der technokratischen Führungsschicht (wie auch Umfragen bestätigen) auf erhebliche Resonanz trifft. Dies teilweise Übergreifen peripherer Interessen auf die gesellschaftliche Oligarchie — hier zunächst nur auf der individuellen Ebene, außerhalb des Erwerbsbereichs — war stets die Grund*bedingung* historischer Wandlungs- oder Konfliktpotentiale.

Hinzu kommt — fünftens — das Umschlagen der Quantität residualer Interessen in organisatorische Qualitäten. Die langsam zunehmende Organisation von Konsum-, Mieter- oder Rentnerinteressen (prototypisch in den USA) läuft hier der Zunahme und überregionalen Integration von Bürgerinitiativen für den Umweltschutz parallel.

Am stärksten ergibt sich diese Gegenmacht — trotz all der aufgezeigten Organisationshindernisse — aus der Natur der Konflikte und Interessenbeeinträchtigungen selbst.

Wie schon einleitend bemerkt, gewinnt der neue *Typus der Wachstums- und Umweltkonflikte* — auf den unsere am Verteilungskonflikt orientierten politischen Institutionen noch so wenig zugeschnitten sind — seine wachsende Bedeutung angesichts von objektiven Gesetzmäßigkeiten. Er wird provoziert (ist nicht Folge steigender Ansprüche sondern steigender Beeinträchtigungen) durch folgende Entwicklungen:

a) Die meisten Konflikte entstehen heute im Zusammenhang mit der *räumlichen Expansion des Industriesystems* (wobei die ökologisch entwertete Fläche immer ein Vielfaches der industriell genutzten Fläche ausmacht). Ausmaß *und* Tempo der industriell-baulichen Umgestaltung tradierter Lebensräume nehmen zu. Im Gegensatz zu Wasser und Luft sind die räumlichen Ressourcen kaum (durch Umweltschutz) reproduzierbar. Sie werden erkennbar knapp. Die Radikalität dieses Prozesses, der heute mehr Bürgerinitiativen mobilisiert als der eigentliche Umweltschutz wird deutlich, wenn man sich klarmacht: Selbst „Nullwachstum" bedeutet lediglich: Veränderung im bisherigen Ausmaß und Tempo, Wachstum bedeutet ceteris paribus: erweitertes Ausmaß und beschleunigtes Tempo. Die räumliche Dimension der Politik ist häufig unterschätzt worden. Für den Bürger liegt hier der konkreteste Ansatzpunkt für Gegenaktionen. Dies umso mehr, als bei begrenztem Raum immer privilegiertere Besitzinteressen beeinträchtigt werden.

b) Ausmaß und Tempo der Veränderungen der äußeren Lebensumwelt finden ihre Parallele in der Chaotisierung der sozialen Lebensumwelt, die durch immer weitere Arbeitsteilung, vertikale und horizontale Mobilisierung, Zunahme und Änderung von Regelungen (mit immer ferneren Regelungszentren) bewirkt werden. Diese fremdbestimmten Veränderungen der physischen und sozialen Lebensumwelt erhöhen das biologische und psychische Anpassungspensum des Menschen über gesundheitlich kritische Schwellen hinaus (siehe den im Anhang dokumentierten Anstieg von Krebs und Herzinfarkt in Industrieländern). Sie produzieren aber auch mit Notwendigkeit eine wachsende *Zukunftsangst.*

c) Dies umso mehr, als auch die Lebens*risiken* mit dem Industriewachstum tendenziell ansteigen: in der Energiewirtschaft (Atomenergie, Klimaprobleme), in der Chemieindustrie, in der Arzneimittelindustrie, in der Lebensmittelindustrie, im Verkehrswesen (bei zunehmender Verkehrsdichte und Geschwindigkeit) und selbstverständlich im Rüstungsbereich, von den beruflichen Risiken ganz zu schweigen. Und selbst wenn die großtechnologischen Risiken mit großem Aufwand latent gehalten werden könnten: Der Preis wäre immer mehr ein *totaler Überwachungsstaat im technischen wie politischen Sinne.* Die Universalität latenter Gefahren radikalisiert die neue *Philosophie des Veränderungsstops.* Wo immer diese einen konkreten Anhaltspunkt findet — und den bieten am ehesten die raumgefräßigen Großprojekte (Kraftwerke, Autobahnen, Industrieansiedlungen, Rohstoffgewinnung im Tagebau etc.) —, wird sie in Konfliktverhalten umschlagen.

Dies umso mehr, als das industriell-großtechnologische Wachstum — heute die gesellschaftlich teuerstmögliche Wachstumsform — selbstlegitimierende Effekte kaum noch zu produzieren vermag. Der Kern des neuen Typus der Wachstums- und Umweltkonflikte ist eine immer deutlicher werdende *inverse Entwicklung von Wachstumsschaden und Wachstumsnutzen.* Während das Industriesystem alle früheren Krisen durch mehr Wachstum entschärfen konnte, ist heute das Industriewachstum selbst zum Konfliktgegenstand geworden — aber der Grenznutzen jeder Wachstumseinheit sinkt.

Dies liegt nicht nur daran, daß der private Konsum — mit Ausnahme der unteren Einkommensgruppen — an Expansions- und Verdrossenheitsgrenzen stößt. Viel krisenträchtiger ist, daß die sozialen Kosten dieses großtechnologisch-quantitativen Wachstums — ebenso wie die Produktionskosten (Rohstoffe) — so stark ansteigen, daß die Realeinkommen kaum noch nennenswert steigen oder gar von Rückschlägen bedroht sind. Ebensowenig gibt es auf der staatlichen Seite noch nennenswerte Möglichkeiten, Wachstumseffekte in Form von Wohlfahrtsleistungen an den Bürger weiterzugeben.

Notwendigkeiten und Bedingungen einer steigenden Modernisierungskapazität entwickelter Industriesysteme

Nach dieser deskriptiven Problemskizze der restriktiven und der fördernden Bedingungen staatlicher Umweltpolitik im organisierten Industriekapitalismus können wir nunmehr einige perspektivische Schlußfolgerungen ziehen.

Wir gehen von folgender Hypothese aus (deren Plausibilität der Leser selbst ermessen mag): *Industriesysteme werden im Laufe der weiteren Entwicklung Krisen der staatlichen Legitimation und Finanzen sowie des ökonomischen Systems in dem Maße vermeiden, wie sie in der*

Lage sind, den Übergang zu rohstoff- und energiesparenden, umweltfreundlichen, flächenschonenden, mit geringen Risiken und Sozialkosten verbundenen Technologien (low impact technologies) *zu vollziehen.* Die Tendenz hierhin ist wegen der Verknappung von Rohstoffen und ökologischen Ressourcen, des wachsenden Widerstandes gegen industrielle Risiken und Beeinträchtigungen sowie der Finanzkrise des Staates eine objektive. Aber der industrielle Selbstlauf — „der Markt" — wird den notwendigen Innovationsschub nicht ausreichend und rechtzeitig bewirken. Diese Ausgangshypothese führt zur Frage nach der *Modernisierungskapazität* eines gegebenen Industrie-Systems, und dies führt zu der Frage nach der Interventionskapazität des politischen Systems.

Die Modernisierungskapazität verstehen wir als die Summe folgender Einflußfaktoren:

a) der *Innovationskapazität des „Marktes",*

b) der *Innovationskapazität zentralpolitischer Instanzen* (des Staates) und

c) der *Innovationskapazität dezentraler politischer Instanzen* (Gerichte, Bürgerinitiativen etc.).

Wir folgen hierbei in gewisser Weise jener Modernisierungstheorie der westlichen Politikwissenschaft, die das Wachstum bestimmter „Kapazitäten" des politischen Systems — insbesondere der partizipativen, der distributiven und der regulativen Kapazitäten — als Folge und Bedingung von wirtschaftlicher Entwicklung begreifen (Pye, Verba, Almond u.a.). Die in dieser Theorie enthaltene Vorstellung, daß defizitäre Kapazitätsentwicklungen des politischen Systems Legitimationskrisen nach sich ziehen, die wiederum in krisenbedingtes Kapazitätswachstum umschlagen, findet sich auch in der marxistischen Theorie des Staatsinterventionismus: Hier ist es der Krisenmechanismus, der im Prozeß der Vergesellschaftung und der immer weiteren Kapitalakkumulation ein immer höheres Niveau an Staatsintervention erzwingt. *Beide* Richtungen also betrachten es als eine systemische Überlebensfrage, daß das (kapitalistische) Industriesystem gerade das *nicht* tut, was ihm die liberalistische Wirtschaftsdoktrin mit großer Hartnäckigkeit (und Interessenbedingtheit) anempfiehlt: daß nämlich die Politik auf das Niveau wirtschaftlicher Einzelinteressen absinkt und die weitere Entwicklung dem „Markt" überläßt.

Seit der Weltwirtschaftskrise ist diese liberalistische Doktrin durch die Wirklichkeit überholt worden, d.h. der Staat im westlichen Industriesystem verhält sich immer weniger so, als ob die Innovationskapazität

des Marktes allein ausreicht, um wirtschaftliche Entwicklung zu ermöglichen.
Die Zunahme staatlicher Interventionen — von der Globalsteuerung bis zur Raumordnung — ist denn auch kaum zu ignorieren. Die Frage ist vielmehr, ob diese Zunahme an Staatsintervention ausreicht und welches genau ihre Qualität ist. Bisher nämlich war dieses „Kapazitätswachstum" wesentlich krisenvermittelt, d.h. *reaktiv*. Der ausstehende technologische Innovationsschub aber erfordert eine neue Qualität staatlicher Intervention: *den vorausschauenden Eingriff am Ursprung problematischer Kausalketten,* da, wo gesellschaftliche Schadenskosten noch nicht entstanden sind und der Eingriff noch keine Arbeitsplätze vernichtet oder Investitionen entwertet.
Hat die staatliche Intervention nicht diese vorausschauende Qualität und setzt die Industrie weiterhin auf problematische Technologien, so tritt nunmehr eine zweite, dezentrale Interventionsinstanz auf den Plan: die Bürgerinitiativen und Gerichte. Im Gegensatz zur potentiell vorausschauenden Intervention des Staates ist diese Intervention stets *reaktiv* und überdies unkalkulierbar. *Ökologische Risikoproduktion bedeutet daher auch zunehmend ökonomische Risikoproduktion.*
Die Folgen — technologische Innovationen — können gleichwohl dieselben sein wie im Falle staatlicher Eingriffe. Aber sie kommen vergleichsweise spät. Auf dem Weltmarkt haben dann die Länder den Vorteil, die am frühesten — antizipatorisch — gegensteuerten und mit entsprechenden „Zukunftstechnologien" im Vorsprung sind. Jedermann kann dies heute am Beispiel Japans verfolgen: Der Trend hin zu sparsamen und sauberen Automobilen war für jeden durchschnittlich begabten Technokraten spätestens seit 1973 absehbar. Daß die japanischen Autokonzerne in dieser Hinsicht einen solchen Vorsprung gewonnen haben, hat sehr viel mit den äußerst strengen Auflagen des Staates zu tun. Ähnlich scheint der Widerstand von Bürgerinitiativen gegen Industrieansiedlungen Innovationen im japanischen Anlagenbau gefördert zu haben, die wiederum dem Export (wie im Falle schwimmender Fabriken) zugute kam. Analoge Entwicklungen im Bereich der Recycling-Wirtschaft und der Öko-Industrie bedürfen hier keiner Erwähnung. Auch der Übergang zu Spartechnologien im Bereich des Stromverbrauchs bedarf offenbar des Anstoßes der politischen Instanz — gegen massiven Widerstand „des Marktes". Wo weder der Staat noch Bürgerinitiativen und Gerichte entsprechende Vergeudungsrestriktionen durchsetzen, leidet nicht nur die Umwelt oder der Außenhandel, sondern auch die Anpassungsfähigkeit der Industrie im Hinblick

auf *absehbare* Zukunftsentwicklungen. Die wirtschaftlichen Folgen einer unzulänglichen Modernisierungskapazität nationaler Industrie-Systeme — in diesem Fall aufgrund bürokratischer Innovationshemmnisse — lassen sich anschaulich am Beispiel der COMECON-Länder studieren.

Die Weltmarktkonkurrenz interessiert hier allerdings als Argument nur deshalb, weil sie von der Industrie in aller Regel mit umgekehrter Stoßrichtung angeführt wird. Hier soll kein Export-Darwinismus propagiert oder unterstützt werden. Der politisch forcierte Übergang zu sparsamen und sozial wie ökologisch *folgearmen* Technologien scheint in politologischer Perspektive vor allem aus zwei Gründen unvermeidbar:

Zum einen sind die *Sozialkosten* des traditionellen Technologietypus schon mittelfristig kaum noch tragbar. Dies gilt für Quantität und Qualität des *Automobilismus* (Sozialkosten: Straßenbau, Lärmschutz, Gesundheitsausgaben, Unfallkosten, Subventionen des Öffentlichen Transportwesens). Es gilt für Quantität und Qualität etwa der *Stromerzeugung* (Forschungsvorleistungen, Umweltschutz, Gesundheitskosten, Sicherheitsvorkehrungen, Entsorgung, gerichtliche Investitionsbehinderungen, indirekt: zu weitgehende Substitution von Menschen durch Maschinen mit weiteren sozialen Folgekosten). Es gilt für eine Branchenstruktur, deren hohe Umweltschutzkosten zu mehr oder weniger großen Anteilen der öffentlichen Hand angelastete werden und dennoch Krankheitsfolgen (Arbeitsumwelt) nicht reduzieren, deren Kosten in gleicher Weise sozialisiert werden. Es gilt für die Störanfälligkeit vieler Großtechnologien (innere Sicherheit). Es gilt schließlich für die Dominanz dieser Großtechnologien (und entsprechende staatliche Förderungspräferenzen), die die wirtschaftliche und städtische Konzentration fördern und bedingen, eine „flächendeckende" mittelständische Beschäftigung vor Ort ausschließen und zudem — wie alle Großprojekte — selten dauerhafte Beschäftigungsmöglichkeiten bieten, nicht zuletzt weil sie auf zunehmenden Bürgerwiderstand treffen.

Dieser Widerstand weist wiederum auf die wachsenden Legitimationsprobleme dieser Entwicklung. Wie gesagt: Die Nützlichkeit industrieller Expansion teilt sich dem Bürger wegen der steigenden Nebenkosten dieses Prozesses kaum noch mit, die Nachteile aber werden immer handfester. Der Staat gerät hierbei zunehmend in Widerspruch zu seiner eigenen Finanzabhängigkeit vom jeweils industriell vorbestimmten Wachstum. Während die Industrie mit *ihrer* Investitions-,

Beschäftigungs- oder Technologiepolitik weitgehend im Windschatten gesamtgesellschaftlicher Legitimationszwänge steht, fällt den Regierungen die ganze Bürde der Systemlegitimation, definiert als Regierungslegitimation, zu. Die Regierungen aber können ihre Wählerbasis nicht völlig ignorieren. Wenn Massenloyalität nicht mehr über steigende Realeinkommen und mehr staatliche Wohlfahrt gesichert werden kann, ist der immer weitere industrielle Einbruch in tradierte Lebensräume und die Zunahme von Risiken und Beeinträchtigungen kaum noch zu rechtfertigen. Im Maße aber wie die Legitimation schwindet, reduziert sich staatliches Handeln auf die Alternativen von Innovation oder Repression. Ein Wachstum unter Polizeischutz im Namen von Arbeitsplätzen, die dann doch verlorengehen, vollzogen durch einen Staatsapparat, dessen soziale Rolle immer prekärer wird, ist keine ernsthafte politische Perspektive.

Umgekehrt dürfte der Legitimationsgewinn eines Staates, der gesamtwirtschaftliche Souveränität beweist, sich nicht auf das Niveau industrieller Teilinteressen herabläßt, dem Prozeß wachsender Sozialkosten *strukturpolitisch* entgegentritt, der politisch vorsorgt, statt technologisch entsorgt, kein geringer sein.

Hohe Modernisierungskapazität in diesem Sinne setzt einen *qualitativ* starken demokratischen Staat voraus. Die *quantitative* Aufblähung des Staates hingegen ist der Preis des Interventionsverzichts der politischen Instanz. Sie ist das jedermann sichtbare Zeichen strukturpolitischen Souveränitätsverlusts, der dazu führt, daß Kostenexternalisierungen nicht verhindert werden und ein *industrieller Selbstlauf auf Staatskosten* akzeptiert wird. Die Folge solcher politischen Stagnation ist erst die technologische und dann die ökonomische Stagnation. Die wirtschaftlichen, legitimatorischen und fiskalischen Kosten dieses Prozesses sind absehbar.

Wirtschaftswachstum und umweltpolitische Problemlösungskapazität

Alparslan Yenal

Einleitung

Die aktuelle Debatte über die wirtschafts- und umweltpolitisch relevanten Folgen der externen Effekte, der sozialen Folgekosten[1] des Wirtschaftsprozesses als Problem des privatkapitalistisch-marktwirtschaftlich koordinierten sozialökonomischen Systems wird in breiter Front geführt. Sie hat die politische Sensibilisierung für die Umweltprobleme bewirkt und zur Problematisierung des Wirtschaftswachstums beigetragen.[2] Dabei wurden allerdings einige wichtige Problemaspekte ausgeblendet oder als Randphänomene betrachtet. Die Konzentration der Umweltdiskussion auf die Frage der Problemlösungswirksamkeit der im gegebenen Systemrahmen möglichen Instrumente entsprach der Dringlichkeit der umweltpolitischen Entscheidungen und Handlungen. Das politische Defizit, entstanden durch die Versäumnisse in der Problemanalyse und durch Nicht-Entscheidungen, konnte in der öffentlichen Umweltdebatte nur als eine Effizienzfrage angewandter Instrumente erscheinen. Damit wurde die politische Auseinandersetzung mit der konsequenten, zukunftssichernden wirtschafts- und umweltpolitischen Zielrealisierung und mit den Problemlösungsalternativen vermieden. Das bedeutet: nochmalige Vertagung einer kritischen Auswertung der Problemlösungskapazität des bestehenden politischen und sozialökonomischen Systems.[3]

In der wissenschaftlichen Analyse der umweltbedingten Sozialkosten haben die spezifischen Probleme der politischen Willensbildung über die Zielbestimmung, Mittelwahl und insbesondere Zusammenhänge der politischen und sozialökonomischen Systeme ebenfalls nicht die erforderliche Beachtung erfahren. Wenn die Umweltpolitik nicht eine „naive" Verlängerung der inkrementalen Wirtschaftspolitik sein soll, muß sie *erstens* unter dem Aspekt ihrer politischen und sozialökonomischen Systembindungen beurteilt werden und *zweitens* müssen die Ansatzpunkte einer sinnvollen Umweltpolitik als Teil einer nicht reak-

tiven, sondern zukunftsgestaltenden Wirtschaftspolitik aufgezeigt werden.
Die vorliegende Arbeit will zu einigen Punkten dieses Themenkomplexes beitragen.
Im ersten Abschnitt werden die Zusammenhänge zwischen dem Wirtschaftswachstum und der Umwelt behandelt. *Der zweite Abschnitt* befaßt sich mit einem zentralen Komplex der Umweltpolitik, nämlich mit dem wirtschaftspolitischen Aspekt des Umweltschutzes. Dabei werden Wirtschaftswachstumseffekte der Umweltpolitik im Vordergrund stehen. Die systemischen Probleme der umweltpolitischen Problemlösungskapazität sind der Gegenstand des *letzten Abschnitts*.

I. Wirtschaftswachstum und Umwelt

In der aktuellen umweltpolitischen Analyse steht das Problem der Wirtschaftswachstumseffekte der Umweltschutzmaßnahmen im Vordergrund. Das hat angesichts der notwendigen Klärung des Zielkonflikts zwischen Wirtschaftswachstum und Umweltschutz seine Berechtigung. Diese *Problemstellung* muß aber mit einer anderen Problemsicht ergänzt werden. Die Wachstumsverluste, die durch die Umweltverschlechterung bedingt sind, müssen ebenfalls thematisiert werden. Ohne diese Art der Wachstumsbeeinträchtigung hervorzuheben, kann ein abwägendes Gesamturteil über die Umweltschutzpolitik nicht gebildet werden.
Bevor wir auf die Wachstumswirkungen der Umweltschäden eingehen, soll der Zusammenhang zwischen Wirtschaftswachstum und Umweltgefährdung erklärt werden.

1. Wirtschaftswachstum und Umweltgefährdung

Zwischen Wirtschaftswachstum und Umweltgefährdung besteht folgender Zusammenhang:
Die Kausalbeziehung der Entwicklung der Schadstoffemission ($P(t)$), z.B. m^3 Abwasser je Zeiteinheit, zur Sozialproduktentwicklung ($Y(t)$) läßt sich mit

$$P(t) = a(t) \cdot Y(t) \qquad (1)$$

formulieren.[4]
Der Ausdruck a zeichnet den gesamtwirtschaftlichen Schadstoffkoeffizienten, der sich aus den Emissionskoeffizienten der Produk-

tions- und Konsumprozesse ergibt. Die Emissionskoeffizienten können aus den Input-Output-Rechnungen ermittelt werden.[5]
Wenn das Sozialprodukt Y in pro-Kopf-Version y = Y:N, wobei N Bevölkerungszahl ist, definiert wird, kann die Gleichung (1) umschrieben werden:

$$P(t) = a(t) \cdot y(t) \cdot N(t) \qquad (2)$$

Der Gleichung (2) können wir entnehmen, daß die Schadstoffemission mit dem steigenden Schadstoffkoeffizienten, mit der zunehmenden Produktion und der Bevölkerung wächst. Die Konstanz des Schadstoffkoeffizienten genügt also alleine nicht, das bestehende Schadstoffemissionsniveau zu erhalten.

Aus der Gleichung (2) werden auch die strategisch-alternativen Ansatzpunkte der Umweltpolitik deutlich. Diese werden in dem nächsten Abschnitt hinsichtlich ihrer Wachstumsauswirkungen untersucht.

Die Verbesserung oder Erhaltung der Umweltqualität, gemessen an der Veränderung der *Schadstoffkonzentration* $\bar{P}$ in dem betrachteten Umweltbereich, z.B. Abwasser pro m^3 Wasser, durch die privaten und öffentlichen Umweltinvestitionen I_u in Kläranlagen kann durch

$$\frac{d\bar{P}}{dt} = aY - \beta I_u - \gamma \bar{P} \qquad (3)$$

beschrieben werden. Den Abbau der Schadstoffemission durch Umweltinvestitionen bei gegebener Umwelttechnologie drückt der technologische *Reinigungskoeffizient* β aus. Ein Teil der Schadstoffkonzentration wird durch Selbstreinigungskapazität des Umweltmediums abgebaut. Diesen Teil pro Zeiteinheit zeigt der *natürliche Abbaukoeffizient* γ. Wobei $\beta > 0$ und $\gamma > 0$ ist.

Die Schadstoffkonzentration kann nur abnehmen, wenn erreicht wird, daß $(aY - \beta I_u) < \gamma \bar{P}$ ist (vgl. ex$_i$ in Übersicht 2).

2. Wachstumsverluste, die durch Umweltschäden bedingt sind

Die durch Umweltverschlechterung verursachten Wachstumsverluste können wie folgt zusammengefaßt werden:
(1) Die Produktionszweige, die ein Umweltgut als Input mit einer bestimmten qualitativen Beschaffenheit brauchen, sind von der Qualitätsminderung der Umwelt direkt betroffen.[6] Für sie entstehen zusätzliche Kosten durch höheren Faktoreneinsatz zur Wiederherstellung der erforderlichen Qualität eines Umweltmediums. Die unmittelbare

Betroffenheit durch negative externe Effekte ist für die mittelgroßen und kleinen Unternehmen wesentlich höher. Sie können die Zusatzkosten nicht so erfolgreich abwälzen wie ein marktbeherrschendes Unternehmen. Wenn sie die Produktion wegen dieses Kostendrucks einstellen müssen, kann das eine Wachstumsverringerung zur Folge haben. Die Übernahme eines solchen Betriebs von einem Großunternehmen kann zwar die direkte Wachstumsverringerung auffangen, aber mit wettbewerbspolitischen und wirtschaftsstrukturellen Konsequenzen. Ist jedoch die Umweltverschlechterung irreversibel, so daß die Produktion nicht erhalten werden kann, führt das unmittelbar zu Wachstumsverlusten und zu wirtschaftsstrukturellen Problemen.

(2) Das Konsumverhalten kann sich durch die Nutzenminderung der gestörten Umwelt ändern. Der direkte Konsumnutzen der Umweltgüter kann wegen ihrer schlechten Qualität abnehmen. Auch die Preissteigerungen, die wegen des Produktivitätsrückgangs in den von Umweltschäden betroffenen Branchen nicht vermieden werden können, bewirken eine Änderung des Konsumverhaltens. Das veränderte Konsumverhalten verursacht Anpassungsprozesse, die den Wachstumsprozeß beeinträchtigen und sogar nachhaltig hemmen können.

Mit der Verschlechterung der Umweltqualität entsteht eine *kompensatorische Nachfrage*, Konsumenten fragen nach Gütern und Dienstleistungen, z.B. in steigendem Maße nach Medikamenten und ärztlichen Diensten nach, die dazu dienen, die Folgen der Umweltschäden zu beseitigen bzw. zu kompensieren. Durch die Nachfrageverschiebung werden Produktionsfaktoren beansprucht, die sonst für andere Verwendungszwecke verfügbar wären. Bemerkenswert ist auch, daß die so erfolgte Nachfrageverschiebung im Regelfall die staatlichen Aufgaben im Sektor der Infrastruktur und der Sozialleistungen erweitert.

(3) Die unbestrittenen umweltbedingten Gesundheitsschäden vermindern die Arbeitsqualität und verlangsamen damit die Produktivitätsentwicklung. Die Umweltverschlechterung kann in Extremfällen auch zum Rückgang des Arbeitskräftepotentials mit negativen Wachstumsfolgen führen.

Eine wirksame Umweltpolitik, die durch Erhaltung und Besserung der Umweltqualität diese Wachstumsverluste vermeidet, ist zugleich eine ***differenzierte Wachstumspolitik***.[7]

II. Umweltschutzpolitik und Wirtschaftswachstum

1. Wirtschaftspolitische Ziele und Umweltschutz

(1) Ein parlamentarisch-demokratisches Regierungssystem muß sich der wirtschaftspolitischen Probleme, die ihm aufgrund der Erfolgs- und Systemkontrolle (s. III und Übersicht 2) zugewiesen werden, annehmen. Die wohlfahrtsstaats-spezifische Problemlösungserwartung des Staatsbürgers hat die ihr eigene Form der „Problemverstaatlichung"[8] entwickelt. Aber nicht jedes Interesse und nicht jede Problemlösungserwartung wird politisch artikuliert und kann durchgesetzt werden. Politische Systeme entwickeln erfolgreiche Interessenselektionsmechanismen, so daß manches Allgemeininteresse nicht oder nur sehr bedingt verwirklicht werden kann. Das gilt insbesondere für die staatliche Aktivität im Politikbereich der „öffentlichen Güter".[9] So werden auch die Umweltschutzinteressen selektiv und inkonsequent verwirklicht. Umweltschutzziele kommen nur zum Zuge, wenn sie mit den anderen wirtschaftspolitischen Zielen, in erster Linie mit den gesamtwirtschaftlichen Steuerungszielen vereinbar sind.[10]
Mit dem Gesetz zur Förderung der Stabilität und des Wachstums der Wirtschaft erfolgte 1967 ein „Stilwandel der Sozialen Marktwirtschaft": die gesamtwirtschaftliche Steuerung[11] wurde zur permanenten wirtschaftspolitischen Aufgabe des Sozialstaates. Die im § 1 StabG[12] genannten vier Ziele, Stabilität des Preisniveaus, hoher Beschäftigungsgrad, außenwirtschaftliches Gleichgewicht, stetiges und angemessenes Wirtschaftswachstum, sollen — wie das Gesetz fordert — *gleichzeitig und im Rahmen der marktwirtschaftlichen Ordnung* realisiert werden. Die Bundesregierung hat im Umweltprogramm die Gleichrangigkeit der umweltpolitischen Ziele innerhalb der Infrastrukturpolitik betont, diese aber den stabilitätspolitischen Zielen untergeordnet.[13] Der Rahmen der Umweltschutzmaßnahmen wird — wie im StabG für die gesamtwirtschaftlichen Steuerungsinstrumente — so abgesteckt, daß die Strukturprinzipien des privatkapitalistisch-marktwirtschaftlichen Systems nicht tangiert werden dürfen. Die Anerkennung des Verursacherprinzips als der umweltpolitische Problemlösungsgrundsatz[14] ist deshalb nur folgerichtig.
Der verteilungspolitische Konflikt wird im Umweltprogramm wie auch schon im StabG nicht thematisiert. Das ist ein deutlicher Hinweis auf die Strategie der Zielreduktion als „Problemlösungsverfahren".

(2) Die Umweltschutzpolitik kann auf die Verwirklichung der im § 1 StabG genannten wirtschaftspolitischen Ziele negative Auswirkungen haben.[15]

(a) Die Internalisierung der sozialen Zusatzkosten durch die Anwendung des Verursacherprinzips kann zur Arbeitsplatzvernichtung und damit zur Verletzung des Vollbeschäftigungsziels führen. Die in besonders hohem Maße umweltgefährdenden Branchen[16] werden in erster Linie betroffen. Daraus ergeben sich auch gleichgerichtete Folgen für die vor- und nachgelagerten Produktionszweige. Im Bereich der von der Umweltschutzpolitik induzierten Umwelt- und Recyclingindustrien sind andererseits positive Beschäftigungswirkungen zu erwarten. Das beschäftigungspolitische Problem ist hier nicht global lösbar, sondern zukunftsperspektivisch und sektoral und regional differenziert zu betrachten. Die noch vor wenigen Jahren allseitig geteilte Befürchtung vor der negativen Beschäftigungskonsequenz der Umweltschutzpolitik hat in der aktuellen Beschäftigungskrise eine deutliche Wende erfahren. Die Umweltpolitik wird heute beschäftigungspolitisch instrumentalisiert.

(b) Die Internalisierung der sozialen Zusatzkosten wird Preisniveau- und -struktureffekte hervorrufen. Die Modellrechnungen mit den alternativen, in der Periode 1970 bis 1985 erwarteten Umweltschutzkosten haben einen Preisniveauanstieg zwischen 1,5 bis 3,0 v.H. ergeben.[17] Längerfristig werden diese Preiseffekte davon abhängen, wie die einzelnen Umweltschutzmaßnahmen die Investitionsentscheidungen beeinflussen und technologische Neuerungen veranlassen. Bei der Beurteilung der umweltschutzbedingten Preissteigerung muß beachtet werden, daß ihre Ursachen die Maßnahmen zur Vorbeugung und Vermeidung der Umweltschäden und die Aktivitäten zur Verbesserung der Umweltqualität sind. Diese müssen von anderen Inflationsursachen unterschieden werden.[18] Die Verteilungswirkungen der umweltschutzbedingten Preissteigerungen sind von der Wahl der Instrumente, die zur Durchsetzung des Verursacherprinzips, z.B. Abgaben, Steuern infrage kommen, von dem Ausmaß der negativen externen Effekte in den verschiedenen Produktionszweigen und von der Nachfragestruktur abhängig.[19]

(c) Auch das wirtschaftspolitische Ziel des außenwirtschaftlichen Gleichgewichts wird von den Umweltschutzmaßnahmen berührt. Wird die Umweltpolitik nicht im Gleichschritt und international koordiniert und nach vergleichbaren Grundsätzen verwirklicht, haben die Länder, die eine konsequente Umweltpolitik verfolgen, außenwirtschaftliche *Wettbewerbsnachteile* zu erwarten. So entstandene Wettbewerbsnachteile können Anlaß zu außenwirtschaftspolitisch-protektionistischen Schritten werden.[20] Die Umweltschutzvorschriften können aber auch zur Flankierung der außenwirtschaftspolitischen Instrumente, die zur Bekämpfung des Außenhandelsdefizits dienen, eingesetzt werden. In der Bundesrepublik Deutschland wird das Ziel des außenwirtschaftlichen Gleichgewichts bei einem stetigen und beträchtlichen Leistungsbilanzüberschuß durch die Preiseffekte des Umweltschutzes nicht beeinträchtigt, vielmehr unterstützt. Die nicht preislichen Komponenten der außenwirtschaftlichen Wettbewerbsfähigkeit[21] der Bundesrepublik, wie die Angebotsstruktur haben so ein großes Gewicht, daß die umweltschutzbedingten Preiswettbewerbsnachteile nicht überschätzt werden dürfen.

(d) Die umweltschutzpolitischen Maßnahmen beeinflussen das Niveau und die Zusammensetzung des Bruttosozialprodukts und können zur Abschwächung des *Wachstums des Bruttosozialprodukts* führen.[22] Wenn z.B. die Umweltqualitätsstandards zur Ergänzung der Marktpreiskoordination gesetzt werden, können sie die Stillegung bestimmter Produktionsanlagen verursachen und/oder die Änderung des Konsumverhaltens veranlassen und, ohne kompensatorische Intervention, die Minderung des Bruttosozialprodukts zur Folge haben. Die Umweltschutzinvestitionen, die beispielsweise zur nachträglichen Beseitigung der umweltschädlichen Abfälle notwendig werden, verändern die Produktions- und Endnachfragestruktur zugunsten der umweltneutralen oder -freundlichen Güter und Dienste. Die neue Produktionsstruktur muß sich nicht auf den Wachstumsprozeß negativ auswirken. Im folgenden Abschnitt werden die Konsequenzen der umweltpolitischen Strategien näher behandelt. Hier nur einige grundsätzliche Bemerkungen zur begrifflichen Problematik des Wirtschaftswachstums. Dies ist erforderlich, weil die politische Relevanz der Umweltpolitik durch das unkritische Bekenntnis zum Wirtschaftswachstum infrage gestellt wird. Das triviale Verständnis vom Nutzen des Wirtschaftswachstums, das die politische Wachstumsdiskussion kennzeichnet, unterstellt die Identität der Wachstumsraten des Bruttosozialprodukts mit der Wohlfahrtssteigerung. Die unterstellte Identität erfüllt zwar die Funktion eines „politischen

Erfolgsschlagers", hat aber mehr als nur Schönheitsfehler. *Erstens* wird in dieser verkürzten Wachstumsdiskussion die Frage nach dem Produktionszweck nicht gestellt; die Verwendungs- und Verteilungsaspekte bleiben unbeachtet. *Zweitens* gestattet die Berechnungsmethode des Bruttosozialprodukts seine Verwendung als *Wohlstandsindikator* sehr bedingt.[23] Wir beschränken die Kritik auf den umweltpolitisch wichtigen Aspekt.[24]
Die privaten und öffentlichen Aufwendungen, die nur dazu dienen, die Umweltschäden zu beseitigen und/oder zu vermeiden, werden in der Berechnung des Bruttosozialprodukts als Wertschöpfung gebucht.[25] Da es außer Zweifel steht, daß die Umweltverschlechterung die gesellschaftliche Wohlfahrt beeinträchtigt, muß die herkömmliche Buchungsweise ihrer Reparaturkosten, die zu rechnerisch höheren Wachstumsraten des Bruttosozialprodukts führt, mehr als nur kurios gelten. Denn diese Art Reparatur kann keine Erhöhung gegenüber dem Wohlfahrtsniveau vor Entstehung der Umweltschäden bedeuten: Durch sie wird nur die entgangene Nutzung wiederhergestellt. Höhere Wachstumsraten des Bruttosozialprodukts werden aber als Wohlfahrtserhöhung interpretiert. Wenn diese Interpretation akzeptiert wird, muß man wissen, daß hier eine *Pseudo-Wohlstandsmehrung*[26] vorliegt. Das Bruttosozialprodukt ist um so mehr ein Indikator der Pseudo-Wohlstandsmehrung, je weniger darin die verbleibenden und nicht reparierbaren Umweltschäden registriert werden.[27]

Die systematische Nichtbeachtung der Umweltbelastung, die als soziale Kosten des Wirtschaftsprozesses einen steigenden Trend aufweist, führt dazu, daß das Bruttosozialprodukt zu hoch ausgewiesen wird. Konsequent wäre es, die Umweltbelastung in die volkswirtschaftliche Gesamtrechnung einzubeziehen.[28] So müßten die Umweltschutzausgaben als „Ersatzinvestitionen zur Erhaltung des Nutzungsgehaltes bzw. zur Vermeidung eines sonst rascheren Verfalls der Umweltressourcen" vom herkömmlichen Nettosozialprodukt abgezogen werden.[29] Der praktikable erste Schritt in diese Richtung wäre, die Beseitigungskosten des Umweltverzehrs, die von den öffentlichen Haushalten getragen werden, von dem Nettosozialprodukt abzuziehen.[30]

Übersicht 1:

Problemkreis	Politik-Perspektive	Umweltpolitische Ziele 32a)	Umweltpolitische *Instrumente* 32b) I. Effektive *Verhaltenskontrollen* '32c)
Senkung der Schadstoffkoeffizienten	I. Vermeidungsstrategie Gestaltungspolitik	I. Substitution der umweltschädigenden Güter, Dienste und Produktionstechniken	1) Kontingentierung, Verbote 2) Auflagen für Produktion und/oder Verwendung umweltschädigenden Güter und für den Einsatz bestimmter Produktionsverfahren 3) Standortgenehmigung für Betriebe
Streckung des Nutzens der natürlichen Ressourcen Intergenerationseinkommensverteilung		II. Bewirtschaftung der nicht-reproduzierbaren Ressourcen: Verbrauchsregulierung	1) Aufhebung des Privateigentums an Bodenschätzen 2) Rationierung natürlicher Ressourcen 3) Investitionskontrollen z.B. Anmeldepflicht und Genehmigungsverfahren 4) Geburtenkontrolle
	II. Anpassungsstrategie reaktive, inkrementale Politik	III. Recycling	1) Vorschriften für Wiederverwendung: Abfallverwendungsauflagen 2) Verbot der rohstoffintensiven "Wegwerfgüter"; Produktionsgenehmigung mit der Auflage des Recycling
		IV. Förderung der natürlichen Regeneration der Umwelt	Landschaftsschutzvorschriften zur Erhaltung des ökologischen Systems
Internalisierung der externen Effekte Senkung der Schadstoffkoeffizienten		V. Beseitigung der ökologisch unerwünschten Outputs des Wirtschaftsprozesses	1) Einführung von Mindestumweltstandards 2) Produktions- und Benutzungsgenehmigung mit der Auflage der vollständigen Abfallbeseitigung 3) Verbot der Benutzung der Umwelt als Aufnahmemedium für bestimmte Reststoffe
Verteilungspolitische Korrekturaktivität		VI. Lastenausgleich zwischen den von den Umweltschäden Betroffenen	
Internationale koordinierte Internalisierung und Verteilung der sozialen Kosten	I. und II. erfordern	VII. Regionale Differenzierung und internationale Koordinierung der Ziele und Instrumente der Umweltpolitik	Einrichtung supranationaler Institutionen mit der Kompetenz der Rechtssetzung und Sanktionierung

II. *Instrumente* der umweltpolitischen Globalsteuerung 32 d)	III. Systemstrukturelle *Instrumente* 32 e)
1) Technisch-ökologische und technisch-ökonomische Forschung 2) Beeinflussung des Konsumverhaltens: Information, Moralsuasion, Werbung, Verbrauchssteuern 3) Finanz- und geldpolitische Mittel zur Beeinflussung der Unternehmerentscheidungen	1) Wirtschaftsverfassungsrechtliche Festlegung der umweltpolitischen Grundvorstellungen 2) Wettbewerbspolitische Rahmenbedingungen internationale Wettbewerbspolitik, Verhaltenskodex für multinationale Unternehmen 3) Ausdehnung der Privateigentumsrechte auf weitere Umweltgüter: Umweltlizenzen 4) Bestimmung des Umweltpreises durch Verhandlungen zwischen Verursachern und Betroffenen
1) Besteuerung der Verwendung natürlicher Ressourcen; Subventionierung der Substitute 2) Sonderabgaben für natürliche Ressourcen; Förderabgaben 3) Investitionsbesteuerung der rohstoffintensiven Produktion 4) Bevölkerungspolitisch-flankierende Maßnahmen	
1) Finanzielle Anreize für Investitionen in Wiederverwendungsanlagen: Steuererlass Subventionen u.a. 2) Technologieförderung für Entwicklung der Recyclingverfahren	
1) Unterstützung der Ökologie-Forschung 2) Ökologische Infrastrukturinvestitionen: Aufforstung, Landschaftsschutz	
1) Kostenauflastung (z.B. Emmissionsteuer): Anwendung des Verursacher- und/oder Gemeinlastprinzips 2) Abgaben für Umweltverschmutzung	
1) Einkommens- und vermögensverteilungspolitische Mittel, z.B. kompensatorische Finanzierung entstandener Umweltschäden: Sonderabgaben zur Bildung eines Finanzfonds 2) Infrastrukturinvestitionen zur Stadtsanierung, Erholungseinrichtungen	
Rahmenrichtlinien für umweltpolitische Aktivitäten verschiedener Entscheidungsträger	

2. Konsequenzen der umweltschutzpolitischen Strategien für das Wirtschaftswachstum

(1) Umweltschutzaktivitäten haben grundsätzlich zwei *Politikperspektiven*. Sie können *präventiv* auf die Entstehungsursachen der Umweltschäden gerichtet sein oder sich auf die *nachträglichen Korrekturen* beschränken.[30a] Die erste Politikperspektive charakterisiert die aktive, gestaltende Umweltpolitik und die letztere ist der Grundzug der reaktiven Anpassungspolitik. Aufgrund der Probleme der umweltpolitischen Zielfindung und -operationalisierung und der Instrumentenwahl und -durchsetzung, die sich einem parlamentarischen Regierungssystem mit bundesstaatlicher Kompetenzverteilung wie in der Bundesrepublik Deutschland stellen, kann nur eine Kombination der umweltpolitischen Perspektiven realisiert werden. Der angewandte Instrumentenkatalog belegt diese These. Mit den restriktiven Bedingungen einer aktiven Umweltpolitik befaßt sich der nächste Abschnitt. Um die Ansatzpunkte der umweltschutzpolitischen Aktivitäten herauszufinden, müssen die konkreten Problemkreise definiert werden. *Übersicht 1* bringt einen Überblick über diese Problemkreise und die sich darauf beziehenden umweltpolitischen Zielsetzungen. Sie enthält auch die denkmöglichen Instrumente, die nach dem Kriterium der ökologischen *Zielrealisierungswirksamkeit* in drei Kategorien erfaßt sind. Zur Zielrealisierungswirksamkeit steht die *Marktkonformität* der Instrumente wie sie im Umweltprogramm postuliert wurde,[31] im umgekehrten Verhältnis: je zielwirksamer ein Instrument, desto marktinkonformer ist dasselbe. Die Zielrealisierungswirksamkeit und Marktkonformität dürfen nicht die einzigen Beurteilungskriterien für die umweltpolitischen Instrumente sein. Weitere Kriterien[32] wie „ökonomische Effizienz, Praktikabilität, Reversibilität, Flexibilität und Verteilungsgerechtigkeit" müssen herangezogen werden. Diese sind bei der Wahl der Problemlösungsalternativen unverzichtbare Entscheidungsgrundlagen. Sie können die Zielkonflikte und Realisierungsprobleme transparent machen und damit zur Erhöhung der Problemlösungskapazität des Regierungssystems beitragen.

(2) Für die Diskussion der umweltschutzpolitischen Strategien können wir an die Gleichung (3) anknüpfen (s. I.1.). Wir konzentrieren uns auf die ersten beiden Glieder, $a Y$ und βI_u, der Gleichung. Die Umweltschutzpolitik kann

(a) auf die Reduzierung der Wachstumsraten des Sozialprodukts Y gerichtet sein,

(b) die Verkleinerung des gesamtwirtschaftlichen Schadstoffkoeffizienten a versuchen,
(c) die Erhöhung des technologischen Reinigungskoeffizienten β fördern,
(d) die Steigerung der Umweltinvestitionen I_u zum Ziel haben.

Die umweltpolitische Optimalstrategie ist erreicht, wenn zwischen diesen Ansätzen eine Kombination gefunden wird, bei der die „volkswirtschaftlichen Kosten"[33] der Vermeidung von Umweltverschlechterungen minimiert werden.[34] Das Optimierungsproblem ist schwierig zu lösen, weil die Bewertung einzelner Bestandteile der „volkswirtschaftlichen Kosten" wie die Verzichte bei der Realisierung konkurrierender wirtschaftspolitischer Ziele schwer möglich ist.

Die vier genannten Ansätze haben unterschiedliche Konsequenzen für das Wirtschaftswachstum. Die radikale Schlußfolgerung aus dem Ansatz (a) ist die *Strategie des Null-Wachstums*.[35] Dabei wird nicht nur der Inhalt des Wachstums kritisiert und eine Produktionsstruktur mit einer geringen Umweltbelastung gefordert, sondern es wird von der Begrenztheit der Ressourcen der Erde auf die Notwendigkeit des Wachstumsverzichts geschlossen. Der wichtige Beitrag der Null-Wachstumsforderung zur Umweltdebatte ist die Klarstellung der ökologischen Grenzen eines unkontrollierten Wirtschaftsprozesses. Das Null-Wachstum würde die Kapitalverwertungsinteressen aushöhlen und die Struktur des privatkapitalistisch-marktwirtschaftlichen Systems verändern. Die Vertreter der *Gegenposition* fordern eine gezielte Wachstumspolitik. Das Wirtschaftswachstum soll nach ihrer Ansicht ermöglichen, eine umweltpolitisch vertretbare Produktionsstruktur zu verwirklichen. Durch das Wirtschaftswachstum wäre die Finanzierung der Umweltinvestitionen und der betrieblichen Folgekosten für die Betroffenen „tragbar" und die verteilungspolitischen Konflikte würden gemildert. Auch die weltwirtschaftlichen Anpassungsprobleme seien, wenn sie vom Wirtschaftswachstum begleitet würden, leichter zu lösen. Die Gegenposition zur Null-Wachstumsstrategie befürwortet eine *systemangepaßte Umweltpolitik*,[36] die den Wachstumsprozeß möglichst wenig beeinträchtigt, den inhaltlichen Strukturwandel des Wachstums nicht unmittelbar angeht und die sektoralen und regionalen Anpassungsprobleme mit infrastrukturpolitischen Mitteln auffängt. Die strukturpolitische *Problemzuweisung* auf die Regierungsorgane ist in diese wirtschaftswachstumsorientierte Konzeption der Umweltpolitik eingebaut. Ob die Problemlösungskapazität des Regierungssystems damit überfordert ist und welchen Restriktionen sie unterliegt, wird nicht untersucht. Dieser Frage gehen wir im nächsten Abschnitt nach.

Die systemangepaßte Umweltpolitik bedient sich der *Strategie der Verkleinerung des gesamtwirtschaftlichen Schadstoffkoeffizienten* und unterstützt sie durch die Erhöhung des technologischen Reinigungskoeffizienten und der Umweltinvestitionen (s. umweltschutzpolitische Ansätze b,c,d). Diese Strategie bedingt eine Änderung der gesamtwirtschaftlichen Investitionstätigkeit zugunsten der Umweltinvestitionen. Werden die herkömmlichen Bruttoanlageinvestitionen durch die Umweltinvestitionen zur Überwachung, Beseitigung und Vermeidung der Schadstoffe und zur Wiederverwendung der Rohstoffe substituiert, vermindert sich bei unveränderter Investitionsquote das Wachstum im Sektor der Konsumgüterindustrien nur dann, wenn die Kapitalproduktivitäten der Umweltinvestitionen niedriger sind als die der substituierten Investitionen.[37] Die Annahme der geringeren Kapitalproduktivität der Umweltinvestitionen ist für den heutigen Umwelttechnologiestand zutreffend, kann aber nicht in die längerfristigen Wachstumsanalysen übernommen werden, zumal die Förderung der umweltfreundlichen Technologien ein akzeptierter Politikansatz (s. oben: umweltschutzpolitischer Ansatz (c)) ist. Wenn diese Art Wachstumsverminderung eintritt, kann sie jedoch durch die erreichte Umweltqualitätsbesserung kompensiert werden: denn die Verbesserung der Umweltbeschaffenheit reduziert die Wachstumsverluste, die durch Umweltschäden bedingt waren (s. I.2.). Die zu erwartenden Wachstumseinbußen können auch durch die geld- und finanzpolitischen Maßnahmen, die die Erhöhung der gesamtwirtschaftlichen Investitionsquote bewirken, verhindert werden.

Die überdenkenswerte, alternative Strategie-Variante der systemangepaßten Umweltpolitik zielt darauf ab, die Umweltinvestitionen direkt zu Lasten der privaten Konsumquote zu realisieren und damit die gesamten kapazitätswirksamen Anlageinvestitionen entsprechend zu erhöhen.[38] Diese Variante erweist sich gegenüber der Belastung der Bruttoanlageinvestitionen unter dem Aspekt der Verringerung der privaten Konsumverluste für den Zeithorizont bis 1980 als ungünstig, für den Zeithorizont bis 1985 hingegen als günstig.[39]

Der Atem der systemangepaßten, durch den Inkrementalismus ausgeprägten Wirtschafts- und Umweltpolitik reicht für den längeren Zeithorizont nicht aus. Sie leidet u.a. an konjunktureller Atemnot. Spürbare Konsumverluste können einer Gesellschaft mit nicht apostrophierbaren Konsumpräferenzen schwer zugemutet werden. Es ist aber

Übersicht 2: Umweltbelastung und der Prozeß der Wirtschafts- und Umweltpolitischen Willensbildung

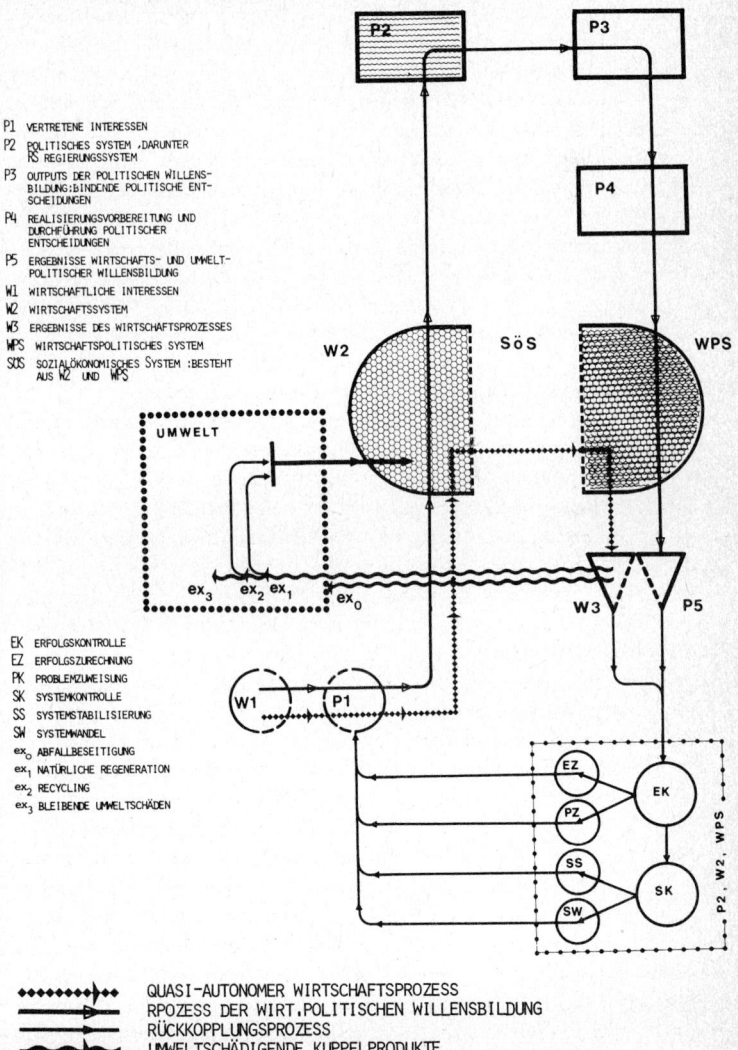

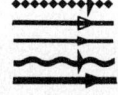

P1 VERTRETENE INTERESSEN
P2 POLITISCHES SYSTEM, DARUNTER RS REGIERUNGSSYSTEM
P3 OUTPUTS DER POLITISCHEN WILLENSBILDUNG: BINDENDE POLITISCHE ENTSCHEIDUNGEN
P4 REALISIERUNGSVORBEREITUNG UND DURCHFÜHRUNG POLITISCHER ENTSCHEIDUNGEN
P5 ERGEBNISSE WIRTSCHAFTS- UND UMWELTPOLITISCHER WILLENSBILDUNG
W1 WIRTSCHAFTLICHE INTERESSEN
W2 WIRTSCHAFTSSYSTEM
W3 ERGEBNISSE DES WIRTSCHAFTSPROZESSES
WPS WIRTSCHAFTSPOLITISCHES SYSTEM
SöS SOZIALÖKONOMISCHES SYSTEM: BESTEHT AUS W2 UND WPS

EK ERFOLGSKONTROLLE
EZ ERFOLGSZURECHNUNG
PK PROBLEMZUWEISUNG
SK SYSTEMKONTROLLE
SS SYSTEMSTABILISIERUNG
SW SYSTEMWANDEL
ex_0 ABFALLBESEITIGUNG
ex_1 NATÜRLICHE REGENERATION
ex_2 RECYCLING
ex_3 BLEIBENDE UMWELTSCHÄDEN

••••••▶ QUASI-AUTONOMER WIRTSCHAFTSPROZESS
━━▶ RPOZESS DER WIRT. POLITISCHEN WILLENSBILDUNG
═══▶ RÜCKKOPPLUNGSPROZESS
∼∼∼▶ UMWELTSCHÄDIGENDE KUPPELPRODUKTE
━━▶ UMWELTGÜTER ALS INPUTS DER PRODUKTION UND KONSUMTION

überfällig, die Verwechslung der gesamtgesellschaftlichen Wohlfahrt mit undifferenziertem Konsumwachstum aufzuheben. Es ist ebenfalls überfällig, die partielle, kurzfristige Rationalität der „ökonomischen Konditionierung"[40] des Staatsbürgers mit dem Problemaspekt der Intergenerationsverteilung zu erweitern. Das macht die Präferenzänderung für die Infrastrukturinvestitionen erforderlich. Sie sind für die Sicherung einer zukünftigen Wohlfahrt unerläßlich: einer Wohlfahrt, die nicht nur die private Konsumhöhe zum Indikator hat, sondern auch bessere Umweltbedingungen, Gesundheits- und Bildungsleistungen u.a., die dazu beitragen, die gesellschaftlichen Grundwerte inhaltlich auszufüllen und in die Wirklichkeit umzusetzen.

III. Systemgrundlagen umweltpolitischer Problemlösungskapazität

Die negativen externen Effekte des Produktionsprozesses und des Verbrauchs sind keine neuen Erscheinungen. Wie ist es aber zu erklären, daß ihre Problematisierung und Versuche, sie zu vermeiden oder zu korrigieren, erst in jüngster Zeit stattgefunden haben? Dies ist ein auch in anderen Politikbereichen feststellbares Problemlösungsdefizit, das hier auf seine systemimmanenten Gründe hin analysiert werden soll.

1. Restriktionen der staatlichen Umweltpolitik

Umweltpolitik unterliegt in einem privatkapitalistisch-marktwirtschaftlichen System den gleichen einschränkenden Bedingungen, die auch für staatliche Wirtschaftspolitik gelten. Diese sind:
(1) Von den Ergebnissen des Wirtschaftsprozesses ist die Umweltpolitik in zweierlei Hinsicht abhängig. *Erstens* zeitigen sie negative externe Effekte (s. W3 und die sich daraus ergebenden ex_i in Übersicht 2). Diese machen umweltpolitische Aktivitäten des *Regierungssystems*, d.h. der Entscheidungsorgane, die für die gesamtgesellschaftlich bindenden Entscheidungen in einem parlamentarisch-demokratischen System die Legitimation erhalten haben und legitimationsbedürftig bleiben, notwendig. Der Inhalt der diesbezüglichen Umweltpolitik besteht aus dem Regierungshandeln, das das Strukturprinzip der privatkapitalistisch-marktwirtschaftlichen Koordination ergänzen und die Resultate dieses Koordinationsprinzips korrigieren soll. Das umweltpolitische Ergänzungshandeln ist z.B. die Durchsetzung des

Verursacher- und Gemeinlastgrundsatzes. Ein wichtiges Merkmal des letzteren sind die öffentlichen Umweltinvestitionen als Teil der materiellen Infrastruktur. Umweltpolitische Korrekturen sind z.B. die nachträgliche Beseitigung der Schadstoffe. *Zweitens* ist die umweltpolitische Abhängigkeit dadurch gegeben, daß den finanziellen Ressourcen der Umweltpolitik Grenzen gesetzt sind.[41] Wenn aus verteilungspolitischen Erwägungen für den Gemeinlastgrundsatz entschieden wird, ist die Verschärfung der finanziellen Restriktion der Umweltpolitik durch den Konflikt innerhalb der Staatsquote oder über die zunehmende Staatsquote unvermeidlich.

(2) Die wichtigste Einschränkung der Umweltpolitik rührt von der weitgehenden *Autonomie der privaten Investitionsentscheidungen* her. Hinzu kommt — nachgeordnet, aber nicht bedeutungslos — der Entscheidungsspielraum des Verbrauchers. Für die privaten Investoren sind aufgrund der Existenz des Privateigentums an Produktionsmitteln und der Verfügungsrechte Gegenstrategien gegen die Wirtschafts- und Umweltpolitik möglich. Das ist der wesentliche Grund dafür, den Wirtschaftsprozeß unter diesen Bedingungen „quasi-autonom" zu nennen[42] (s. für Prozeßelemente das Ablaufschema in Übersicht 2). Die Umweltschutzmaßnahmen können nur wirksam werden, wenn sie in die privaten Investitionsentscheidungen eingehen[43] und letztlich die Entwicklung von umweltneutralen bzw. -freundlichen Produktionstechnologien, Gütern und Dienstleistungen bewirken können. Dafür gibt es keine Garantie, lediglich eine Erfolgserwartung der Umweltpolitik.

(3) *Die Struktur des Regierungssystems* ist eine weitere restriktive Bedingung der Umweltpolitik. Die Problemverarbeitungskapazität der Entscheidungsorgane, die von der administrativen Rationalität und von den Informations- und Koordinationsprozessen abhängt, ist auf allen umweltpolitischen Entscheidungsebenen,[43a] insbesondere auf der kommunalen Ebene sehr gering. Ohne Strukturreformen sind die Grundlagen einer umweltplanerischen Staatstätigkeit nicht zu schaffen. Die längerfristig angelegten ex-ante-Lösungen sind aber für die Umweltpolitik unumgänglich (s. hierzu die Systemaggregate[44] P 2 und P 4 im Prozeß der wirtschaftspolitischen Willensbildung in *Übersicht 2).*

(4) Eine politische Relevanz erhalten die umweltpolitischen Probleme, z.B. die verteilungspolitischen Konsequenzen des Verursacherprinzips nur dann, wenn die Rückkopplung der Ergebnisse des Wirtschafts-

prozesses und der wirtschafts- und umweltpolitischen Willensbildung durch die *Erfolgs- und Systemkontrolle* hergestellt wird (s. EK und SK in *Übersicht 2*). Die *Erfolgskontrolle* ist der Vergleich der vertretenen oder potentiellen Interessen und der Zielsetzungen mit den Ergebnissen des Wirtschaftsprozesses und der wirtschafts- und umweltpolitischen Willensbildung (s. W1, P1 und W3, W5 in *Übersicht 2*). Die Erfolgs- und Systemkontrolle (EK-SK) wird von Staatsbürgern, Initativgruppen, Interessenverbänden, Parteien und von den Organen des Regierungssystems durchgeführt. Mit der Herstellung der Rückkopplung wird ein *politischer Problemdruck*[45] und/oder eine *Legitimationsbasis* für das Regierungssystem erzeugt. Findet die EK - SK nicht statt oder wird sie unter bestimmten Systembedingungen unzureichend realisiert, verliert das politische System einschließlich des Regierungssystems seine *Lernfähigkeit*. Die mangelnde Lernfähigkeit ist die schärfste Restriktion der politischen Gestaltung aller Lebensbereiche und der Umweltqualität. Der EK - SK kommt eine zentrale Bedeutung zu, weil sie nicht nur eine der Bedingungen der Problemlösungskapazität erfüllt, sondern auch für die Auflösung der erstgenannten drei restriktiven Bedingungen der politische Ansatzpunkt ist. Aus der *Erfolgskontrolle* resultiert

(a) die *Erfolgszurechnung* (EZ): das positiv bewertete Ergebnis wird als ein Erfolg der politischen Entscheidungsträger anerkannt und die Instrumente als problemlösungswirksam identifiziert.
(b) Die *Problemzuweisung* (PZ): die negativ beurteilten Ergebnisse des Wirtschaftsprozesses werden als wirtschafts- und umweltpolitische Probleme definiert und ihre Lösungen auf das Regierungssystem delegiert.

In die Erfolgskontrolle gehen also folgende Systemaggregate ein:

W1, P1   wirtschaftliche und politisch vetretene Interessen
RS   Das Regierungssystem
WPS   Das wirtschaftspolitische System; darin wirtschafts- und umweltpolitische Ziele und Instrumente
W3, P5   Ergebnisse des Wirtschaftsprozesses und der wirtschafts- und umweltpolitischen Willensbildung.

Die *Systemkontrolle* schließt an die Erfolgskontrolle an. Sie enthält eine auf die Systemstruktur erweiterte *Ursachenanalyse der Ergebnisse* des Wirtschaftsprozesses und der wirtschafts- und umweltpolitischen Willensbildung. Aus der Systemkontrolle resultieren politische Forderungen und Aktivitäten mit der Intention

(a) der *Systemstabilisierung* (SS),
(b) des *Systemwandels* (SW).

Die Systemkontrolle involviert folgende Systemaggregate:

W2 Das Wirtschaftssystem
WPS Das wirtschaftspolitische System, darin Strukturprinzipien des sozialökonomischen Systems wie marktwirtschaftliche Koordination, Existenz des Privateigentums
PS Das politische System.

Welche Inhalte muß die umweltpolitische Erfolgs- und Systemkontrolle haben und unter welchen Voraussetzungen werden sie erfüllt? Im folgenden befassen wir uns mit diesen Fragen.

2. Inhalte der umweltpolitischen Erfolgs- und Systemkontrolle

Die umweltpolitische Erfolgs- und Systemkontrolle kann nur realisiert werden, wenn folgende Probleme ihren Inhalt ausmachen. Die Funktion der Rückkopplung ist also erfüllt, wenn die unten genannten Probleme von den Trägern der EK-SK thematisiert und beurteilt werden. Nur so können Interessen artikuliert, politisch vertreten (s. W1, P1 in *Übersicht 2*) und damit ein politischer Problemdruck erzeugt bzw. für das Regierungssystem eine Legitimationsbasis für ihre umweltpolitische Tätigkeit geschaffen werden.

(1) Die Verwendung der Umweltgüter im Wirtschaftsprozeß als „freie Güter" führt zu Preisen, die unter dem Aspekt der gesamtsystemischen Beziehung von Ökologie und Wirtschaft die Kostenstruktur nicht adäquat wiedergeben.[46] Die umweltbedingten Kosten werden nicht oder ungenügend berücksichtigt. [47] Werden aber diese Preise zum Bewertungskriterium der produzierten Güter und Dienstleistungen gemacht, kann die Relevanz der Umweltgüter für die Produktion und Konsumtion nicht erfaßt werden. Erst die entstandenen, teilweise irreversiblen Umweltschäden signalisieren die Fehlentwicklungen.

(2) Die Kenntnisse über die Erfassung der Kosten des Umweltschutzes sind unzureichend. Die Kostenermittlung ist schwierig, weil (a) die Feststellung der Gefährdungsmaße und der quantifizierten Mindestqualitätsstandards[48] nicht einwandfrei möglich sind und die Zieloperationalisierung umstritten bleiben wird, (b) mit höheren Umweltstandards die Kosten sich nicht kontinuierlich, sondern sprung-

haft entwickeln und damit die Vorausschätzungen sehr zweifelhaft werden. Die Erfolgskontrolle der Umweltpolitik wird aufgrund dieser ungelösten Probleme beträchtlich erschwert.

(3) Das privatkapitalistisch-marktwirtschaftliche System, das auf dem privaten Rentabilitätskalkül beruht, kennt keine systemimmanente Vorkehrung für die Berücksichtigung der externen Effekte in der Kostenrechnung des Verursachers. Das privatwirtschaftliche Rechnungswesen erfaßt nicht die durch negative Externalitäten entstehenden gesamtwirtschaftlichen Kosten. Die privatwirtschaftlichen und gesamtwirtschaftlichen Kosten sind deshalb nicht identisch. Je größer und wirksamer die negativen externen Effekte durch Nicht-Berücksichtigung im privaten Rechnungswesen werden, desto weniger wird das Martktpreissystem die Knappheitsverhältnisse der Güter und Dienste signalisieren.[49] Damit wird das marktwirtschaftliche System genau das zu leisten nicht in der Lage sein, was als seine vornehmste Überlegenheit gegenüber anderen sozialökonomischen Systemen angepriesen wird: bei gegebener Einkommens- und Vermögensverteilung und unter den Bedingungen der vollkommenen Konkurrenz das Allokationsoptimum herzustellen.

Wenn also die Allokationsmängel[50] ursächlich in der Systemstruktur der privatkapitalistischen Marktwirtschaft festgemacht werden, dann ist es als Resultat der Systemkontrolle folgerichtig, die *Internalisierung der externen Effekte,* d.h. die Einbeziehung der Externalitäten in die privatwirtschaftliche Rechnung — wenn sie nicht anders unterbunden werden können — zu fordern.

(4) Die Internalisierung[51] der externen Effekte kann durch die konsequente Anwendung des Verursacherprinzips[52] verwirklicht werden.[53] In diesem Falle muß die Erfolgs- und Systemkontrolle des Wirtschaftsprozesses die Folgewirkungen[54] dieses Internalisierungsverfahrens auswerten. *Als Wirkungen sind zu erwarten:*

(a) direkte Wirkungen auf die Kostenstruktur der Produktion in den umweltgefährdungsintensiven Branchen und vermittelt in den von Umweltschäden betroffenen Produktionszweigen,
(b) Effekte auf die technologischen Produktionsverfahren, die in Abhängigkeit von direkten Kostenstrukturwirkungen entstehen,
(c) Unternehmen werden je nach ihren Marktpositionen versuchen, Umweltschutzkosten auf die Konsumenten abzuwälzen. Dies wird einkommensverteilungspolitische Konsequenzen haben.
(d) indirekte Kosten- und Preiswirkungen in den nachgeordneten

Branchen der von der Kosteninternalisierungspolitik betroffenen Industrien,
(e) langfristige Technologieentwicklung, die durch die induzierte Umweltforschung gefördert wird,[55]
(f) die Produktionsstruktur wird kurzfristig durch höhere Nachfrage nach Investitionsgütern für Umweltschutzeinrichtungen und langfristig durch Konsumentennachfrage nach umweltfreundlichen Gütern und Diensten beeinflußt werden,[56]
(g) durch die Änderung der Nachfrage- und Produktionsstruktur werden erhebliche Wirtschaftswachstumseffekte hervorgerufen, die wachstums- und beschäftigungspolitische Strategien erfordern.

(5) Wenn die Wirkungen der Kosteninternalisierung durch Anwendung des Verursacherprinzips unter Heranziehung von Beurteilungskriterien, z.B. der ökonomischen Effizienz oder der Verteilungsgerechtigkeit als unerwünscht angesehen werden, wird das komplementäre Gemeinlastprinzip anzuwenden sein. Auch in diesem Falle müssen die direkten und mittelbaren Wirkungen in der Erfolgs- und Systemkontrolle in Betracht gezogen werden.[57]

(6) Für die Vollständigkeit der Beurteilung der umweltpolitisch relevanten Ergebnisse des Wirtschaftsprozesses müssen die „volkswirtschaftlichen Kosten"[58] der Umweltschutzpolitik in die Erfolgs- und Systemkontrolle einbezogen werden.

3. Einflußfaktoren der umweltpolitischen Erfolgs- und Systemkontrolle

Die Erfolgs- und Systemkontrolle findet unter den systemstrukturellen Bedingungen statt, die für die Analyse und Beurteilung der Inhalte der EK-SK von entscheidender Bedeutung sind. Diese Bedingungen nenne ich *Einflußfaktoren* der EK-SK. Sie können dafür geeignet sein, den Prozeß der EK-SK so zu lenken, daß eine kritische Auseinandersetzung mit den umweltpolitisch-relevanten Folgen der Produktion und der Konsumtion blockiert wird. Damit können die Ergebnisse der EK-SK (s. EZ, PZ, SS, SW in *Übersicht 2*) vorweg z.B. mit der Systemstabilisierungsintention beeinflußt werden. Die Einflußfaktoren der EK-SK sind für das jeweilige politische und sozialökonomische System charakteristisch, weil sie die konkreten Erscheinungsformen der strukturwichtigen Elemente beider Systeme sind. (Eingrenzung der EK - SK durch W2, WPS, PS in *Übersicht 2* soll diesen Zusammenhang zwischen EK - SK und Einflußfaktoren darstellen.)

Für die umweltpolitische EK-SK sind folgende Einflußfaktoren relevant:

(1) Zur Analyse der Inhalte der EK-SK ist die Verfügbarkeit, Zuverlässigkeit und Überprüfbarkeit der *Informationen* über die Umweltschädigungen und die anderen Problemaspekte der Umweltpolitik eine unverzichtbare Voraussetzung. Ob und wie diese Voraussetzung realisiert wird, kann nur aus der spezifischen Gestalt der Grundelemente der politischen und sozialökonomischen Systeme erklärt werden. Das gegebene Kommunikations- und Informationssystem erfüllt für die Beurteilung der Umweltverschlechterung und für die politische Sensibilisierung der Betroffenen und deren Problemlösungserwartung eine wichtige Funktion.[59] Ist das Kommunikations- und Informationssystem beispielsweise durch eine große Konzentration der Informationsbeschaffung, -verarbeitung und -vermittlung bestimmt, wird die Möglichkeit, die Gegenstände und die Ergebnisse der umweltpolitischen EK-SK im Dienste eines politisch-ökonomischen Interesses zu selektieren und zu kanalisieren größer. Es ist sehr wahrscheinlich, daß das Informationsmonopol zur Beeinflussung der umweltpolitischen EK-SK ausgeschöpft wird. Die Dimension der informationsbedingten Beeinflussung wird in den Fällen besonders deutlich, wenn die für die Umweltpolitik zuständigen Regierungsorgane ein Monopol der Informationsbeschaffung besitzen und wenn die Bewertungskriterien für die Umweltschäden und umweltpolitischen Instrumente unzureichend sind.[60] In beiden Fällen kann eine gezielte Informationsvermittlung die umweltpolitische EK-SK vorprogrammieren. Im Falle des Informationsbeschaffungsmonopols der Regierungsorgane können die Informationen über die Umweltbedingungen durch eine geschickte Auswahl der Schadstoffe, die für die Qualitätskontrolle der Umwelt laufend gemessen werden sollen und durch die Änderung des Meßverfahrens verfälscht und/oder mit den bisherigen Daten unvergleichbar gemacht werden.[61]

(2) Die Informationen über die Umweltbedingungen müssen von den an der EK-SK Beteiligten ausgewertet und die Schlußfolgerungen politisch vertreten werden können. Dies setzt das analytische Vermögen, die Urteilsfähigkeit und die politische Handlungsbereitschaft und -möglichkeit des Staatsbürgers und der politischen Entscheidungsträger, die die umweltpolitische EK-SK durchführen, voraus. Diese Voraussetzung kann nur in Abhängigkeit von den Strukturelementen des politischen Systems erfüllt werden. Die politische Bildung und das

Wirtschaftswachstum u. umweltpol. Problemlösungskapazität 57

politische Verhaltensmuster[62] des Staatsbürgers, die Binnenstruktur der Verbände und der Regierungsorgane, die Prozeßregulation der politischen Willensbildung, sind die wichtigsten Strukturelemente, die für die Durchführung der EK - SK konstitutiv sind. Diese bestimmen die Tragweite der umweltpolitischen EK - SK. Sind diese Strukturelemente des politischen Systems von der Gestalt, daß eine kritische Auswertung der über die Umweltbedingungen verfügbaren Informationen nicht erfolgen kann, wird die umweltpolitische EK - SK im Interesse z.B. der Systemerhaltung leicht manipulierbar sein.

(3) Die materiellen Interessen erhalten in einem privatkapitalistisch-marktwirtschaftlichen System eine große und nicht hinterfragte Relevanz, wenn ihre Zuordnung zu den übergeordneten gesellschaftlichen Wertvorstellungen außer Betracht bleibt. Werden die wirtschaftlichen Entscheidungen von ihrer immateriellen Komponente der sozialen Grundwerte und von ihren gesamtgesellschaftlichen Bindungen abgekoppelt, tragen sie durch ihre Verselbständigung zur Grundhaltung des „staatsbürgerlichen Privatismus"[63] bei. Der private Konsum erscheint dann als zweifelsfreies Endziel[64] und das darauf eingerichtete Wirtschaftswachstum genießt Priorität. Die ökonomische Rationalität wird auf die private Rentabilitätserwägung reduziert. Die Abwälzung der negativen Folgen der Produktions- und Konsumentscheidungen wird zum „privaten Erfolgskriterium". Auch in andere Lebensbereiche hat die ökonomische Zweckmäßigkeitserwägung Eingang gefunden und nicht selten überwiegt sie als Entscheidungskriterium. Dies macht den Wesensgehalt der „ökonomischen Konditionierung"[65] der Entscheidungsträger im „Wohlfahrtsstaat" aus. Die Kritik daran betrifft ihre Einseitigkeit und ihre verhaltensbestimmende Dominanz. Gerade diese Einseitigkeit und die Überbewertung der ökonomisch partiellen Rationalität beeinträchtigen die Realisierung einer ganzheitlichen und kritischen EK-SK, die die umweltpolitischen Problemaspekte zum Inhalt hat.

(4) Die Wirtschaftswissenschaft und andere Wissenschaftszweige, die Umweltfragen zu ihren Themen zählen, haben ihren Beitrag zur umweltpolitischen EK-SK sehr lückenhaft geleistet.[66] Sie haben den praxisrelevanten Fragen nicht die erforderliche Aufmerksamkeit geschenkt. Die Konzentration der wirtschaftswissenschaftlichen Forschung der Nachkriegsjahre auf die eher technokratischen Fragestellungen, wie die der Wachstums- und Beschäftigungstheorie, hat die „zweite Krise der ökonomischen Theorie"[67] hervorgebracht.

Eine Krise, die durch die systematische Abstrahierung der Sinn-Fragen entstand. Die wiederholte Frage nach dem kürzeren Weg zur Wirtschaftswachstumsveranstaltung verdrängte die wichtigere Frage, wozu und warum sie stattfindet. Dieses verkürzte Theorieverständnis hat beträchtliche Folgen für die Verwirklichung der Rückkopplung des Wirtschaftsprozesses durch die Erfolgs- und Systemkontrolle an das Regierungssystem. Zu den Inhalten der umweltpolitischen EK-SK hat die Wissenschaft bisher sehr bedingt verwendbare Analysen geliefert. Durch die ausgesparten Fragestellungen etwa nach Inhalt, Grenzen und sozialen Kosten des undifferenzierten Wirtschaftswachstums hat sie vielmehr die Entwicklung des Umweltproblembewußtseins belastet, wenn nicht sogar fehlgeleitet.

(5) Ein weiterer Einflußfaktor der umweltpolitischen EK-SK ist die *Zielreduktionsstrategie* der wirtschaftspolitischen Entscheidungsträger in einem privatkapitalistisch-marktwirtschaftlichen System. Die wirtschafts- und umweltpolitischen „Zielkonflikte" werden nicht ursächlich erklärt und gelöst, sondern jeweils politisch-opportunistisch gemildert. Die Verwirklichung der Ziele wird im Rahmen des bestehenden Systems versucht: konkret „im Rahmen der marktwirtschaftlichen Ordnung".[68] Die Ziele werden nur alternativ realisierbar dargestellt und die Prioritäten mit dem Kriterium der Massenloyalitätswirksamkeit der Ziele bestimmt. Die Ziele mit niedrigem Rang werden nur so weit verfolgt, wie sie die Verwirklichung der höherrangigen Ziele nicht gefährden. Wenn die alternative Realisierbarkeit der Teile des wirtschafts- und umweltpolitischen Zielkatalogs den Wählermassen als die einzige Möglichkeit suggeriert werden kann — wie bisher in der Wirtschaftspolitik geschehen ist —, wird dies für die Erfolgs- und Systemkontrolle des Wirtschaftsprozesses folgende Konsequenzen haben:

(a) Wählergruppen, die an der Verwirklichung eines niedrig rangierten Zieles, z.B. am Ausgleich der Verteilungseffekte der Umweltschäden interessiert sind, werden zu Zielverzichten angehalten.

(b) Die wirtschaftspolitischen Entscheidungsträger erhalten eine gewisse Flexibilität für die Sicherung der erforderlichen Massenloyalität. Denn sie können durch situationsgerechte Anpassung der Zielprioritäten an die Gruppeninteressen, d.h. an den jeweiligen politischen Druck (s. PZ in *Übersicht 2*) erneut eine Legitimationsbasis herstellen. Die Flexibilität des Regierungssystems hinsichtlich der Massenloyalitätssicherung hat jedoch eine wichtige Einschränkung: die etablierten konfliktträchtigen Interessengruppen müssen immer gewonnen werden. Andernfalls setzt sich das Regierungssystem der Gegenstrategie der aufgrund ihrer politischen und wirtschaftlichen Machtstellung konfliktträchtigen Adressaten aus.

(c) Die Zielreduktionsstrategie läßt den Konflikt zwischen den Strukturprinzipien des sozialökonomischen Systems, z.B. dem der privaten Investitionsentscheidungen und der effektiven wirtschafts- und umweltpolitischen Zielrealisierung vermeiden. Dieser Konflikt tritt auf, wenn z.B. ein umweltpolitisches Instrument zwar zieleffizient, aber mit einem oder mehreren Strukturprinzipien inkonform ist. In einem solchen Fall muß eine *Güteabwägung* zwischen dem zu realisierenden umweltpolitischen Ziel und dem tangierten Strukturprinzip vorgenommen werden. Wird jedoch die Zielrealisierung vorweg in den bestehenden Systemrahmen gestellt, bedeutet dies den Verzicht auf diese Güteabwägung. Die geforderte Güteabwägung ist als eine konkretisierte *Konfliktfrage*, die Systemgrundlagen betrifft, ein Grundbestandteil der umweltpolitischen Systemkontrolle. Die Zielreduktionsstrategie, die aus dem Systemkonformitätspostulat folgt, trägt dazu bei, diese Konfliktfrage nicht zu stellen oder zu vertagen.

Schlußbemerkungen

An Umweltschutzproblemen ist das privatkapitalistisch-marktwirtschaftliche System nicht gescheitert. Die zu Beginn der Umweltschutzdebatte vertretene These, daß die Umweltkrise zu einer umfassenden Systemkrise führen würde, mußte revidiert werden. Die systemangepaßte Umweltpolitik hat die Adaptionsfähigkeit des politischen und sozialökonomischen Systems deutlich gemacht. Sie hat allerdings einige Grundprobleme, z.B. die Entwicklung einer den ökonomischen und ökologischen Anforderungen genügenden Produktionsstruktur, Ausgleich der Verteilungseffekte der Umweltschutzaktivitäten, die regionale und sektorale Umweltplanung im Rahmen der Infrastrukturpolitik, nicht gelöst. Damit wurden die Grenzen einer nichtreaktiven, zukunftsgestaltenden Politik evident.

Wenn die Wirtschaftswachstumsdebatte die strukturellen und weltwirtschaftlichen Probleme nicht beantwortet oder zur politischen Randerscheinung werden läßt, wird die Verbesserung der Umweltbedingungen und die weltweite, zukunftsorientierte Sicherung der natürlichen Ressourcen nur ein Versuch bleiben. Dies könnte leicht eintreten, wenn der Umweltschutz durch die Entstehung der Umweltschutzindustrien in den Dienst des quantitativen Wirtschaftswachstums gestellt, d.h. instrumentalisiert würde. Der Verzicht auf die kritische Beurteilung der Produktionsentscheidungen und -verfahren und der Konsumstruktur ist ein Zeichen dafür, daß sich die Instrumentalisierung des Umweltschutzes gänzlich durchsetzen kann. Es kommt sehr auf die *Einflußfaktoren der umweltpolitischen Erfolgs- und Systemkontrolle* an, ob Umweltpolitik nur eine überfällige Korrektur an der Umweltbelastung bedeutet oder sich zu einer zukunftsgestaltenden Politik entfalten kann.

Das strukturpolitische Defizit beschränkt sich nicht allein auf die umweltpolitische Staatstätigkeit. Die Rezession 1974/75 und ihre ungelösten Folgen, die offenen Fragen der weltwirtschaftlichen Veränderungen sind eine Herausforderung der politischen Problemlösungskapazität des bestehenden Systems. Darauf kann der heutige politische Immobilismus keine zukunftsträchtige Antwort geben.

Anmerkungen

1 Die Wirtschaftswissenschaft hat sich mit dem Problem der Entscheidungs- und Handlungsfolgen, die für das betroffene Wirtschaftssubjekt kontrollextern sind, seit jeher befasst: A. Marshall, A.C. Pigou haben die Wirkungszusammenhänge der externen Effekte hauptsächlich unter dem Allokationsaspekt betrachtet. S. hierzu die nähere Darstellung von Steinhöfler, K.H., Gesellschaftsschädigungen und Wohlfahrtsökonomik, Berlin 1966; s. über Begriffsanalyse Kapp, K.W., Volkswirtschaftliche Kosten der Privatwirtschaft, Tübingen 1958. Von *sozialen Kosten* sprechen wir, wenn Kosten entstehen, die im Kostenkalkül der Unternehmen nicht berücksichtigt werden, die von unbeteiligt Betroffenen getragen werden. Ihre Bewertung erfolgt nicht durch Marktmechanismus: Vgl. Michalski, W., Grundlegung eines operationalen Konzepts der Social Costs, Tübingen 1965.
2 Zur politischen Sensibilisierung der Öffentlichkeit hat die Diskussion über dieWachstumsgrenzen, die die Auftragsstudie des Club of Rome ausgelöst hat, wesentlich beigetragen: Meadows, D., u.a., Grenzen des Wachstums, Stuttgart 1972; s.a. Gabor, D., u.a., Das Ende der Verschwendung, Stuttgart 1976.
3 Eine Bemerkung zur Terminologie: Ich spreche von „politischen und sozialökonomischen Systemen". Diese habe ich inhaltlich an anderer Stelle dargestellt. Ich muß für Näheres darauf verweisen. Verhältnis von Politik und Wirtschaft, in: Böhret, C., (Hrsg.), Politik und Wirtschaft, Sonderheft der Politischen Vierteljahresschrift-Festschrift für G. von Eynern, Opladen 1977.

4 S. Bender, D., Umweltschutz und Wirtschaftswachstum, in: Wirtschaftsstudium 1976, S. 113. a. Ders., Makroökonomik des Umweltschutzes, Göttingen 1976, S. 180 f. Vgl. hierzu Cansier, D., Ökonomische Probleme der Umweltpolitik, Berlin 1975, S. 10.
5 S. Siebert, H., Ökonomie der Umwelt: Ein Überblick, in: Jahrbücher für Nationalökonomie und Statistik 188, 1973-75.
6 Vgl. Bender, D., Umweltschutz . . . , a.a.O., S. 114.
7 S.a. Cansier, D., a.a.O., S. 48 f.
8 Scharpf, F.W., Problemverstaatlichung und Politikverflechtung, in: Ders., Politischer Immobilismus und ökonomische Krise, Kronberg/Ts. 1977, S. 104 f.
9 S. Begriff des „öffentlichen Gutes" Umwelt, Frey, B.S., Umweltökonomie, Göttingen 1972, S. 48 ff; a. Siebert, H., Grundprobleme des Umweltschutzes, in: Külp, B. (Hrsg.), Soziale Probleme der modernen Industriegesellschaft, Bd. 1, Berlin 1977, S. 142 ff; Cansier, D., a.a.O., S. 15 ff; Nowotny, E., Wirtschaftspolitik und Umweltschutz, 1974, S. 62 f.
10 S. näheres über Zielkonflikte zwischen gesamtwirtschaftlichen Steuerungszielen und Umweltpolitik: Umweltgutachten 1974, S. 11 f, 166 f.
11 S. hierzu Stachels, E., Das Stabilitätsgesetz im System des Regierungshandels, Berlin 1970, S. 3.
12 „Stabilitätsgesetz" BGBl. I, 582, 8.6.1967; s. Stern, K., u.a., Gesetz zur Förderung der Stabilität und des Wachstums der Wirtschaft – Kommentar, Stuttgart 1972, 2. Aufl.
13 Umweltprogramm der Bundesregierung 1971, BTag-Drucksache VI/2710, Bonn, S. 7, 9,11,12.
14 Umweltprogramm 1971, ebenda, S. 10,13; a. im Umweltbericht 1976, Stuttgart 1976, S. 20, 26. In OECD wird das Verursacherprinzip als Umweltpolitische Richtlinie akzeptiert: Guiding Principles Concerning International Aspects of Environmental Policies, Doc.C (72). 122, Paris. Auch im Aktionsprogramm der EG: Erklärung des Rates der EG . . . vom 19.7.1973 über ein Aktionsprogramm der EG für den Umweltschutz Doc. R/2255/73 (ENV 91), Brüssel.
15 Vgl. Umweltgutachten 1974, BTag-Drucksache 7/2802, S. 169 ff.
16 S. dazu Ackermann, K., u.a., Gutachten zur Gesamtbelastung der Volkswirtschaft durch das Umweltprogramm der Bundesregierung 1971, in: Materialien zum Umweltprogramm 1971, S. 607 f; s.a. Gutachten der Kommission für wirtschaftlichen und sozialen Wandel in der Bundesrepublik Deutschland, Bonn 1976, S. 698 ff.
17 Kunze, J., Umweltschutz-Investitionen und Wirtschaftswachstum, Berlin 1975, S. 33.
18 Ebenda, S. 32 f.
19 Vgl. Külp, B., Verteilungswirkungen der Umweltschutzpolitik, in: Issing, O., (Hrsg.), Ökonomische Probleme der Umweltschutzpolitik, Berlin 1976, S. 19 ff. s.a. Pfaff, M., Pfaff, A.B., Verteilungspolitische Auswirkungen der Umweltverschmutzungen und Umweltschutzpolitik unter besonderer Berücksichtigung des Verursacherprinzips, in: Külp, B., Haas, H-D., (Hrsg.), Soziale . . . , a.a.O.
20 Insbesondere die Entwicklungländer, die im Regelfall der Umweltpolitik eine geringe Bedeutung zumessen, befürchten, ihre damit mittelbar verstärkte

Wettbewerbsfähigkeit durch die Importrestriktionen der Industrieländer zu gefährden. Dies kam in den Stockholmer-Empfehlungen zur internationalen Umweltpolitik zum Ausdruck. Auch über die Abwälzung der Umweltkosten auf die Entwicklungsländer s. Schneider-Sawiris, s.,Kompensation für durch Umweltmaßnahmen bedingte Handelsnachteile, Berlin 1974.
21 S. dazu Glastetter, W., Die Stellung der Bundesrepublik Deutschland in der Weltwirtschaft, Köln 1973, S. 8 ff; Vgl. Henkner, K., Wettbewerbsrelationen im Außenhandel westlicher Industrieländer 1959 bis 1973, Berlin 1976.
22 Vgl. Kunze, J., a.a.O., S. 13 ff.
23 S. hierzu Leipert, C., Unzulänglichkeiten des Sozialprodukts in seiner Eigenschaft als Wohlstandsmaß, Tübingen 1975, S. 50 ff; Reich, U.-P., u.a. Arbeit — Konsum — Rechnung, Köln 1977.
24 Für umfassende Kritik s. Holub, H.-W., Zur Kritik des Bruttosozialprodukts als Wohlstandsindikator, in: Wirtschaftswissenschaftliches Studium 1974; a. Bombach, G., Volkswirtschaftliche Gesamtrechnung — antiquierte Methoden, in: Wirtschaftswoche 1972.
25 S. Leipert, C., a.a.O., S. 122 f.
26 Ebenda S. 123.
27 S. a. Holub, H.-W., a.a.O., S. 62 f.
28 Die Bewertungsschwierigkeiten der Umweltbelastung darf allerdings nicht gering geschätzt werden. S. hierzu Walser, P., Volkswirtschaftliche Gesamtrechnung — Revision und Erweiterung, Göttingen 1975, S. 31 ff.
29 Leipert, C., a.a.O., S. 145; a. Walser, P., ebenda, S. 36 f.
30 Vgl. hierzu Kunze, J., a.a.O., S. 36 f.
30a Vgl. Jürgensen, H., u.a., Das wirtschaftspolitische Instrumentarium der Umweltpolitik — Analysen und Koordinationsmöglichkeiten, in: Külp, B., u.a., (Hrsg.), a.a.O., S. 224 ff.
31 Umweltprogramm der Bundesregierung 1971, a.a.O., S. 8, 11; s.a. Umweltbericht 1976, a.a.O., S. 20; auch im Gutachten zur Gesamtbelastung . . . , a.a.O., S. 601, wird die Vorzugsstellung der marktkonformen Maßnahmen befürwortet. Kritisch zum Marktkonformitätskriterium Rehbinder, E., Wirtschaftsordnung und Instrumente des Umweltschutzes, in: Sauermann, H., u.a., (Hrsg.), Wirtschaftsordnung und Wirtschaftsverfassung, Tübingen 1975, S. 513 ff; Vgl. a. Seidenfus, H.S., Umweltschutz, politisches System und wirtschaftliche Macht, in: Schneider, H.K., u.a., (Hrsg.), Macht und ökonomisches Gesetz, Berlin 1975, Bd. II, S. 820 ff.
32 Umweltgutachten, a.a.O., S. 162; a. Siebert, H. bringt differenzierte Beurteilungskriterien: Analyse der Instrumente der Umweltpolitik, Göttingen 1976, S. 111 f.
32a Vgl. Frey, R.L., Umweltschutz als wirtschaftspolitische Aufgabe, in: Schweiz. Zeitschrift für Volkswirtschaft und Statistik 108, 1972, S. 454. Frey nennt vier „operationelle Ziele des Umweltschutzes", hier Ziele II, III, IV, V.
32b s. Stamer, P., Niveau- und strukturorientierte Umweltpolitik, Göttingen 1976, S. 37 ff.; Siebert, H., Instrumente..., a.a.O.
32c s. hierzu Cansier, D., a.a.O., S. 82 ff.
32d Vgl. zu Kategorien der Instrumente Frey, R.L., Umweltschutz als ... a.a.O., S. 459.
32e s. Zimmermann, K., Umweltpolitik und Verteilung, in: Hamburger

Jahrbuch für Wirtschafts- und Gesellschaftspolitik 22, 1977, S. 101. Er spricht von „ordnungspolitischer Internalisierung". Über die marktwirtschaftlichen Lösungen s. Tomann, H., Zur Effizienz marktwirtschaftlicher Ansätze der Umweltpolitik, in: Konjunkturpolitik 23, 1977; über Verhandlungslösungen s. Knappe, E., Möglichkeiten und Grenzen dezentraler Umweltschutzpolitik, Berlin 1974.
32f Umweltprogramm 1971, a.a.O., S. 22; Buhne, R., Die internationale Verflechtung der Umweltpolitik, Göttingen 1976.
33 S. hierzu Zimmermann, K., Die Last des Umweltschutzes: Überlegungen zum Konzept der „volkswirtschaftlichen Kosten" des Sachverständigenrates für Umweltfragen, in: Kyklos 27, 1974, S. 84 5ff.; Hansmeyer, K.-H., Volkswirtschaftliche Kosten des Umweltschutzes, in: Giersch, H., (Hrsg.), Das Umweltproblem in ökonomischer Sicht, Tübingen 1974.
34 Vgl. Cansier, D., a.a.O., S. 24 ff.
35 S. Hödl, E., Wirtschaftswachstum und Umweltpolitik, Göttingen 1975, S. 14 ff.; Neumann, M., Wirtschaftswachstum und Umwelt, in: Dürr, E., u.a. (Hrsg.), Das Umweltproblem aus ökonomischer und juristischer Sicht, Göttingen 1975, S. 35 ff.; s. zur begrifflichen Inhaltsbestimmung Jöhr, W.A., Instrumente der Wachstumsbegrenzung und der Wachstumslenkung, in: Wolff, J., (Hrsg.), Wirtschaftspolitik in der Umweltkrise, Stuttgart 1974, S. 14 f; Vgl. über den Zielkonflikt zwischen Wirtschaftswachstum und Umweltqualität: Nowotny, E., a.a.O,. S. 111 ff; s. über die Bedeutung der Infrastrukturpolitik für Wachstumsbegrenzung und -lenkung: Frey, R.L., Brüngger, H., Wachstumslenkung durch Infrastrukturpolitik, in: Wolff, J. (Hrsg.) a.a.O., S. 173 ff.
36 Vgl. Hödl, E., a.a.O., S. 36 ff; s. über die Grenzen einer nicht reaktiven Umweltpolitik Ronge, V., Die Umwelt im kapitalistischen System, in: Glagow, M. (Hrsg.), Umweltgefährdung und Gesellschaftssystem. München 1972, S. 98 ff.
37 Cansier, D., a.a.O., S. 46.
38 S. Kunze, J., a.a.O., S. 30f.; Vgl. a. Bombach, G., Konsum oder Investitionen für die Zukunft?, in: Qualität des Lebens 7 — Qualitatives Wachstum, Frankfurt a.M., 1972.
39 S. Modellrechnungen für alternativ angenommene Umweltinvestitionen in 1970-1985: Kunze, J., a.a.O., S. 20 ff.
40 S. Widmaier, H.-P., Politische Ökonomie des Wohlfahrtsstaates; in: Ders. (Hrsg.), politische Ökonomie des Wohlfahrtsstaates, Frankfurt a.M., 1974, S. 24 f; Ders., Sozialpolitik im Wohlfahrtsstaat, Hamburg 1976, S. 38, 42 ff.
41 S. hierzu Ronge, V., Schmieg, G., Restriktionen politischer Planung, Frankfurt a.M., 1973, S. 156ff.; a. O'Connor, J, Die Finanzkrise des Staates, Frankfurt a.M., 1974; Einen Problemüberblick bringt auch Hickel, R., Krisenprobleme des „verschuldeten Steuerstaates", in: Ders. (Hrsg.), Finanzkrise des Steuerstaates, Beiträge politischer Ökonomie der Staatsfinanzen, Frankfurt a.M., 1976, S. 8 ff.
42 Über die gegenseitige Beeinflussung der Investitionsentscheidungen und der Wirtschaftspolitik s. die prägnante Darstellung in: Heimfried, W., u.a., Politische, soziale sowie wirtschaftliche Risiken und Chancen unterschiedlicher Steuerungsinstrumente zur Lösung der Probleme von Strukturkrisen und langfristiger Arbeitslosigkeit, Prognos, Basel 1976, S. 75 ff.

43 An diesem Punkt wird auch die Berechtigung der Debatte über „Investitionslenkung" einsichtig: s. die Beiträge in: Sarrazin, T., (Hrsg.), Investitionslenkung, Bonn-Bad Godesberg 1976. Kapp, K.W. hat die Relevanz der privaten Investitionsentscheidungen besonders betont: Umweltkrise und Nationalökonomie, in: Schweiz. Zeitschrift für Volkswirtschaft u. Statistik 108, 1972, S. 247.
44 Systemaggregate habe ich durch ihre konstitutiven Elemente definiert und ihre Abhängigkeit von sozialökonomischen Systemelementen behandelt: s. Verhältnis von Politik und Wirtschaft..., a.a.O.
45 Vgl. Scharpf, F.W., a.a.O., S. 4 ff.
46 Vgl. Frey, B.S., a.a.O., S. 22, 40 ff.; a. Kapp, K.W., Zur Theorie der Sozialkosten und der Umweltkrise, in: Ders., Vilmar, F. (Hrsg), Sozialisierung der Verluste, München 1972, S. 40.
47 S.a. Kunze, J., a.a.O., S. 13 f.
48 S. über die Bewertungsprobleme Cansier, D., a.a.O., S. 33 ff.
49 S. hierzu Littmann, K., Umweltbelastung-Sozialökonomische Gegenkonzepte, Göttingen 1974, S. 4 ff.; Ackermann, K., u.a., a.a.O., S. 600 f.
50 S. Siebert, H., Analyse..., a.a.O., S. 7 f.
51 Über die Schwierigkeit der Zurechnung der externen Effekte s. Littmann, K., a.a.O., S. 23 f.
52 Für verschiedene Aspekte der Durchsetzung des Verursacherprinzips s. Rehbinder, E., Politische und rechtliche Probleme des Verursacherprinzips, Berlin 1973, S. 21 ff, s.a. Bullinger, M., u.a., Das Verursacherprinzip und seine Instrumente, Berlin 1974.
53 S. über die verschiedenen Verfahren der Internalisierung Littmann, K., a.a.O., S. 51 ff.
54 S. Umweltgutachten 1974, a.a.O., S. 171 f.; a. Fazio, A.G., Lo Cascio, M., Evaluation of the Economic Effects of Anti-Pollution Public Policy in: Problems of Environmental Economics, OECD, Paris 1972.
55 S. über Förderungsmaßnahmen umweltfreundlicher Technologien und über ihre Wirksamkeit: Kapp, K.W., Staatliche Förderung „umweltfreundlicher" Technologien, Göttingen 1976.
56 Die Änderung der Zusammensetzung produzierter Güter setzt voraus, daß die privaten Investitionsentscheidungen die Nachfrage nach umweltfreundlichen Gütern berücksichtigen.
57 Wirkungen des Gemeinlastprinzips auf die Höhe der Staatsquote und auf die Verwendung der Staatseinnahmen, insbesondere auf die für qualitatives Wirtschaftswachstum wichtigen Infrastrukturinvestitionen bedürfen näherer Analyse.
58 S. Anm. 33. Hierzu gehören auch die nicht oder schwer quantifizierbaren Kosten der wirtschaftspolitischen Zielverzichte, der politischen Willensbildung und -durchführung und die Kosten der verbleibenden, tolerierten Umweltschäden u.a.
59 S. über die Probleme der verfügbaren Informationen über die umwelt- und strukturpolitischen Aktivitäten: Fehlau, K.-P., Neddens. M., Bürgerinformationen im politischen Willensbildungsprozeß, Göttingen 1975, S. 40 ff., S. 75 ff.
60 Hinsichtlich der Neben- und Fernwirkungen der wirtschafts- und umweltpolitischen Instrumente besteht ein beträchtliches analytisches Defizit. Die

bisher vorliegenden Arbeiten werfen mehr Fragen auf als sie beantworten.
61 Nicht-Berücksichtigung einiger Schadstoffe, deren Bedeutung für Umweltbelastung zunimmt, kann zu irreführenden Aussagen über Umweltqualität führen. S. hierzu Jänicke, M., Weidner, H., Optische Täuschungen im Umweltschutz, in: Umschau in Wissenschaft und Technik, 77 Jg., 15.11.1977.
62 Ein gesellschaftspolitisch wichtiges Problem der politischen Sozialisation und des Bildungssystems ist damit angesprochen. Das ist ein zentrales Element des politischen Systems, das als Einflußfaktor der Erfolgs- und Systemkontrolle besondere Beachtung verdient.
63 Zum Begriffsinhalt vgl. Habermas, J., Legitimationsprobleme im Spätkapitalismus, Frankfurt a.M. 1973, S. 55.
64 Der oft zitierte Versuch, den privaten Konsum als *originäres* Ziel des Wirtschaftsprozesses in einem privatkapitalistisch-marktwirtschaftlich koordinierten System zu begründen, führt als Beweis die „Konsumentensouveränität" an. Dabei wird die Wirklichkeitsanalyse vernachlässigt. Die Macht des Verbrauchers ist eher fiktiv als sie produktionssteuerungswirksam sein kann. Es darf nicht übersehen werden, daß der Wandel von „Bedarfdeckungswirtschaft" in „Bedarfsweckungswirtschaft" weitgehend vollzogen ist. Zur Kritik an der These der Konsumentensouveränität s. Jeschke, O., Konsumentensouveränität in der Marktwirtschaft – Idee, Kritik, Realität, Berlin 1975. S. 15 ff.
65 Vgl. Böckels, L., Scharf, B., Widmaier, H.P., Machtverteilung im Sozialstaat, München 1976, S. 101 f.; Widmaier, H.P., Politische..., a.a.O., S. 24 f.
66 S. Kapp, K.W., Umweltkrise und Nationalökonomie, in: Schweizerische Zeitschrift für Volkswirtschaft und Statistik 108, 1972.
67 Vgl. hierzu Robinson, J., Die zweite Krise der ökonomischen Theorie, in: Vogt, W., (Hrsg.), Seminar: Politische Ökonomie, Frankfurt a.M. 1973, S. 47 ff.
68 S. über die Feststellung des Zielrealisierungsrahmens Anm. 31.

Umweltpolitische Interessenanalyse der Unternehmen, Gewerkschaften und Gemeinden

Dieter Ewringmann/Klaus Zimmermann

Der folgende Beitrag versucht, das einprägsame „Vorausurteil" über negative Wirkungen von Umweltpolitik – nämlich die Kostenbelastung der Unternehmen und den möglichen Verlust an Arbeitsplätzen – von den diese Interessen vertretenden Aktoren, ihren Aktivitäten und Reaktionen her anzugehen. Er analysiert im einzelnen die Position von Unternehmen und Gewerkschaften; daß die Interessenanalyse dieser Aktoren durch die zusätzliche Berücksichtigung der Gemeinden ergänzt wird, ist unter dem Aspekt, daß sich hier mikroökonomische Prozesse vollziehen, die zunächst einmal regional-lokale Auswirkungen und Reaktionen im Gemeindebereich zeigen, mehr als zwingend. Der Einbezug der Gemeinden verdeutlicht daher den ausdrücklichen räumlichen Bezug, den die Umweltpolitik, wenn auch heute noch nicht in der Anlage, so doch mit Sicherheit in ihren Auswirkungen impliziert. Abschließend wird in dem Beitrag versucht, unter Einbezug des Staatsaspekts Auflösungsmöglichkeiten einer breiten Ablehnungsphalanx gegenüber der Umweltpolitik vorzustellen und damit Lösungswege aufzuzeigen, wie eine insgesamt positivere Bewältigung des Umweltpolitikproblems bei stärkerer Einbindung in die staatliche Struktur- und Gesellschaftspolitik erreicht werden kann.

1. Als relativ „junge" Politik, die zudem direkt in langfristig gewachsene Angebots- und Nachfragestrukturen, aber auch in festgefügte politisch-administrative Strukturen eingreift, sieht sich die Umweltpolitik, sobald sie über die Entwicklung eines Leitbildes und allgemeiner leerformelartig formulierter „Oberziele" hinausgeht, fast zwangsläufig starken Widerständen gesellschaftlicher und politischer Interessengruppen gegenüber. Auch die Berufung auf ihr „Fundamentalprinzip", d.h. auf die verursachergerechte Kostenanlastung, hilft der Umweltpolitik bei der Überwindung dieser Widerstände nicht, da

Überzeugungskraft und Attraktivität des Verursacherprinzips mit zunehmender Entfernung von der ursprünglichen idealtypischen Konstruktion erheblich abgenommen haben; damit hat auch seine Brauchbarkeit für eine Politik der moral suasion[1] und für die politische Entschärfung oder semantische Verdeckung von Interessenkonflikten gelitten.

2. Restriktionen der Umweltpolitik liegen bereits im politisch-administrativen Entscheidungssystem.[2] Hier wird die Durchsetzung, aber auch schon die Entwicklung einer Umweltpolitik insbesondere dadurch erschwert, daß sie als sog. Querschnittsaufgabe in Fachplanungen integriert und mit anderen Bereichspolitiken koordiniert werden soll, die aufgrund der bestehenden Organisationsmuster, ihrer Personalstruktur und wegen des Fehlens einer ressortübergreifenden Aufgaben- bzw. Programmplanung fast ausschließlich ressortgebundene Ziele verfolgen; dabei neigen sie – nicht zuletzt wegen fehlender oder einseitig ausgerichteter Anreizsysteme für die Handlungspersonen – in der Regel zur Fortschreibung und Weiterverfolgung traditioneller, in der Budgetstruktur verfestigter Programme.[3] Unter diesen Bedingungen ist die Durchsetzung politischer Innovationen und Reformen – sieht man hier einmal von den ohnehin vorhandenen finanziellen Restriktionen ab – allgemein begrenzt und auch die Durchsetzung umweltpolitischer Vorstellungen von vornherein erschwert, da umweltpolitische Aktivitäten aus dem Blickwinkel der traditionellen Ressortpolitiken praktisch immer Reformansätze darstellen. Innerhalb dieser Struktur kann es den Umweltreferenten der einzelnen Ministerien kaum gelingen, im internen Entscheidungsprozeß Programme und Einzelaktivitäten ihres Fachbereichs nachhaltig unter Umweltgesichtspunkten zu beeinflussen. Umweltpolitik muß daher in erster Linie vom jeweils federführenden Ministerium, letzten Endes also als isolierte Fachpolitik, betrieben werden. Sie wird dadurch aber aus der Perspektive der übrigen Ressorts zur Konkurrenz um politische Programme und Budgetanteile und ruft zwangsläufig den Widerstand dieser Ministerien hervor.

3. Sieht man einmal von diesen „internen" Restriktionen der Umweltpolitik ab, die auch im weiteren vernachlässigt werden sollen, so ergeben sich die Widerstände gegen ihre Ziele und Instrumente in der Regel aus Interessenkonstellationen die durch die Parameter beschreibbar sind, auf die umweltpolitische Maßnahmen wirken: Umweltpolitik setzt nun einmal relativ teure Ziele, wenn man die Ziele des Stabilitäts-

gesetzes als zumeist konfligierende „andere" Ziele betrachtet und die Kosten der Nichtzielerreichung an diesen Standards mißt[4] und wenn man zusätzlich die einzelwirtschaftlichen Konsequenzen berücksichtigt. Beschränkt man sich hier auf noch nicht weiter differenzierte allgemeine Tendenzaussagen, wird Umweltpolitik zu Kostenbelastungen der Wirtschaft und letztlich auch zu Produktionseinschränkungen bei den nicht zum Umweltschutz gehörenden Gütern führen, wobei sich die Gewichtigkeit dieser Tendenz nach der Konjunkturlage und den Investitionsaussichten in der Wirtschaft relativiert. Sie wird im nationalen Maßstab die Wettbewerbspositionen von Unternehmen und Branchen verschieben und international die Konkurrenzfähigkeit der einheimischen Wirtschaft belasten. Darüber hinaus wird sich die Eingriffs- und Kontrollintensität staatlicher Institutionen im Unternehmensbereich verstärken, soweit nicht grundsätzliche Wandlungen im umweltpolitischen Instrumentarium zu einer stärkeren Ausprägung von Verhandlungslösungen zwischen Verursachern und Betroffenen beitragen.[5] Die Durchsetzung umweltpolitischer Maßnahmen fällt daher umso schwerer, je stärker sie am Verursacherprinzip orientiert sind, da verursacherorientierte Instrumente – auch in Form globaler Auflagenlösungen – durch den direkten Zwang zur einzelwirtschaftlichen Kosteninternalisierung einen hohen Merklichkeitsgrad aufweisen und zudem stark selektiv wirken. Dadurch ist auch der Betroffenheitsgrad einzelwirtschaftlich höher als beispielsweise bei der ebenfalls global ausgerichteten Stabilitätspolitik.[6]

So trifft die Umweltpolitik – da sie aus technischen Erwägungen zumeist auf der Produzentenebene ansetzt – bei ihren Implementationsversuchen „am Markt" unmittelbar und spürbar auf unternehmerische Interessen, die über einen hohen Organisationsgrad und eine starke Lobby verfügen. Eine Erleichterung ihrer Durchsetzungsmöglichkeiten kann die Umweltpoltik in diesem Bereich allenfalls durch eine stärkere Formierung und Organisation der Verbraucherseite des Gutes Umwelt, d.h. der von Umweltschäden Gefährdeten oder Betroffenen, sowie der Entsorgungsgüterindustrie erwarten.

4. Andererseits können die notwendigen ökonomischen Anpassungsprozesse zu partiellen und sektoralen Arbeitsplatzverlusten führen oder zumindest die Furcht der Arbeitnehmer vor dem Verlust von Arbeitsplätzen erhöhen; diese Tendenz ist für die Umweltpolitik insbesondere dann kritisch, wenn sich konjunkturelle und strukturelle Arbeitslosigkeit – unabhängig von umweltpolitischen Implikationen –

ohnehin überlagern. Es kommt hinzu, daß Umweltpolitik auf der Verteilungsseite — folgt man beispielsweise den Analyseergebnissen von Meissner und Hödl[7] — eine Umverteilung zu den Gewinnen einleiten muß, will sie gesamtwirtschaftlichen Konflikten infolge der Kosteninternalisierung ausweichen. Es ist daher zu erwarten, daß die aufgrund einer weitgehenden Oligopolisierung der Märkte bestehenden unternehmerischen Überwälzungsmöglichkeiten der Umweltschutzkosten die Verteilungsposition der Arbeitnehmer verschlechtern. Freiwilliges oder erzwungenes umweltbewußtes Verhalten führt zudem zu Veränderungen in den Bedürfnisbefriedigungsstrukturen und gerät in Kollision mit erlernten und „geschätzten" Konsumgewohnheiten, so daß auch von daher kaum Unterstützung der Umweltpolitik in Aussicht steht.[8] Diese defizitäre Lage bezüglich der Verteilungswirkungen der Umweltpolitik — durchaus erklärbar durch die vorherrschende einseitige Sicht der Umweltpolitik als Allokationspolitik und damit einer Politik der Kostenzurechnung und die „Überweisung" des Verteilungsproblems an andere Politikabteilungen[9] — muß daher die Realisierungs- und Erfolgschance der Umweltpolitik wesentlich einschränken, d.h. bei Unkenntnis der verteilungsbezogenen Implikationen der praktizierten Umweltpoltik liegt ein gemeinsamer, wenn auch vielleicht nicht koordinierter Widerstand — sieht man einmal von der offensichtlich „gelungenen" Koordination im Kernkraftbereich ab — von Unternehmern und Arbeitnehmern, vertreten durch die jeweiligen Institutionen, Verbände und Gewerkschaften, auf der Hand; diese offenkundige Interessenharmonie dürfte sich auch institutionell verstärken, wenn erste Erfahrungen mit den neuen Mitbestimmungsregelungen vorliegen.

5. Schließlich — um eine andere Ebene potentieller Widerstände gegen die Umweltpolitik einzuführen — tragen umweltpolitische Aktivitäten über eine Veränderung sektoraler Strukturen hinaus auch zu Verschiebungen der regionalen Wirtschaftsstruktur und zu einer Gefährdung der Wirtschafts- und Finanzkraft der einzelnen Gemeinden bei. Sie verstärken daher den in den Gemeinden ohnehin bestehenden Konflikt zwischen Umweltschutz- und Wirtschaftsförderungsinteressen, der infolge der Eigenheiten des kommunalen Willensbildungs- und Entscheidungsprozesses und des bestehenden kommunalen Ausgaben- und Einnahmensystems meistens zu Lasten der Umweltinteressen entschieden wird.[10] Die der Umweltpolitik daraus erwachsenden Widerstände sind vor allem insoweit von besonderer Bedeutung, als

Bund und Länder im Rahmen der verfassungsmäßigen Aufgabenverteilung beim Vollzug ihrer umweltpolitischen Programme auf die kommunale Ebene angewiesen sind. Der vom Sachverständigenrat für Umweltfragen in die Diskussion eingeführte Begriff vom „Vollzugsdefizit" verdeutlicht in diesem Zusammenhang u.a. den kommunalen Attentismus bei der Durchführung umweltrelevanter Investitionen und bei der Durchsetzung und Anwendung umweltrechtlicher und umweltpolitischer Normen, der aus dem Blickwinkel des kommunalen Eigeninteresses verständlich wird.

6. Diese zur Einführung nur kurz skizzierten Zusammenhänge zeigen bereits in groben Umrissen, wo die Umweltpolitik in besonderem Maße auf Widerstände treffen wird. Läßt man die im staatlichen Politik- und Verwaltungssystem selbst liegenden Restriktionen außer acht, so werden sich diese Widerstände

— bei den *Unternehmen* in dem Maße artikulieren, wie sich die Interventionsintensität des Staates und die Kostenbelastung der Wirtschaft erhöhen,
— bei den Arbeitnehmern und *Gewerkschaften* in dem Maße äußern, wie Arbeitsplätze verlorenzugehen drohen, Arbeitsplatzunsicherheit ensteht und Realeinkommen durch einen höheren Anteil von Umweltschutzkosten in den Produkten oder durch eine umweltpolitisch induzierte Inflationierung verringert werden (wenngleich ein gewerkschaftliches Interesse im letzten Punkt derzeit noch nicht in politische Inputs umgesetzt wird),
— bei den *Gemeinden* in dem Maße verstärken, wie Umweltpolitik zu einer höheren Belastung ortsbeherrschender gewerbesteuerintensiver Unternehmen zwingt, die Chancen neuer Industrieansiedlungen beeinträchtigt und damit die Krisenanfälligkeit der örtlichen Wirtschaft und der Kommunalfinanzen erhöht.

Diese noch sehr undifferenzierte Eingangsanalyse zu vertiefen, ist die Aufgabe des folgenden Beitrages; er soll zu generellen Aussagen über die zu erwartende Haltung der genannten Aktoren gegenüber der fraglos notwendigen Umweltpolitik führen, nicht zuletzt, um die Erfolgsaussichten der Umweltpolitik besser beurteilen zu können und Hinweise für ein „besseres" Management der umweltpolitischen Entscheidungsprozesse zu gewinnen.[11]

Industrielle Unternehmen und Umweltpolitik

7. Die Mechanismen und Interdependenzen, die durch Umweltpolitik nach dem Verursacherprinzip volkswirtschaftlich, aber auch einzelwirtschaftlich beeinflußt werden, sind sehr ähnlich zu beschreiben und ba-

sieren auf gleichen wachstumstheoretischen Zusammenhängen.[12] Volkswirtschaftlich gesehen bestimmt sich die gleichgewichtige Wachstumsrate der Wirtschaft als Quotient der Sparquote und des Kapitalkoeffizienten (dem Kehrwert der durchschnittlichen Kapitalproduktivität), wobei in der Gleichgewichtssituation Sparquote und Investitionsquote gleich hoch sind und formal gegeneinander substituiert werden können. Umweltpolitisch bedingte Investitionen einer Volkswirtschaft bringen nun aber mit sich, daß sie nur in relativ seltenen Fällen – den Fällen des integrierten Umweltschutzes mit Prozeßinnovationen, bei denen aber gleichzeitig eine Kapitalintensivierung mit der Folge der „Wegrationalisierung" von Arbeitsplätzen stattfindet – produktivitätssteigernd in dem Sinne sind, daß das nach traditionellen Bruttosozialprodukt-Kategorien gemessene Produktionsergebnis quantitativ ansteigt; ganz abgesehen wird dabei von anderen „Output-Kategorien", die in den Dimensionen zur Verbesserung der Lebensqualität beschreibbar sind.[13] Werden aber nun umweltpolitische Investitionen getätigt, so wird ein Teil der Investitionsquote zugunsten umweltpolitischer Maßnahmen und zuungunsten traditioneller „produktiver" Investitionen umgewidmet, wobei eine Vollauslastung der Kapazitäten unterstellt wird, gleichzeitig aber steigt der Kapitalkoeffizient durch diese umweltpolitischen Investitionen an, da sich zwar der Kapitalstock einer Volkswirtschaft, aber nicht das traditionell nach Bruttosozialprodukt-Kategorien gemessene Produktionsergebnis vergrößert. Die Folge dieser Mechanismen muß sein, daß sich durch Umweltschutzinvestitionen, gleichgültig, ob diese komplementär oder substitutiv erfolgen, die gleichgewichtige Wachstumsrate einer Volkswirtschaft verringert, mit den daraus folgenden Konsumeinbußen der Bevölkerung auf lange Sicht und mit der folgenden Einschränkung: als Alternative wäre möglich, Umweltschutz über den privaten Verbrauch mittels eines Steuer-Transfer-Systems bei ungeschmälerten Investitionen zu finanzieren; diese Strategie ist bei den aktuellen umweltpolitischen Belastungen in der Bundesrepublik Deutschland, wie Modellrechnungen ergeben haben,[14] über eine 15-Jahres-Periode bezüglich der Konsumverluste günstiger, da am Ende dieser Periode aufgrund des ungeschmälerten Wachstums geringere kumulierte Konsumeinbußen in Kauf genommen werden müssen, als bei der Investitionsanlastungsstrategie. Da aber aufgrund der Wahlmechanismen eines demokratisch-parlamentarischen Systems verständlicherweise eine politische Präferenz in Richtung auf kurzfristige Erfolgsorientierung durchschlägt, ist die Durchsetzung der Optimalstrategie illusorisch;

mithin wird die Umweltpolitik zunächst einmal über die unternehmerischen Investitionen entsprechend dem Verursacherprinzip finanziert werden, um den Gegenwartskonsum möglichst wenig oder unmerklich zu tangieren, und dieser Prozeß muß ceteris paribus zur Verringerung der Wachstumsrate der Volkswirtschaft führen, sofern eben für Umweltschutzanstrengungen Teile der Investitionsquote umgewidmet werden.

Einzelwirtschaftlich gelten diese Zusammenhänge nun analog, soweit man zunächst auf eine sektorielle Differenzierung verzichtet. Industrielle Umweltschutzinvestitionen wirken primär in Richtung auf eine „unproduktive" Vermehrung des Anlagenkapitals, und entstehende Betriebskosten von Umweltschutzanlagen blähen insbesondere das Aggregat der Lohn- und Gehaltskosten zusätzlich auf; beide Prozesse führen theoretisch nicht zu einer Produktivitätserhöhung, d.h. das Produktionsergebnis bleibt konstant mit der Folge eines gleichzeitigen Absinkens der Rentabilität der Investition. Von daher gesehen verstärkt sich die Tendenz zu fallenden Profitraten durch betriebliche Umweltschutzinvestitionen signifikant.

Um nun die durchschnittliche Profitrate der Gesamtindustrie zu stabilisieren, bleiben der Industrie als ganzer drei Möglichkeiten: zum ersten gegen umweltpolitische Forderungen als Block geschlossen anzutreten und ihre Durchsetzung zu verhindern, zum zweiten bei gegebenen Umweltanforderungen und Umweltschutzzielen Lohn- und Kapitalkosten bzw. Investitionen gegenseitig so zu substituieren, daß umweltschutzbedingte Steigerungen des Anlagenkapitals durch Zunahme des Produktionsergebnisses kompensiert, mithin Umweltschutzauflagen als Anstoß und Element von Prozeßinnovationen genutzt werden, und zum dritten neue industrielle Komplexe wie die Umweltschutzindustrie zu schaffen, die eine relativ hohe Profitrate erwirtschaften und Verluste in anderen Sektoren wenigstens der Tendenz nach kompensieren können.

8. In diesem Zusammenhang werden nach den Ergebnissen des neuesten Battelle-Gutachtens zur Schätzung der Umweltschutzkosten[15] Staat und Industrie von 1975 bis 1979 111,2 Milliarden DM für Umweltzwecke aufwenden müssen, was einem Anteil von ca. 2% des kumulierten Bruttosozialprodukts dieser Periode entspricht; davon entfallen wiederum 65,9 Mrd. DM in Preisen von 1974 auf den industriellen Sektor, 17,3 Mrd. DM für Investitionen und 48,6 Mrd. DM für Betriebskosten. Global zeigt sich, daß der Anteil der Umweltschutzinve-

stitionen an den Gesamtinvestitionen der Industrie im Zeitraum 1975 bis 1979 durchschnittlich zwischen 8 und 9% liegen wird, für die spitzenbelasteten Sektoren kann er dabei durchaus Werte um 15% erreichen; der Anteil der kostenmäßig überwiegenden Betriebskosten am Gesamtumsatz der Industrie wird im betrachteten Zeitraum etwa 1% betragen, wobei auf die einzelnen Wirtschaftsbereiche hier unterschiedliche Belastungen zwischen 0,1 und 4% entfallen.

9. Derartige Größenordnungen, bei denen knapp 10% der Investitionsaufwendungen auf Umweltschutzzwecke und rd. 1% des Umsatzes auf den Betrieb der Umweltschutzanlagen entfallen, sind weder betriebswirtschaftlich noch volkswirtschaftlich unbedenklich.[16] Wenn man davon ausgeht, daß viele Umweltschutzanlagen technisch unteilbar sind und — sofern Teilbarkeit gegeben ist — kleinere Anlagen erheblich kostenungünstiger arbeiten, zusätzlich auch die Betriebskosten bei kleineren Betrieben relativ stärker ins Gewicht fallen, so ist zunächst zu vermuten, daß die Umweltschutzaufwendungen von kleineren Unternehmen erheblich schwerer zu tätigen sind. Daraus müßte zwangsläufig die These folgen, daß umweltpolitische Belastungen der genannten Größenordnungen zu signifikanten Konzentrationstendenzen beitragen;[17] die auf der Produzentenebene ansetzende Umweltpolitik müßte sich dann zwar zuungunsten der Gesamtindustrie auswirken, sofern eben nicht die Aktivität der Umweltschutzindustrie unter ganz bestimmten Konstellationen zu einem positiven Nettoeffekt führt, doch kann sie strukturelle Marktverschiebungen zugunsten größerer Unternehmenseinheiten mit sich bringen, die schließlich eine Differenzierung und Aufweichung des bislang als einheitlich unterstellten industriellen Interessenblocks erwarten lassen.

Diese Thesen lassen sich jedoch derzeit empirisch kaum erhärten. Aus einer Sonderauswertung des Battelle-Berichtes, die im Auftrag des Sachverständigenrates für Umweltfragen vorgenommen wurde,[18] geht hervor, daß sich mit zunehmender Betriebsgröße bisher keineswegs günstigere umweltschutzbezogene Betriebskostenrelationen feststellen ließen; der Anteil der umweltbezogenen Betriebskosten am Umsatz nahm sogar mit wachsender Betriebsgröße zu. Das trifft sowohl für die Gesamtindustrie als auch bei einer sektoralen Disaggregierung für die einzelnen Branchen zu. Bei Interpretation und Extrapolation dieser Daten ist allerdings Vorsicht angezeigt. Die festgestellte relativ niedrige Belastung kleinerer und mittlerer Betriebe kann einmal einen hohen Nachholbedarf signalisieren, der auf eine bisher großzügige

Handhabung von Umweltnormen gerade gegenüber dieser Gruppe von Unternehmen zurückgeführt werden könnte; dieser Vorteil würde bei einem Abbau des Vollzugsdefizits und bei der Einführung von Abgabenlösungen schnell schwinden. Sie kann aber beispielsweise auch darin begründet sein, daß kleinere Betriebseinheiten ihre Vorprodukte bereits in weitgehend „reiner" Form beziehen, so daß auch ihre produktionsbezogenen Emissionen vergleichsweise niedrig bleiben. Da über diese Zusammenhänge bisher nur unzureichende Informationen vorliegen, kann über die relative Kostenentwicklung, über Konzentrationstendenzen und über mögliche Veränderungen der z.Z. noch relativ monolithischen Interessenstruktur der Industrie noch kein endgültiges Urteil gefällt werden.

10. Eine Ausdifferenzierung der unternehmerischen Interessen könnte allerdings auch aus einer anderen Richtung kommen, denn die einzelnen Branchen sind sehr unterschiedlich mit Umweltschutzkosten belastet; nach den Battelle-Schätzungen haben für den Zeitraum 1975-79 die Sektoren Energie/Bergbau 4,4 Mrd. DM, Chemie/Steine/Erden 34,65 Mrd. DM, Eisen/Stahl/NE-Metalle 17,05 Mrd. DM, Stahl/Maschinen/Fahrzeugbau 3,45 Mrd. DM, Elektrotechnik/EBM 2,8 Mrd. DM, Holz/Papier/Leder/Textilien 3,0 Mrd. DM und Nahrung/Genußmittel 2,55 Mrd. DM für Umweltschutzzwecke aufzuwenden.[19]

In der Relation zum Umsatz liegen hier die neuesten Werte zwar nicht vor. Legt man jedoch die in der bereits genannten Sonderauswertung für den Sachverständigenrat für Umweltfragen enthaltenen Batelle-Werte aus dem Jahr 1973 zugrunde, so stellt man in der Relation von umweltschutzbedingten Betriebskosten und Umsatz Unterschiede von durchschnittlich 3% in den Großunternehmen der Bereiche Chemie, Steine, Erden sowie Eisen, Stahl, NE-Metalle bis hin zu 0,1 und 0,2% in den Betrieben beispielsweise des Stahl-, Maschinen- und Fahrzeugbaus fest.[20] Die höchsten absoluten und relativen Belastungen haben daher jene Wirtschaftsbereiche zu tragen, die den höchsten Monopolisierungs- und Oligopolisierungsgrad aufweisen. Es kann daher nicht verwundern, wenn andere Stimmen im Umweltkonzert erheblich seltener zu hören sind. Aus dem bisher Gesagten kann jedoch nicht die Schlußfolgerung gezogen werden, insbesondere die Großindustrie muss aufgrund ihrer relativ hohen Belastung einen Kampf auf Biegen und Brechen gegen Umweltmaßnahmen führen: gerade die Monopole und Oligopole sind bei entsprechender Finanz- und Geldpolitik in der Lage, die Kosten zu überwiegenden Teilen vorzuwälzen, so daß ein großer Teil der Primärbelastung nur als transitorisch angesehen wird. Der Widerstand der Industrie gegen Umweltmaßnahmen ist daher zwar nicht zu übersehen, es ist aber keineswegs so, daß die hauptsächlich betroffenen Branchen hier mit dem Rücken zur Wand stehen.

Es kommt noch ein mehr technisch bedingter Grund hinzu: Bei zunehmend mehr Unternehmen steigt der Wert von Standortfaktoren einer „sauberen" Umwelt, beispielsweise in Gestalt geringer Luftverunreinigung oder niedriger thermischer Belastung des Vorfluters, offensichtlich an, da ansonsten eine Produktion nur mit vorhergehenden, die lokale Umweltbelastung senkenden Investitionen möglich wäre; von daher haben offensichtlich partielle Industriebereiche ein nicht zu übersehendes Interesse an einer hohen Umweltqualität als Produktionsvorbedingung und -einsatzfaktor.

11. Eine dritte Möglichkeit der Differenzierung innerhalb des Industrieblocks besteht theoretisch darin, daß sich die Umweltschutzindustrie und die durch Umweltschutzkosten belastete Industrie argumentativ trennen und zumindest ein Teil der Industrie den Umweltschutzbemühungen nicht nur positiv gegenübersteht, sondern dieses Interesse auch im politischen Bereich vertritt.

Eine sorgfältige Analyse der Entsorgungsgüterindustrie steht allerdings noch aus; so ist noch nicht ersichtlich, wie weit sie branchenmäßig diffundiert, wie sie von der Verflechtungsstruktur her angelegt ist und wo die größten Wachstumseffekte und Gewinnchancen vorhanden sind.[21] Die Tatsache, daß man in der umweltpolitischen Diskussion Vertreter der Umweltschutzindustrie kaum ausmachen kann, deutet allerdings darauf hin, daß sie in der Bundesrepublik noch kein allzu großes politisches Gewicht erlangt hat. Dies läßt allerdings auch die Interpretation zu, daß sich die Vertreter der Umweltschutzindustrie nicht aus der unternehmerischen Solidarität lösen wollen und lieber still auf die quasi automatisch anfallenden Gewinne warten. Schließlich könnte es auch bedeuten, und diese These ist wiederholt geäußert worden, daß gerade die hoch belasteten Industriekonzerne sich so weit diversifizieren, daß sie selbst Teil der Entsorgungsgüterindustrie werden bzw. Teile dieser Industrie aufnehmen, womit dann letztlich umweltpolitisch induzierte Belastungen und öko-industrielle Gewinne zwei Seiten ein und derselben Medaille darstellen. Auch für die daraus eigentlich zu erwartende Konsequenz einer starken Konzentration und Monopolisierung auf dem Entsorgungsgütermarkt[22] findet sich in der Bundesrepublik allerdings noch kein empirischer Beleg. Ebenso wie auf dem amerikanischen Markt, dessen strukturelle Zusammensetzung Leung und Klein analysiert haben, bestimmen auch in der Bundesrepublik kleinere Unternehmen noch in weitaus stärkerem Maße das Gesamtbild auf dem Umweltschutzmarkt. Das liegt sicherlich vor allem daran, daß es sich hier — legt man das Marktphasenschema von Heuss zugrunde[23] — noch um einen relativ jungen Markt handelt, der angesichts der noch beachtlichen Heterogenität der Produktvarianten und eines leichten Marktzugangs eine Marktnischenpolitik gerade kleinerer Unternehmen erlaubt. Zumindest für den Bereich von Vermeidungsanlagen kann diese Tendenz durchaus längerfristig Bestand haben, da hier eine Massengüterproduktion mit entsprechenden Großanlagen kaum möglich erscheint. Bei der relativ geringen Repräsentanz mittelständischer Unternehmen im politischen Kräftespektrum ist daher auch unter diesem Aspekt eine starke Lobby der Umweltgüterindustrie vorerst kaum zu erwarten.

12. In einer Art Zwischenbilanz kann daher festgehalten werden, daß die Industrie noch mit einer sehr einheitlichen Stellungnahme zum Umweltschutz in den politischen Raum tritt, die entsprechend ihrer Gewichtigkeit in der Gesellschaft und der Aufgeschlossenheit der politischen Führung und der Bürokratie auch weitgehend Beachtung findet. Ihre Haltung läßt sich dabei als vorsichtig defensiv beschreiben. In der Erkenntnis, daß am Umweltschutz politisch kein Weg vorbei führt, richtet sich der Hauptwiderstand weniger gegen die allgemeine Umweltschutzkonzeption, als vielmehr gegen bestimmte instrumentelle Formen und Konsequenzen, denn auch auf dieser Basis stellt sich die effektive kostenmäßige Belastung als beeinflußbar dar. Dabei werden interessanterweise Auflagenlösungen eher toleriert — wohl weil man sich hier größere bargaining-Spielräume gegenüber den für den Vollzug zuständigen Institutionen verspricht. Dagegen besteht eine starke Aversion gegen Abgabenlösungen, die eine unmittelbare und auf dem Verhandlungswege nicht mehr zu beeinflussende finanzielle Belastung mit sich bringen. Das schlägt sich sowohl in der theoretischen Beschäftigung mit der Abgabenthematik nieder,[24] in der ökonomische und ökologische Effizienz des Abgabeninstrumentariums angezweifelt werden, ist jedoch auch in besonderem Maße durch die Rolle der Industrieverbände im Entstehungsprozeß des Abwasserabgabengesetzes dokumentiert, dessen ursprüngliche Intentionen in der verabschiedeten Fassung kaum noch wiederzuerkennen sind.[25] Seine Wirksamkeit

wurde durch zeitliche Verzögerungen, Veränderungen der Abgabensätze und der Bemessungsgrundlage, die Halbierung der Abgabe auf die Restverschmutzung, die Kopplung mit den Mindestanforderungen nach dem Wasserhaushaltsgesetz und die auf Betreiben einzelner abwasserintensiver Industriezweige aufgenommene „Härteklausel" nach industriellen Gesichtspunkten so weit verringert und modifiziert, daß die der Abgabe zunächst zugeschriebene selektive Steuerungsfunktion nicht mehr erfüllt werden kann. Das bisherige Schicksal des Abwasserabgabengesetzes verdeutlicht aber auch einen anderen, für die Durchsetzungschancen der Umweltpolitik sehr bedeutsamen Tatbestand: die erstaunliche Reaktions- und Anpassungsflexibilität der Industrie auf umweltpolitische Entwicklungsverläufe. Als einzige der nichtstaatlichen Aktoren haben die industriellen Verbände innerhalb kürzester Zeit alle Möglichkeiten einer positiven und negativen Einflußnahme auf das Gesetz genutzt: von dem Versuch, die Abgabenregelung insgesamt zu Fall zu bringen, über zeitliche Verzögerungen, Eingriffe in einzelne Parameter des Regelwerkes bis hin zur positiven Unterstützung des Gesetzes durch gezielte Informationspolitik gegenüber den Einzelunternehmen nach Verabschiedung der Abgabenregelung. So ist es nicht erstaunlich, daß die ersten empirischen Ergebnisse über die „Signalwirkungen" der erst 1981 einsetzenden Abgabepflicht die stärksten Vorabwirkungen bei den industriellen Direkteinleitern konstatieren;[26] sie haben Investitionsplanung und Investitionsverhalten bereits vier Jahre vor Einsetzen der Zahlungspflicht weitgehend dem neuen Rahmen angepaßt und z.T. bereits mit dem Bau und der Planung von Abwasserbehandlungsanlagen begonnen. Die Reaktion der übrigen Adressaten des Abwasserabgabengesetzes dauert dagegen erheblich länger. So ist die – wenn auch auf reduziertem Niveau – erstaunliche Frühwirksamkeit des Gesetzes in erster Linie auf den Aktor „Industrie" zurückzuführen.

Gewerkschaften und Umweltpolitik

13. Zwar ist die zahlenmäßig belegbare Tatsache, daß die Dynamik marktwirtschaftlich organisierter kapitalistischer Systeme zur Konzentration des Besitzes an volkswirtschaftlichem Vermögen und an Produktivkapital führt, kaum anzuzweifeln, gleichzeitig steht aber außer Frage, daß dieser Konzentrationsprozeß von einem eindrucksvollen Anstieg der Lohnquote und damit der Masseneinkommen in säkularer

Sicht begleitet wird. Diese signifikante Erhöhung und Verbesserung des Einkommens breiter Schichten, des Konsumpotentials und damit dieser Dimension der Lebensqualität ist zweifellos in hohem Maße den Gewerkschaften in ihrer „countervailing-power-Funktion" zuzuschreiben. Paradox aber muß es erscheinen, daß dieselbe Organisation, die doch augenscheinlich vom traditionellen quantitativen Wachstum im Sinne traditioneller Bruttosozialprodukt-Kategorien für die Vertretungsgruppe profitieren konnte, gerade im Vollbeschäftigungsjahr 1972 dazu beitrug (so durch den Lebensqualitätskongreß),[27] die qualitativen Wachstumsstrategien und damit auch den Umweltschutz in den Vordergrund der Diskussion zu schieben. Dieses Paradox löst sich allerdings auf, wenn man unterstellt, daß die Gewerkschaften vor einer Veränderung der Besitzverhältnisse an Produktionsmitteln weitgehend resigniert haben, zum einen, weil dies heute nur über einen revolutionären Prozeß möglich erscheint und die Gewerkschaften diesen heute als staatstragende Gruppe ablehnen,[28] zum zweiten, weil sie sich in diesem Fall ihrer gesellschaftlichen Macht und Legitimation per Ausschluß der Gegenkraft, d.h. der Unternehmer, begeben würden, was sich deutlich an der Stellung und Funktion der Gewerkschaften in sozialistischen Staaten zeigt. Zwangsläufig müssen daher die Gewerkschaften ihr traditionelles Aktionsfeld (Tarifautonomie) zumindest partiell verlassen und Politikbereiche suchen, die ohne Gefahren für das Gesamtsystem und unter Mobilisierung von Heilungskräften für Organisations-Vertretungsgruppen-Konflikte eine Kompensation der erhaltenen und weiterhin zu erwartenden Niederlagen im quantitativen Verteilungskampf um den Besitz an Produktivkräften und volkswirtschaftlichem Vermögen aber auch im Bereich der Lohnquote, (denn die ist ohne Systemgefährdung nicht permanent ausweitbar),[29] gewährleisten. Die Lebensqualität-Leerformel eröffnet hier einen solchen Operationsbereich.[30]

14. Diese letztlich als Überlagerung von Verteilungskonflikten zu sehende Strategie stellt demnach den Versuch dar, zunehmend wahrnehmbare Aufgabenineffizienz und damit Legitimationsverluste perzeptiv durch semantisch positiv besetzte Strategiebenennungen (Lebensqualität) zu überlagern. Die Formel der „Lebensqualität" erfüllt hierbei mehrere Funktionen.[31] Einmal eine Legitimationsfunktion: durch das schon vom Begriff her „humane" Konzept gelingt den Gewerkschaften der Aufbau einer breit anerkannten Legitimation der Anspruchsvertretung zunächst im Bereich des qualitativen

Wachstums und übertragungsmäßig, wenn auch nicht im einzelnen konkretisiert, im Bereich des traditionellen quantitativen Wachstums. Zum anderen läßt sich auch die Integrationsfunktion der Leerformel aktivieren, und zwar in zweifacher Weise: Auf der einen Seite wird die Ausrichtung der vertretenen Gruppe und damit auch die Legitimationsbasis über eine stärkere Integration verbessert, zum anderen führt die Formel über die Oppositionsunfähigkeit gegenüber einem Ziel wie „Lebensqualität" zu einer weit über die vertretene Gruppe hinausgehenden Akzeptanz, d.h. die Gewerkschaften treten demnach hier in der Funktion von Produzenten sozialer Harmonie auf. Diese politische Formel besitzt ihre angenehmen Eigenschaften aber nur so lange, wie sie „leer", d.h. nicht operational und nicht-implementiert bleibt. Das liegt an folgendem Zusammenhang: Am Beispiel des Umweltschutzes läßt sich, wie zuvor schon angedeutet, eindeutig nachweisen, daß ein privat produziertes qualitatives Wachstum über die Verschiebung der Struktur der relativen Preise vorrangig die höheren Einkommensgruppen begünstigt, respektive die niedrigeren benachteiligt,[32] da diese im Modell des qualitativen Wachstums nach wie vor einen relativ höheren Einkommensanteil für konventionelle Güter aufwenden müssen und in den Genuß der Güter des qualitativen Wachstums beispielsweise in Form erhöhter Umweltqualität nur dann kommen können, wenn diese als öffentliches Gut angeboten und über ein progressives Einnahmesystem des Staates finanziert werden; auch von der Inzidenzseite her läßt sich klar zeigen, daß die Nutzung öffentlicher Güter kaum erwünschte Redistributionswirkungen mit sich bringt, daß sie in der Regel sogar durch eine starke Progressivität ausgezeichnet ist.[33]

15. In der Konsequenz zeigt sich damit eine Prolongationstendenz der sozialen Asymmetrie des quantitativen Wachstumsmodells in das System des qualitativen Wachstums hinein, und in der Durchführung und Konkretisierung der Leitidee des qualitativen Wachstums offenbart sich ein virulenter verteilungspolitischer Widerspruch zur leerformelhaft generierten Harmonievorstellung dieser Ideologie. Als Zwischenresümée ist damit festzuhalten, daß von den Gewerkschaften als Verfechtern dieser Ideologie letztlich eine Chimäre erzeugt wird, die nur solange positiv im Sinne ihrer Intentionen wirken kann, wie keine Versuche der Realisierung unternommen werden, denn diese müßten in die Erhöhung realer gesellschaftlicher Konflikte umschlagen und damit letztlich das Gesamtsystem und auch die Machtstellung der Gewerkschaften destabilisieren.

Diese hier entwickelte Strategieinterpretation ist auch ansatzweise durch die Entwicklung in der Zeit bestätigt: Es erscheint nur natürlich, daß ein solches Konzept in Zeiten der Vollbeschäftigung und damit maximal möglicher Machtentfaltung der Gewerkschaften, aber auch der Einsicht in die nicht-revolutionäre Unabänderbarkeit der Besitzverhältnisse an Produktionsmitteln und die Lage der Lohnquote an der gesamtwirtschaftlich in einem auf Unternehmerinitiative beruhenden marktwirtschaftlichen System gerade noch tolerierbaren Grenze favorisiert werden mußte, um dem demand-stress durch die vertretene Gruppe partiell auszuweichen. In Zeiten der Unterbeschäftigung muß eine solche Formel zwangsläufig aus Resonanzgründen aus der aktuellen Diskussion herausgenommen werden; in Zeiten des vollzogenen Aufschwungs bieten sich echte „traditionelle" Erfolge für die vertretene Gruppe im Sinne eines Aufholprozesses der Lohnquote, aber in einer folgenden Vollbeschäftigungssituation könnte sich eine Neuaufnahme der Formel anbieten. Dem ist allerdings mit gewisser Skepsis zu begegnen, denn eine Verfestigung spätkapitalistischer Strukturen mit einer natürlich und strukturell bedingten Dauerarbeitslosigkeit von ca. 2-3% wird die Gewerkschaften eher in eine stärkere strukturpolitische, offenbar aber dem Wesen nach strukturkonservierende Betätigung hineinzwingen, insbesondere deshalb, weil sie zur Zeit noch eher an einer Erhaltung der gegebenen Struktur und der gegebenen Arbeitsplätze interessiert sein müssen.

16. In diese generelle Interpretationslinie hinein paßt auch die Entwicklung und die Zielrichtung des Umweltprogramms des DGB (1974);[34] hier zeigt sich ganz deutlich die ambivalente Haltung der Gewerkschaften gegenüber der Umweltpolitik, ihren Zielen und Instrumenten. Diese Thesen des Programms lassen sich nach sechs Teilbereichen ordnen:[35]
Die Thesen 1 - 11 verdeutlichen plakativ die heute weit verbreitete Öko-Ideologie; das Kernproblem wird im Profitstreben der Kapitalisten gesehen. Die Thesen 12 - 19 widmen sich der Stellung der Arbeitnehmer zum Umweltschutz — die Strategieansätze liegen dabei primär im Bereich der Information, der Forderung nach „Sozialisierung" umweltpolitisch denkbarer Verluste an Arbeitsplätzen sowie in den ureigensten Möglichkeiten der Gewerkschaften, praktischen Umweltschutz durchzusetzen, beispielsweise über Betriebsräte, Mitbestimmung und Tarifverträge. Die Thesen 20 - 27 beschreiben als tour d' horizon

die denkbaren Instrumente der Umweltpolitik und sind mehr oder weniger inhaltlich ähnlich den Empfehlungen im Umweltgutachten 1974 des Rates von Sachverständigen für Umweltfragen; die Thesen 28 - 37 beziehen sich auf komplexe institutionelle Sektoren der Umweltpolitik wie Umweltplanung, Umweltrecht, Sanktionsmechanismen und Umweltverträglichkeitsprüfung, und die folgenden Thesen 38 - 42 erscheinen als Konglomerat ganz unterschiedlicher Themen wie Forschung, Lehre, internationale Probleme, Humanisierung der Arbeitswelt, Wohnungsbau, Nahverkehr und Integration der Fachplanungen. Abgeschlossen wird das Programm mit medienspezifischen Aussagen in den Bereichen Lärm, Luft, Gerüche, Abfall, Wasser, Landschaft, Lebensmittel, die weder rückschrittlich, zaudernd noch progressiv sind, sondern nur bekannte Aussagen aus Gewerkschaftssicht akzentuieren und pointieren.

An zwei besonders aussagekräftigen Thesenbeispielen soll nun die als ambivalent klassifizierte Stellung der Gewerkschaften beispielhaft diskutiert werden: These 17 des DGB-Umweltprogramms sagt, daß nur die „Sicherung der Arbeitsplätze bei umweltpolitisch begründeten oder motivierten Voll- und Teilstillegungen die Arbeitnehmer in den Stand setzen würde, ohne Furcht um die Arbeitsplätze ihre eigenen wie die allgemeinen umweltpolitischen Interessen wahrzunehmen".[36] Hinter dieser These steht die Forderung der Gewerkschaften nach der Garantie qualitäts- und lohnmäßig vergleichbarer Arbeitsplätze für den Fall, daß forcierte Umweltpolitik zu sektoralen Arbeitsplatzverlusten führt, d.h. implizit ist damit gesagt, daß die Gewerkschaften nur dann eine aktive Umweltpolitik betreiben können, wenn das Arbeitsplatzrisiko „verstaatlicht" wird, was, konsequent durchgedacht, notwendigerweise auf den Weg zu direkteren Formen der Investitionslenkung führen muß. Ein weiteres interessantes Beispiel ist die These 24: „Die Abgabenbelastung umweltschädigender Produkte und Verfahren kommt als Mittel der Umweltpolitik unter der Bedingung funktionierender Preiskonkurrenz in Betracht."[37] Vorausgesetzt ist hierbei die Funktion des Konkurrenzmechanismus, der die Kosten der Umweltpolitik nicht überwälzbar werden läßt, d.h. allein zur Reduzierung der Gewinnquote und nicht zur Verminderung der Reallöhne in Form von erhöhten Inflationsraten oder steigenden Umweltschutzkosten in den Güterpreisen führt. Da bei der signifikanten Oligopolisierung der Märkte speziell der hoch umweltkostenbelasteten Industrien dieser Mechanismus kaum zum Tragen kommen wird und somit die Arbeitnehmer per Vorwälzung die Kosten tragen werden, schließen die Gewerkschaften damit Abgabenlösungen für weite Bereiche implizit aus.

17. Diese Beispiele dürften klar gezeigt haben, daß die Thesen des DGB-Umweltprogramms weitgehend verbale Bekundungen mit nur sehr eingeschränkten Durchsetzungsintentionen sind und daß umweltpolitische Bemühungen von den Gewerkschaften als potentielle progressive Träger einer solchen Politik schon theoretisch kaum zu erwarten sind und auch praktisch kaum realisiert werden können. Ähnlich wie in vielen Konsumbereichen zwischen Produzent und Verbraucher findet sich auch zwischen Industrie und Gewerkschaften eine ausgesprochene Interessenidentität, die zur relativ gleichartigen Reaktion auf politische Inputs führt; somit bleiben die Gewerkschaften als progressive umweltpolitische Aktoren weitgehend außer Betracht, wenn man von Themenbereichen wie der Arbeitsumwelt, die jeweils betriebsintern, d.h. auf niedrigster Ebene, gestaltet werden kann, oder von Sektoren, die keine Arbeitsplätze „kosten" und daher aus Gewerkschaftssicht „Reformen ohne Geld" darstellen, absieht.

Insgesamt zeichnet sich bezüglich der Stärke der Reaktion auf umweltpolitische Maßnahmen ein Anstieg von den unteren Ebenen zu den höheren ab. Es ist nur einleuchtend, daß die organisierte Arbeitnehmerschaft auf der Betriebsebene die schärfste Gegnerschaft gegenüber potentiell Arbeitsplätze gefährdenden Umweltschutzregelungen zeigt, wie insbesondere die Arbeitnehmerdemonstrationen der Kernkraftwerksunternehmen gegen die Bürgerinitiativen verdeutlicht haben. Diese schroffe Reaktion verliert graduell an Schärfe auf der Branchen-, d.h. Industriegewerkschaftsebene und wird zumindest verbal und programmatisch konzilianter auf der obersten Organisationsstufe. Daß diese scheinbare Konzilianz aber — genauer analysiert — in der Sache nicht wesentlich von den Reaktionen der anderen Ebenen abweicht, konnte an den Beispielen aus dem DGB-Umweltprogramm gezeigt werden. Dieses generelle Bild wird allgemein durch das Auftreten der Gewerkschaften auf höchster Ebene bestätigt. Auf dem Höhepunkt der Konjunkturkrise des Jahres 1975 nahmen die Gewerkschaftsvertreter in der Phase des sogenannten Gymnicher Gesprächs eine in Nuancen härtere Anti-Umweltschutz-Haltung ein als die Industrie, die sich wohl besonders im Hinblick auf die Entwicklung der Umweltschutzindustrie offener gegenüber den umweltpolitischen Vorhaben der Bundesregierung zeigen kann, während die Gewerkschaften quasi um jeden Preis Arbeitsplätze erhalten müssen, insbesondere aber in einer solchen konjunkturellen Situation. Dieses Verhalten setzt sich auch zeitlich und materiell bis in die Energiediskussion, insbesondere die Frage der Energie-Wachstums-Kopplung fort, wie die akzentuierten „Gewerkschaftsdemonstrationen" vor dem Hamburger SPD-Parteitag 1977 zeigten; die Aktionen der Gewerkschaften waren so zielbewußt und machtvoll, daß die Äußerungen der Unternehmen und Unternehmensverbände an Dezidiertheit und Schärfe weit zurückblieben. Gar nicht so paradoxerweise übernehmen die Gewerkschaften die öffentliche Rolle der Unternehmen und zeigen sich in einer früher ungewohnten Spielart der Sozial- „Partner"-Rolle. Auch unter struktur-politischen Gesichtspunkten müssen die Gewerkschaften zumindest in Rezessionszeiten restriktiv reagieren, und da Umweltpolitik zu einem überwiegenden Teil auch Strukturpolitik mit Strukturmodernisierungs- und Innovationsanstößen der Produktionsprozesse und der volkswirtschaftlichen Produktionsstruktur ist, folgt als Fazit dieser Analyse, daß die Rolle der Gewerkschaften in der Umweltpolitik nur als in hohem Maße konservativ klassifiziert werden kann. Anstöße und progressive Politikinputs sind von diesem Aktor auf der Palette gesellschaftlicher Gruppen nur unter sehr günstigen Konstellationen volkswirtschaftlicher Daten zu erwarten.

Gemeinden und Umweltpolitik

18. Die von der Industrie vertretenen Einkommens-, Gewinn- und Persistenzinteressen und die von der Gewerkschaftsseite verfolgten Einkommens- und Arbeitsplatzinteressen treten auf der kommunalen Ebene gebündelt in Erscheinung und müssen auch hier — aufgrund der spezifischen Rahmenbedingungen der Kommunalpolitik — in massive Konflikte mit den Umweltschutzzielen münden, die eine Durchsetzung staatlicher Umweltpolitik erschweren. Wenn Umweltschutz zu den oben beschriebenen ökonomischen Konsequenzen führt, dann ist davon nicht allein die gesamtwirtschaftliche und die sektorale Struktur betroffen; die umweltpolitisch induzierten Effekte schlagen in Abhängigkeit von der räumlichen Verteilung der Sektoren und Betriebsstätten auch und in besonders starkem Maße auf die regionale und kommunale Wirtschaftsstruktur durch, die in vielen Fällen von wenigen Unternehmen geprägt wird und deren Stabilität oftmals von

der Entwicklung einzelner Betriebe abhängt. Hinzutreten als besonderes Problem die umweltpolitisch begründeten Blockierungen kommunaler Planungen. Dadurch treffen die Belastungseffekte der Umweltpolitik unmittelbar einen kommunalen Lebensnerv und lassen eine Interessenlage analog zur Industrie entstehen. Die Interessenkonstellation in den Gemeinden wird ein wenig verdeutlicht, wenn man einen Blick auf die derzeitigen Systembedingungen wirft:[39]
Aufgabendelegierung durch den Staat und kommunales Eigeninteresse zwingen die Gemeinden zu ständig wachsenden Infrastruktur- und Vorsorgeleistungen. Wachstumsziele haben in der Kommunalpolitik insbesondere in der kommunalen Entwicklungspolitik daher nach wie vor eindeutigen Vorrang.[40] Die Gemeindeverwaltungen orientieren sich dabei an Zielkategorien, die Wachstum vor allem in zweierlei Hinsicht anstreben: Wachstum im Sinne eines steigenden Steueraufkommens, das zugleich die Erweiterung des kommunalen Leistungsangebotes ermöglicht, und Wachstum im Sinne einer Erhöhung der Arbeitsplatzzahl und des Einkommens. Die Struktur des kommunalen Einnahmesystems läßt vor diesem Zielhintergrund eine Realisierung und Finanzierung der Entwicklungsstrategie praktisch nur über eine Förderung der örtlichen Wirtschaftentwicklung möglich erscheinen. Gemeinden haben daher an der Persistenz ihrer ansässigen Unternehmen und an der Ansiedlung neuer Betriebe ein vitales Interesse, das mit dem Interesse der staatlichen Umweltpolitik, die zu einer zusätzlichen Kostenbelastung der örtlichen Wirtschaft und zu einer Verschlechterung des Standortfaktorenbündels führt, konfligieren muß. Die Argumentation, daß Umweltpolitik natürlich auch zu einer Verbesserung der Umweltqualität führt und damit in besonderem Maße Anziehungskraft auf private Haushalte und beruflich besonders qualifizierte Arbeitnehmer ausüben kann, mag vielleicht Anfang der 70er Jahre im Zeichen des Arbeitskräftemangels angebracht gewesen sein; heute dagegen in Zeiten struktureller und konjunktureller Unterbeschäftigung ist ein zumindest ausreichendes Arbeitskräfteangebot weitgehend ubiquitär, so daß Anziehungseffekte durch Umweltqualitätsverbesserungen und damit Verbesserungen der kommunalen Finanzlage über den Einkommensteueranteil sehr unwahrscheinlich erscheinen.

19. Zur Durchsetzung ihrer wirtschaftlich-fiskalischen Interessen muß sich die Gemeinde daher die industriellen Interessen zu eigen machen und sich durch den Einsatz der ihr verbliebenen Handlungsparameter

eine Leistungs- und Ausstattungspalette zulegen, die auf die standortnachfragenden Industriebetriebe zugeschnitten ist. Sie muß dabei einmal Existenz und Vorteile der von ihr produzierten Standortbedingungen der ortsansässigen Wirtschaft bewußt machen, zum anderen muß sie im Wege der Industriewerbung potentiellen Neuansiedlern die Existenz und das spezifische Leistungsbündel der Gemeinde nahebringen. Für die Gemeinde ist daher die Wirtschaftsförderung eine typische Marketing-Aufgabe,[41] die dadurch an Bedeutung gewinnt, daß die Angebote staatlicher Regionalpolitik zunehmend ubiquitären Charakter annehmen. Dieses Marketing-Verhalten der Gemeinden impliziert ein bestimmtes Verhältnis zwischen ihnen als Anbieter und den Unternehmen als Nachfrager, eine besondere Konkurrenzsituation unter den gemeindlichen Anbietern und auch eine eindeutige Konsequenz für das Umweltschutzinteresse der Gemeinden. Gelingt es der Gemeinde, über ein erfolgreiches Marketing die ansässigen Unternehmen zur Aufrechterhaltung ihres Standortes zu motivieren und die Aufmerksamkeit neuer standortsuchender Unternehmen zu erregen, dann werden Ansiedlung und Persistenz ein Problem des „bargaining" und des Kompromisses zwischen verschiedenen Zielsystemen: Die Gemeinde strebt dabei nach der Erhöhung ihrer Einnahmen durch Ansiedlung von Unternehmen mit möglichst hohem Gewerbeertrag, sie strebt nach umfassender Sicherung des Unternehmensbestandes zur Verhinderung der Krisenanfälligkeit der örtlichen Wirtschaft und der Kommunalfinanzen; diese Ziele sollen mit einem möglichst geringen Kostenaufwand realisiert werden – einschließlich der Folgekosten der Ansiedlung. Das Unternehmen ist andererseits bestrebt, ein bestimmtes Gewinniveau zu realisieren und versucht in der Regel, seine langfristige Persistenz am Ort zu sichern. Diese Ziele sollen zu möglichst geringen Kosten und durch möglichst starke Internalisierung externer Ersparnisse, d.h. vor allem durch kommunale Vor- und Sonderleistungen im Rahmen der Wirtschaftsförderung erreicht werden.

20. Bei dieser Ausgangssituation liegt es auf der Hand, daß bei Vorliegen bestimmter Standortvoraussetzungen Verhandlungen über die Gewährung kommunaler Wirtschaftsförderungsleistungen von beiden Seiten für sinnvoll erachtet werden, zumal sich beide Seiten davon Gewinne versprechen können. Daß Wirtschaftsförderungsmaßnahmen tatsächlich einen starken Einfluß auf unternehmerische Standortentscheidungen ausüben und daß in diesem Bereich die Verhandlungshäu-

figkeit sehr hoch ist, kann im übrigen auch empirisch belegt werden.[42] Auf den ersten Blick scheinen sich Gemeinden und Unternehmen in diesen Verhandlungen als gleichgewichtige Partner gegenüberzustehen. Betrachtet man allerdings die Struktur der Angebotseite (Gemeinden) und der Nachfrageseite (Unternehmen) etwas genauer und analysiert die gegenseitigen Beziehungen, so muß man zu dem Schluß gelangen, daß die Verhandlungsposition der Unternehmen in aller Regel erheblich günstiger als diejenige der Gemeinden ist: Eine nennenswerte Konkurrenz der Unternehmen um Standorte findet kaum statt, dazu ist einmal die Zahl potentieller Standorte zu groß, zum anderen sind die Standortansprüche der Unternehmen zu unterschiedlich. Andererseits weisen die meisten Gemeinden als Anbieter tendenziell gleiche Ausstattungs- und Leistungsarten auf. Sie müssen daher mangels ausreichender Differenzierung zunächst zwangsläufig als Konkurrenten um das Potential standortsuchender Unternehmen auftreten. Um die Konkurrenzsituation abzuschwächen und eine gleichgewichtigere Stellung zu erreichen, sind sie bemüht, einzelne Faktoren ihres Standortangebotes zu differenzieren. Dabei ist die kommunale Wirtschaftsförderung das entscheidende Differenzierungsinstrument. Das Entgegenkommen im Bereich umweltpolitischer Normen und bei der Verteilung der umweltpolitisch induzierten Lasten ist ein Parameter, der mit wachsender umweltpolitischer Kostenbelastung zunehmend an Bedeutung gewinnt.

21. Daß staatliche Umweltpolitik, die direkt und indirekt in diese Parameter eingreift und die kommunalpolitische Flexibilität einengt, auf den Widerstand der Gemeinden treffen muß, liegt auf der Hand.[43] Bei einer etwas differenzierteren Analyse der finanziellen und organisatorischen Rahmenbedingungen, innerhalb derer die Gemeinden die freiwilligen und übertragenen Aufgaben erfüllen müssen, wird zudem verständlich, daß sich eigene kommunale Umweltinteressen kaum durchsetzen können, und in den wirtschaftlich motivierten Verhandlungen mit Unternehmen eine bewußte Verletzung umweltpolitischer Ziele in Kauf genommen wird, d.h. die Einhaltung oder Verletzung von Umweltnormen direkter Verhandlungsgegenstand mit ortsansässigen oder siedlungswilligen Betrieben wird. Zwar kommt kaum ein lokales Fraktionsprogramm, keine Ratseröffnungs- oder Haushaltsrede ohne umweltprogrammatische Äußerungen aus, was die Vermutung nahelegt, daß dem Umweltschutz hohe kommunalpolitische Priorität zukommt. Die politische Praxis in der Phase der

Zielkonkretisierung und der Einzelentscheidung zeugt jedoch von einem sehr geringen tatsächlichen Stellenwert des Zieles „Umwelterhaltung". Das wird verständlich, wenn man einen Blick auf den Willensbildungsprozeß innerhalb der Gemeinden wirft. Es ist längst empirisch erhärtet, daß die politische Führung in diesem Prozeß ihre dominierende Rolle eingebüßt hat. Der Zielfindungsprozeß vollzieht sich heute vorwiegend horizontal zwischen der Verwaltung und einzelnen — vor allem ökonomisch motivierten — Interessengruppen. Da zudem Zielfindungs- und materieller Entscheidungsprozeß in der Verwaltung zusammenfallen, ist die Durchsetzungsmöglichkeit dieser Sonderinteressen relativ groß und kann der institutionalisierte politische Entscheidungsprozeß präjudiziert werden.[44] Umweltpolitische Ziele und Interessen können in diesem Prozeß nur durchgesetzt werden, wenn sie von etablierten Gruppen getragen und der Verwaltung gegenüber geltend gemacht werden; hier ist jedoch das Interesse am Umweltschutz den unterschiedlichsten wirtschaftlichen Interessen z.Z. eindeutig unterlegen.

Umweltinteressen entziehen sich in der Phase der Zielfindung und Entscheidungsvorbereitung noch einer festen und permanenten gruppenmäßigen Formierung. Da Umweltschutz zudem eine typische Querschnittsaufgabe ist, fehlt es in der Regel auch an einem zentralen Gesprächspartner innerhalb der Verwaltung, der über eine allgemeine Zuständigkeit verfügt. Demgegenüber sind andere Interessengruppen wie Industrieunternehmen, Bauwirtschaft, Haus- und Grundbesitzer zum einen erheblich besser organisiert und finden zum anderen durch die auf sie zugeschnittene Ressortgliederung in den zuständigen Dezernenten und Referenten Gesprächspartner mit gleichen Sachinteressen vor. Dieses Ungleichgewicht konnte bisher auch dadurch nicht beseitigt werden, daß man zumindest in größeren Städten den einzelnen Dezernaten und Ämtern Umweltschutzsachbearbeiter zugeordnet oder Umweltschutzbeauftragte ernannt hat; ihr Gewicht in den direkten Kontakten mit wirtschaftlichen Interessengruppen bleibt vorerst noch gering.

22. Unter diesen Aspekten erschließt sich das kommunale Interesse am Umweltschutz weniger durch einen Blick auf die kommunalpolitischen Umweltaktivitäten und -entscheidungen, sondern vor allem durch eine Analyse des non-decision-making, der aus den verschiedensten Gründen nicht getroffenen Entscheidungen und der nicht angewandten Vorschriften. Das politische System der Gemeinden ist im

Zielfindungsprozeß keineswegs so offen, daß alle bürgerschaftlichen Interessen in ihm artikuliert werden können, vor allem wenn sie nicht organisiert sind. Diese „impenetrability" des lokalen Systems ist in erster Linie auf den starken Einfluß industriell-ökonomischer Interessen zurückzuführen, der die Planungs- und Entscheidungsträger auch dann von der Berücksichtigung von Umweltinteressen abhält, wenn die ökonomische Interessenvertretung im Einzelfall gar keinen direkten Einfluß zu nehmen versucht; der Entscheidende unterliegt jedoch einem indirekten Einfluß in der Weise, daß er sein Entscheidungsverhalten an seiner eigenen Perzeption ökonomischer Präferenzen und fiskalischer Abhängigkeiten orientiert und seine Entscheidung damit auf die erwartete Reaktion der ökonomisch motivierten Interessengruppen zuschneidet. Den industriell-ökonomischen Interessen kommt damit die Rolle einer „off-stage-power" zu, die die politische Inaktivität in Bezug auf die Umwelt induziert.[45] Diese Tendenz wird durch die derzeitigen finanziellen Rahmenbedingungen der deutschen Gemeinden weiterhin verschärft. Die Finanzierung der notwendigerweise wachsenden Infrastrukturinvestitionen und der personalintensiven Dienstleistungsbereiche kann nur durch ein steigendes Gewerbesteueraufkommen und durch ein wachsendes Aufkommen aus dem kommunalen Anteil an der Einkommenssteuer sichergestellt werden, die jedoch ihrerseits wiederum von einer konsequenten Wirtschaftsförderungs- und Ansiedlungspolitik zur Sicherung und Vergrößerung der Arbeitsplatzzahlen, der unternehmerischen Gewinne und des örtlichen Einkommens abhängen. So tritt neben die Abhängigkeit von Bund und Land über den Finanzausgleich eine Abhängigkeit von steuerergiebigen Kapitalverwertungsinteressen. Der örtlichen Industrie wächst auch dadurch eine Machtpositon zu, die es ihr oftmals erlaubt, ihre eigenen Ansprüche und ihr Interesse an der Umweltnutzung gegenüber dem Umweltschutzinteresse der nichtorganisierten oder nur sporadisch organisierten Bürgerschaft durchzusetzen.

23. Unter diesen Bedingungen ist es fast selbstverständlich, wenn die staatliche Umweltpolitik auf der Gemeindeebene starken Restriktionen unterliegt, die sich hier allerdings nicht in offenen Widerständen gegen legislatorische Umweltinitiativen äußern müssen, sondern sich vor allem in der Nicht-Durchsetzung oder zumindest einer graduellen Untererfüllung von Normen dokumentieren. Dies schlägt sich konkret etwa in folgenden empirisch zu belegenden Formen des decision-making oder non-decision-making nieder:[46]

- Obwohl die objektiven Umweltbelastungen am vorgesehenen Standort selbst bei Einhaltung umweltpolitischer Mindestanforderungen und Grenzwerte — beispielsweise durch die lokale Massierung von Emissionsquellen — die Umweltqualität einer Gemeinde erheblich beeinträchtigen und auch die subjektiv empfundenen Belästigungen von Anliegern das normalerweise tolerierbare Maß übersteigen, wird der Beschluß für eine Ansiedlung oder Betriebserweiterung an diesem Standort „durchgezogen".
- Es unterbleiben kommunale Umweltschutzmaßnahmen, weil die ortsansässige Wirtschaft infolge der daraus für sie resultierenden Beitrags- und Gebührenbelastung mit Standortverlagerung droht und ihren Einfluß in Verwaltung und Gemeinderat zumindest zum Verzögern der Maßnahmen nutzt. Diese Tendenz konnte im Rahmen der bereits zitierten empirischen Untersuchung über den Bau von Abwasserbehandlungsanlagen verfolgt werden. Durch den Widerstand örtlich dominierender abwasserintensiver Unternehmen wurde in einigen Fällen der Bau vollbiologischer kommunaler Kläranlagen — trotz seit langem bestehender wasserrechtlicher Auflagen — um 6 bis 8 Jahre verzögert, und zwar so lange, bis die Aufsichtsbehörden keine Bebauungspläne mehr zu genehmigen drohten.
- Soweit Gemeinden in den Umweltschutz investieren, begünstigen sie ortsansässige Unternehmen bei der Verteilung der daraus erwachsenden finanziellen Belastungen. Auch dieses Entscheidungsmuster gehört in den Themenbereich, da der Lastenverteilungsgrundsatz (Verursacherprinzip) zentraler Bestandteil umweltpolitischer Zielaussagen ist. Zur Illustration kann auch hier wieder auf Beispiele aus dem Bereich der Abwasserbeseitigung verwiesen werden: Zum einen werden in den Beiträgen zur Erstellung einer Abwasserbehandlungsanlage die für die Reinigung der Abwässer einzelner Unternehmen kostenwirksam vorgehaltenen Sondereinrichtungen nicht angelastet. Zum zweiten werden die laufenden Gebühren auf der Basis des Frischwasserbezugs, nicht nach der Schädlichkeit der Abwässer bemessen. Zugunsten der unternehmerischen Großeinleiter sehen die meisten Gebührensatzungen zudem eine degressive Mengenstaffelung des Tarifs vor. Zum dritten werden mit einzelnen, insbesondere größeren Unternehmen Sonderabkommen über die tatsächlich in der Bemessungsgrundlage zu berücksichtigenden Abwassermengen getroffen; Ansatzpunkte bieten hier die Abzugswerte, um die die bezogene Frischwassermenge bereinigt wird.
- Gemeinden setzen geltende Umweltnormen gegenüber den für sie wichtigen Großunternehmen nicht durch. Ein gutes Beispiel bieten hier die seit dem vorigen Jahrhundert in Kraft befindliche Gewerbeordnung und ihre Durchführungsbestimmungen. Bei strikter Anwendung dieser Vorschriften, die eine behördliche Genehmigung von umweltgefährdenden Anlagen verlangen, wäre die heute in zahlreichen Großstädten gemessene Luftverschmutzung durchaus zu verhindern gewesen. Kommunalvertreter geben jedoch selbst zu, daß sie die Durchsetzung dieser Vorschriften in voller Schärfe scheuen und in Verhandlungen mit ansiedlungswilligen Unternehmen die kommunale Konkurrenz durch eine „laxere" Handhabung auszustechen versuchen.

Bei diesen Beispielen ist natürlich anzumerken, daß von den rechtlichen Gegebenheiten her der Handlungsspielraum der Gemeinden analytisch eher gering einzuschätzen ist; faktisch allerdings ergeben sich teilweise signifikante Abweichungen vom rechtlichen Sollzustand dadurch, daß durch offensichtliche Zielkonflikte zentralstaatliche Politiken und Ziele auf unteren Ebenen „abgelenkt" werden, was beispielsweise durch ressortmäßige Zielidentitäten und Koalitionen der kommunalen Wirtschaftsförderungsämter und der Länderwirtschaftsministerien auf der einen Seite, gemeinsame Sozialisationsprozesse von „Umweltschutzbeauftragten" im allgemeinen (bzw. Immissonsschutzbeauftragten nach §53ffBImSchG im besonderen) und Mitgliedern der Umweltschutz-Vollzugsbehörden bedingt sein kann — genau hier liegt der Ansatz eines der interessantesten neueren Forschungsbereiche, der Implementationsforschung.

Aus den Beispielen und den einzelnen Ausführungen geht insgesamt hervor, daß ähnlich wie die Industrie und die Gewerkschaften auch die Gemeinden nur äußerst eingeschränkt als progressive Träger der Umweltschutzpolitik in Frage kommen; wenn aber alle wesentlichen Aktoren auf der regional-lokalen Ebene — die Unternehmen, die Arbeitnehmervertreter und die Gemeinderepräsentanten — nicht gerade zu den Befürwortern einer zweifellos notwendigen Umweltpolitik gehören, dann stellt sich natürlich die Frage, inwieweit dieser circulus vitiosus durchbrochen werden kann, um der Umweltpolitik zu dem politischen Stellenwert in Formulierung und vor allem Implementation zu verhelfen, der ihr von der Bedeutung her zusteht.

Umweltpolitik als Gesellschaftspolitik

24. Als wesentliches Ergebnis dieser Überlegungen ist zunächst einmal festzuhalten: Aus der Analyse der jeweiligen Interessenlagen hat sich ergeben, daß die Industrie den umweltpolitischen Zielen und der Umsetzung in politische Programme tendenziell nachgiebiger gegenübersteht als die Gewerkschaften, weil die Belastungen wohl zum einen beim Durchschnitt der Industrie noch tragbar sind, zum anderen auf die Praxis des umweltpolitischen „Vollzugsdefizits"[47] gesetzt werden kann, weiterhin und prozessual vorgelagert die Möglichkeit der Lobby, auf die Umweltschutzgesetzgebung Einfluß zu nehmen, durchschlagend ist, schließlich die Industrie aus produktionstechnischen Gründen partiell ein Interesse an der Schadensvermeidung hat und letztlich wenigstens tendenziell die Chance besteht, Verluste auf der einen Seite durch Gewinne in den Sparten der Umweltschutzindustrie auszugleichen. Die Stellung der Gewerkschaften ist von der Flexibilität her nicht

mit der Industrieposition zu vergleichen, was primär daran liegt, daß diese im Umweltpolitikbereich relativ starr-eindimensional auf die Erreichung oder Aufrechterhaltung des Vollbeschäftigungszieles hin ausgerichtet operieren müssen und dieses Ziel im Sinne des Status quo der gegebenen Arbeitsplatzstruktur definieren. Im übrigen treten sie — da nicht in der Rolle unmittelbarer Normadressaten der Umweltpolitik — im Prozeß der umweltpolitischen Willensbildung aus einem tradierten Aufgabenverständnis heraus nur peripher in Erscheinung.

Die Position der Gemeinden ergänzt diese beiden Stimmen im Umweltkonzert zu einem Dreiklang. Auch hier findet sich ein zumindest gestörtes Verhältnis zur Umweltpolitik aus offensichtlichen Systemzwängen des kommunalen Handelns, das im Zwiespalt zwischen Einnahmeerhöhung durch Industrie- und Gewerbeförderung mit dem Ziel der Verbesserung der kommunalen Leistungen gegenüber den Bürgern und umweltpolitischen Anforderungen allzu häufig der Attraktionskraft der Wachstumsidee erliegt und Umweltaspekte zumindest tendenziell vernachlässigt.

25. Alle diese graduell unterschiedlichen, aber insgesamt negativen Einstellungen der analysierten Aktoren zur Umweltpolitik beruhen weitgehend auf der Vorstellung, daß Umweltschutz letztlich unproduktive Verwendung knapper Mittel bedeutet und insoweit Arbeitsplätze gefährdet, von der Neuerrichtung von Arbeitsplätzen abschreckt und somit indirekt andere Daseinsvorsorgebereiche der Kommunen schmälert. Eine solche pauschale Argumentation, wie sie häufig von den betrachteten Aktoren vorgebracht wird, ist aber zumindest von der Datenlage her in der Stagflationssituation der späten 70er Jahre weit von der Realität entfernt. Wenn auch zugegeben werden kann, daß in einer Vollbeschäftigungssituation der Kapazitäten mit positiven Investitionsaussichten ein solches Bild akzeptabel ist, so gilt es mit Sicherheit nicht mehr in einer Situation mit hoher Arbeitslosigkeit, unterausgelasteten Kapazitäten und pessimistischen Investitionserwartungen. In einer solchen Situation liegt es auf der Hand, Umweltschutzinvestitionen der Privaten und des Staates stabilisierungspolitisch einzusetzen oder zumindest zu interpretieren, ohne dabei einen merklichen Rückfall der sowieso niedrigen Wachstumsrate riskieren zu müssen, sofern die Haltung des Investitionsattentismus als einigermaßen stabil angesehen werden kann; in einer solchen Situation des volkswirtschaftlichen Ungleichgewichts konkurrieren Investitionen für Umweltschutzzwecke zumindest bei den Privaten keine möglicherweise

im traditionellen Sinne „produktiven" Investitionsquotenanteile weg, und von daher ist kein effektiver Verlust in der Höhe der Wachstumsrate zu befürchten. Ganz im Gegenteil zeigen alle vorliegenden Untersuchungen zu den Beschäftigungswirkungen des Umweltschutzes in der Bundesrepublik Deutschland, insbesondere der Umweltschutzgüter und -leistungen produzierenden Sektoren, daß Umweltschutz in signifikantem Ausmaß zur Schaffung und Sicherung von Arbeitsplätzen führt: So kamen Meissner/Hödl für den Zeitraum 1975/79 — den gleichen Zeitraum, den die zuvor genannte Battelle-Kostenuntersuchung zur Grundlage hatte — zu einer Schätzung von Beschäftigungswirkungen privater und öffentlicher Umweltschutzaufwendungen in einer Größenordnung von über 350 000 Arbeitsplätzen pro Jahr.[48] Der Sachverständigenrat für Umweltfragen referiert in seinem 1978er Umweltgutachten Partialdaten[49] der Beschäftigungswirkungen von Lärmschutzinvestitionen beim Ausbau des Fernstraßennetzes bis zum Jahre 1985 und kommt je nach Immissionsgrenzwert zu Daten bis zu ca. 50 000 ausgelasteten Arbeitsplätzen pro Jahr bei einem Emmissionsgrenzwert von 55dB (A); dieselbe Quelle präsentiert Daten über die Beschäftigungswirkungen des Baus von Kläranlagen bzw. Abwasserreinigungs- und Beseitigungsinvestitionen und kommt zu Jahreswerten bis 1985 in Höhe von ca. 21 bis 22 000 Arbeitsplätzen. Letztlich gehen aus einer methodisch ähnlich angelegten Untersuchung des Battelle-Instituts jüngsten Datums Zahlen in Höhe von ca. 150 000 Arbeitsplätze pro Jahr für einzelne Sektoren der Wirtschaft hervor.[50] Alle diese teilweise aus methodischen Gründen, teilweise aus Unterschiedlichkeiten der Untersuchungsobjekte nicht vergleichbaren Daten zeigen unabhängig von Größendifferenzen aber eindeutig, daß beträchtliche positive ökonomische Wirkungen auf Beschäftigung und Arbeitsplätze ausgehen, welche die zuvor analysierte „offenere" Haltung der Industrie zum Umweltschutz erklären, gleichzeitig aber auch die Position der Gewerkschaften und Kommunen als wenig reflektiert erscheinen lassen.

26. Da bekanntlich nicht alles Gold ist, was glänzt, sollten auch diese Daten nicht überschätzt werden. Zum einen sind sie an vielen Stellen aufgrund des Ausschnittscharakters und des methodischen Ansatzes sehr anzweifelbar, zum anderen besagen sie eigentlich nichts anderes, als daß mit privaten und öffentlichen Investitionen Arbeitsplätze errichtet oder gesichert werden und daß damit in der Folge auch Nachfrage geschaffen wird, und dieser Prozeß vollzieht sich bei anderen

Ausgabengruppen analog. Insoweit repräsentieren diese Zahlen zwar einen positiven Effekt, keineswegs aber den Nettoeffekt des Umweltschutzes im Sinne des Saldos von durch Umweltschutz neuerrichteten oder verlorengegangenen Arbeitsplätzen. Im übrigen sind die gesamtwirtschaftlichen Konsequenzen des Umweltschutzes in hohem Maße eine Funktion der Datenkonstellation und der Finanzierungsbedingungen – die gemessenen Beschäftigungswirkungen stellen nur dann den Nettoeffekt in der oben gekennzeichneten Definition dar, wenn die gesamten Kosten des Umweltschutzes in einer Unterbeschäftigungssituation durch Geldschöpfung aufgebracht werden, wobei auch dann eine Vergleichsbetrachtung mit alternativen Verwendungen diese Aussage bezüglich der Wirkungshypothesen auf das Beschäftigungsziel relativieren könnte. Daß so wenig über tatsächlich verlorengegangene Arbeitsplätze berichtet wird, liegt zum einen an der äußerst schwierigen Zurechnung, zum anderen aber auch an der offensichtlichen Tatsache, daß Umweltpolitik bisher jedenfalls niemals ganz konsequent realisiert wurde – so ist im Bereich der Standards und Auflagen das bekannte Vollzugsdefizit zu konstatieren, im Bereich der Gebührenlösung (Abwasserabgabe) konnte eine umweltpolitisch zureichende Gebührenhöhe schon in der Gesetzeslegung verhindert werden, die anderenfalls beträchtliche Probleme für einzelne Sektoren und Regionen (vor allem die Zellstoffindustrie und ihre Standortgemeinden) mit sich gebracht hätte.[51]

Unabhängig davon kommt für den Umweltschutzsektor die Frage hinzu, inwieweit Umweltpolitik nicht generell den zu beobachtenden Investitionsattentismus verstärkt und zwar im Sinne einer „weichen" Bedingung, die generell vorhandene Unlustgefühle und Pessimismus bezüglich der Nachfrageentwicklungen auf Unternehmensseite intensiviert.

Für die Arbeitnehmerseite gilt zweifellos die noch viel zu wenig zur Kenntnis genommene Aussage, daß forcierter Umweltschutz von der „end of pipe"-Technologie weg hin zu umweltschutzintegrierenden Prozeßinnovationen führen wird, die generell einen Trend zur Kapitalintensivierung bei Herstellern und Verwendern dieser Anlagen mit sich bringen werden, so daß mit Sicherheit zunehmend in bestehenden Produktionen durch neue Prozesse Arbeitsplätze wegrationalisiert werden und sich zusätzlich auch die optimistischen Beschäftigungsprognosen in der Umweltschutzindustrie mittelfristig verdüstern dürften. Beide Trends führen natürlich auch dazu, daß mittelfristig die zunächst noch so optimistisch wirkenden Daten auch für die

Kommunen etwas weniger positiv erscheinen müssen, denn bei diesen kumulieren sich alle Trends auf Unternehmens- und Arbeitnehmerseite.

Nun ist nicht davon auszugehen, daß bei den analysierten Aktoren mehr als kurzfristige Politik betrieben wird und die zuvor ausgeführten relativierenden Überlegungen in die Kalküle einbezogen werden. Zumindest in kurzfristiger Sicht bestehen daher nur wenig Gründe, eine derart negative Position gegenüber der Umweltpolitik weiterhin aufrechtzuerhalten — mittelfristig allerdings müssen sich alle Aktoren an die oben skizzierten Rahmenbedingungen anpassen und das impliziert eine wesentliche Änderung der Grundstrategien, die im weiteren kurz angegeben werden sollen.

27. Auf der Unternehmensseite zeigt sich offensichtlich, daß Umweltschutzpolitik, ergänzt durch den Druck von Bürgerinitiativen und Genehmigungsbehörden, zu neuen Technologieformen führen kann: Diese Technologieformen sind pauschal mit den Schlagworten energie- und rohstoffrationell, risikoarm und umweltfreundlich zu beschreiben. Ob solche Technologien allerdings, wie oftmals angeführt, arbeitsintensiver sein werden als herkömmliche Technologien, erscheint doch sehr zweifelhaft, insbesondere im Hinblick auf die Zukunftsbilder der deutschen Wirtschaft als einer qualitativ hochwertigen, know-how-intensive Güter exportierenden Wirtschaft.

Die Gewerkschaften als zweiter wesentlicher Aktor können sich zunächst einmal aus den Zwängen der ideologischen Formel „Arbeitsplatzsicherung versus Umweltschutz" befreien und Vollbeschäftigungspolitik an den eigentlichen Fronten praktizieren: Hier bieten sich vielerlei Ansatzpunkte von den Möglichkeiten der Arbeitszeitverkürzung bis hin zu strukturpolitischen Konzeptionen langfristiger und stabiler Beschäftigung. Sie müssen insbesondere in diesem Zusammenhang von der „versteinerten Formel" des status-quo-orientierten Arbeitsplatzarguments Abstand nehmen zugunsten einer breiteren Einbettung der Umweltpolitik in die Gesellschafts- und Verteilungspolitik, die von ihrem Charakter her den gewerkschaftlichen Funktionsträgern wohl auch näher liegen als die Umweltpolitik. Wenn die Gewerkschaften nämlich bewußt zur Kenntnis nähmen, daß Umweltpolitik im wesentlichen in der Folge der Auseinandersetzungen um allokationspolitische Instrumentalfragen auch beträchtliche verteilunspolitische Implikationen für breite Arbeitnehmerschichten mit sich bringen kann, dann würden auch sie die einseitige Argumentationsführung verlassen und ein breiteres Aktionsfeld in der Umweltpolitik gewinnen können, das allgemein mit der Durchsetzung verteilungspolitischer constraints im heute noch durch isolierte allokationspolitische Vorstellungen und Alternativen geprägten umweltpolitischen Entscheidungsprozeß umschrieben werden kann.[52] Eine solche Reorientierung in der Umweltpolitik auf ihre Rolle und Funktion im Verteilungskonflikt ist auch deshalb unbedingt notwendig, weil eine nachträgliche Korrektur solchermaßen „schleichender" Verteilungsverschlechterung aufgrund verursacherprinzipgerechter Umweltpolitik infolge zunehmender staatlicher Ressourcenknappheit zum Zwecke der Redistribution in Zukunft kaum noch erwartet werden kann.[53] Daß eine solche Politik in stärkerem Maße als bisher zu instrumentellen Mischformen zwischen Verursacherprinzip und Gemeinlastprinzip führen muß, liegt auf der Hand; daß eine solche instrumentelle Reorientierung in der Praxis die zurückhaltende Position der Aktoren gegenüber der Umweltpolitik auflockern muß, ist ebenso offensichtlich für die Unternehmen und die Gewerkschaften – für die Gemeinden gilt das allerdings nur, wenn sie entsprechend von höheren föderalen Ebenen alimentiert werden.

Die Kommunen als letzter Aktor in dieser Reihe sollten in diesem Kontext ihre Anstrengungen auf die Realisierung einer langfristig angelegten Regional- und Strukturpolitik legen, generell eine höhere Umverteilungskapazität des Staates unterstützen oder von dieser Seite her versuchen, die Abhängigkeit von der Gewerbesteuer zu überwinden, abgesehen von der notwendigen Durchsetzung zentralstaatlicher Normen, die eine kommunale Konkurrenz um Industrieansiedlungen zu Lasten von Umweltschutzinteressen verhindern können. Ergänzt werden sollte eine solche Strategie durch den Übergang von „zentralistischen" zu echten „kommunalen" Wachstumsformeln – d.h. lokalen Projekten für örtliche Produzenten und Konsumenten.

28. Daß solche Reorientierungen der Strategien von den betrachteten Aktoren nicht einfach zu realisieren sein werden, liegt auf der Hand; daß die Gewerkschaften und damit das Arbeitnehmerinteresse in besonderem Maße berührt sein werden, ist ebenso offensichtlich. Wenn aber Umweltpolitik in stärkerem Maße als bisher als eine in die allgemeine Gesellschaftspolitik eingebettete Politik gesehen wird, die dementsprechend als eine an sozialen Grundsätzen orientierte Politik formuliert werden sollte, dann muß sie in Verfolgung und Durchsetzung generell definierten Politikanforderungen gehorchen, die gleich-

zeitig den Erfolgsbedingungen einer in Formulierung und Vollzug verbesserten Umweltpolitik entsprechen, und zwar insbesondere dann, wenn das interessenharmonisierende Potential der Umweltpolitik in Gestalt des neuen Sektors der Umweltschutzindustrie nicht in ausreichendem Maße den Vollzug der Umweltpolitik im Dreiklang von Unternehmen, Arbeitnehmerschaft und Gemeinden unterstützt:

— Umweltpolitik kann nicht ohne Berücksichtigung anderer volkswirtschaftlicher und gesellschaftspolitischer Ziele durchgesetzt werden, sondern muß in übergreifende und langfristige Planungsprozesse integriert werden; daraus folgt, daß raumbedeutsame und sektorale Planungen als Schlüsselprobleme zukunftsorientierter Umweltplanung — ausreichend legitimiert durch die Teilnahme der Gewerkschaften, der Unternehmen und der Gemeinden als lokalen Aktoren in politischen Entscheidungsprozessen — formuliert und implementiert werden, d.h. effektiv in verbindliche Investitionsentscheidungen und -programme des Staates und der Privaten umgesetzt werden, was zweifellos die zusätzliche Qualität eines „starken" Zentralstaates erfordert.

— Diese Forderung nach stärkerer gesellschaftlicher Planung und Kontrolle ist in besonderem Maße berechtigt, wenn die Umweltpolitik und die über die tatsächliche Belastung „täuschende" Formel des Verursacherprinzips sich auf die Belastung der Konsumenten und damit vorrangig der Arbeitnehmer reduziert — die Forderung nach stärkerer Berücksichtigung gesellschafts- und verteilungspolitischer Aspekte im Umweltschutz und damit die Durchsetzung des sozialen Aspekts impliziert zum ersten eine intensivere Diskussion über die Möglichkeit und die Effektivität des Instrumente des Gemeinlastprinzips, zum zweiten auch zumindest die Aufrechterhaltung der Diskutierfähigkeit von Preiskontrollen und Methoden der sektoralen und regionalen Investitionslenkung zur Verhinderung einseitiger Belastungen der Arbeitnehmer durch die Umweltpolitik, wobei es auf der Hand liegt, daß isolierte Lösungen letzteren Typs für den Umweltschutz allein außer Betracht stehen.

— Ein positiver Ansatzpunkt der Institutionalisierung eines solchen Modells ist in den nunmehr offiziellen Bemühungen der Sozialdemokratischen Partei Deutschlands, wie sie im Antrag des SPD-Parteivorstands zum 1977er Hamburger Parteitag dokumentiert sind, um die überbetriebliche Mitbestimmung in Form von „Strukturräten" zu sehen. Diese Strukturräte sollen nicht als unverbindliches Diskussionsgremium der Sozialpartner fungieren, sondern konkrete Empfehlungsrechte erhalten, mit denen die vorparlamentarische Entscheidungsfindung in neuralgischen Politiksektoren wie der Standortvorsorgepolitik, der Wirtschafts- und Strukturpolitik, wo notwendigerweise die Umweltpolitik einbezogen werden muß, partizipativ vorgeformt werden soll; daß ein solches Modell ordnungspolitische Probleme aufwerfen kann, liegt auf der Hand, daß aber andererseits nur so langfristige Politiken wie die Umweltpolitik nachhaltig formuliert und durchgesetzt werden können, deren Realisierung über den mehr kurz- bis mittelfristigen parlamentarischen Wahlakt doch in Zweifel gezogen werden muß, scheint offenkundig.

Dies alles setzt voraus, daß die Gewichtigkeit der Umweltschutzaufgabe innerhalb des gesamten wirtschafts- und gesellschaftspolitischen

Zielspektrums, die denkbaren Ziel- und Instrumentalalternativen der Umweltpolitik selbst und die jeweils zu erwartenden ökonomischen und sozialen Wirkungen in stärkerem Maße als bisher zum Objekt öffentlicher und demokratischer Auseinandersetzung aller betroffenen gesellschaftlichen Gruppen werden, um somit die Umweltpolitik zumindest ansatzweise vom Odium gesellschaftlich nicht ausreichend legitimierter expertokratischer und technokratischer Willens- und Entscheidungsfindung zu lösen. Ob die hier ausgeführten Vorschläge und Strategie-Entwürfe zu einer friktionslosen Verwirklichung der Umweltpolitik führen können, steht in Frage; daß aber in einem solchen Kontext gesellschaftspolitisch eingebetteter Umweltpolitik alle analysierten Aktoren ihre Positionen trotz der erörterten Schwierigkeiten offensiver definieren und sich aus dem Immobilismus der Kosten-, Arbeitsplatz- und Wachstumsargumente auf Unternehmens-, Gewerkschafts- und Kommunalseite zum Nutzen der Stabilität des wirtschaftlichen Systems, zum Nutzen der vertretenen Arbeitnehmerschaft, der von Umweltbelastungen oder Umweltängsten betroffenen Bürger und nicht zuletzt der gesellschaftlichen Akzeptanz der eigenen Organisationen und Institutionen zumindest leichter lösen können, erscheint in hohem Maße plausibel.

Anmerkungen

1 Siehe dazu die Ausführungen zum „Umweltbewußtsein" beispielsweise im: Umweltbericht 76. Fortschreibung des Umweltprogramms der Bundesregierung vom 14. Juli 1976. Mit einer Einführung von Werner Maihofer, Stuttgart u.a. 1976, S. 36 ff
2 Allgemein zu den Restriktionen der Politik siehe: V. Ronge und G. Schmieg, Restriktionen politischer Planung, Frankfurt 1973; zu den „internen" Restriktionen siehe u.a. J. Denso, D. Ewringmann, K.H. Hansmeyer, R. Koch, H. König und H. Siedentopf, Verwaltungseffizienz und Motivation, Schriftenreihe der Kommission für wirtschaftlichen und sozialen Wandel, Bd. 115, Göttingen 1976
3 Siehe dazu D. Ewringmann, Die Flexibilität öffentlicher Ausgaben, Schriftenreihe der Kommission für wirtschaftlichen und sozialen Wandel, Bd. 81, Göttingen 1975 und die dort angegebene Literatur
4 Dazu aus analytischer Sicht K. Zimmermann, Die Last des Umweltschutzes. Überlegungen zum Konzept der „volkswirtschaftlichen Kosten" des Sachverständigenrats für Umweltfragen, in Kyklos, Bd. 27, 1974, S. 840 ff
5 Zu diesem Komplex existiert eine hervorragende theoretische Untersuchung von E. Knappe, Möglichkeiten und Grenzen dezentraler Umweltschutzpolitik. Bekämpfung externer Nachteile durch Verhandlungen, Berlin 1974
6 W. Meissner, E. Hödl, Positive ökonomische Aspekte des Umweltschutzes, Gutachten im Auftrag des Umweltbundesamts, Juli 1976, S. 2

7 Ebenda, S. 144 ff
8 Siehe dazu in einer Übersicht: K. Zimmermann, Umweltpolitik und Verteilung — sozioökonomische Hintergründe einer „modernen" Verteilungsfrage, in: Hamburger Jahrbuch für Wirtschafts- und Gesellschaftspolitik, Jg. 22, 1977, S. 93 ff
9 Vgl. J. Jarre, Die verteilungspolitische Bedeutung von Umweltschäden, Göttigen 1977
10 D. Ewringmann, K. Zimmermann, Kommunale Wirtschaftsförderung und Umweltschutz, in: Archiv für Kommunalwissenschaften, Jg. 12, 1973, S. 282 ff
11 Siehe dazu die Ausführungen zur „Problematik der Zielfindung" in: Der Rat von Sachverständigen für Umweltfragen, Umweltgutachten 1974, Stuttgart/Mainz 1974, Tz. 26 ff, S. 7 ff
12 Die folgenden Ausführungen beziehen sich nur auf kapitalistische Wirtschaftssysteme; zum Systemvergleich in Bezug auf den Umweltschutz siehe: G. Kade, Durch das Profitmotiv in die Katastrophe, in: Wirtschaftswoche v. 1.10.71, oder K.H. Hansmeyer, B. Rürup, Umweltgefährdung und Gesellschaftssystem, in: Wirtschaftspolitische Chronik, H. 2, S. 7 ff oder insbesondere in Bezug auf osteuropäische Staaten: M. Jänicke, Umweltpolitik in Osteuropa. Über ungenutzte Möglichkeiten eines Systems, Projekt: Politik und Ökologie der entwickelten Industriegesellschaft, Freie Universität Berlin, Fachbereich Politische Wissenschaften, Forschungsbericht Nr. 9/77, Berlin 1977
13 Siehe in diesem Zusammenhang die Ausführungen von P. Walser, Volkswirtschaftliche Gesamtrechnung — Revision und Erweiterung, Kommission für wirtschaftlichen und sozialen Wandel, Bd. 63, Göttingen, 1975, insbes. S. 77 ff
14 Vgl. J. Kunze, Umweltschutz — Investitionen und Wirtschafswachstum, Beiträge zur Umweltgestaltung, A 28, Berlin 1975
15 Battelle-Institut, Frankfurt: Schätzung der monetären Aufwendungen für Umweltschutzmaßnahmen bis zum Jahre 1980, hrsg. v. Umweltbundesamt, Berichte 1/76, Berlin 1976, S. 77 ff und S. 96 ff
16 Zu Vergleichsdaten siehe: J. Gerau, Umweltschutzkosten im internationalen Vergleich. Eine Untersuchung der Trends in zehn Staaten der OECD, Freie Universität Berlin, Fachbereich Politische Wissenschaft, Projekt: Politik und Ökologie der entwickelten Industriegesellschaften, Forschungsbericht Nr. 13/1977
17 Die Vorstufe zur Verifizierung solcher Hypothesen ist natürlich in Sektoralstudien der Kostenfunktionen von Umweltschutzanlagen für einzelne Industrien zu sehen — für amerikanische Daten vgl. R.A. Leone, Environmental Control. The Impact on Industry, Lexington/Toronto/London 1976
18 Sonderauswertung des Battelle-Berichts für den Sachverständigenrat für Umweltfragen; Ergebnisse teilweise enthalten in: K.H. Hansmeyer, Die umweltpolitische Bedeutung kleiner und mittlerer Unternehmen, in: Ifo-Institut für Wirtschaftsforschung, Die gesamtwirtschaftliche Funktion kleiner und mittlerer Unternehmen, München 1975
19 Die Daten nach: Battelle-Institut, Frankfurt, Schätzung..., a.a.O., S. 82-86
20 K.H. Hansmeyer, Die umweltpolitische Bedeutung kleiner und mittlerer Unternehmen, a.a.O., S. 242

21 Vgl. dazu A. Ullmann, K. Zimmermann, Einige Hypothesen zu sektoralen und regionalen Wirkungen der Umweltschutzindustrie, in: Informationen zur Raumentwicklung, 1978; hierzu in einer ersten Analyse des amerikanischen Marktes: K. Chuan — K'ai Leung, J.A. Klein, The Environmental Control Industry. An Analysis of Conditions and Prospects for the Pollution Control Equipment Industry. Submitted to the Council on Environmental Quality, Washington 1975
22 z.B. H.M. Enzensberger, Zur Kritik der politischen Ökologie, in: Kursbuch 33, Berlin 1973, S. 13. Zu diesem Problembereich siehe auch M. Gellen, Das Entstehen eines ökologisch-industriellen Komplexes, in: M. Glagow (Hrsg.), Umweltgefährdung und Gesellschaftssystem, München 1972
23 vgl. Heuss, E. Allgemeine Markttheorie, Tübingen-Zürich 1965, S. 25 ff
24 Dazu: K.R. Kabelitz, A. Köhler, Abgaben als Instrument der Umweltschutzpolitik, Beiträge zur Wirtschafts- und Sozialpolitik des Instituts der deutschen Wirtschaft, Heft 43, Köln 1977
25 Eine kritische Analyse des Entstehungsprozesses findet sich bei K.H. Hansmeyer, Die Abwasserabgabe als Versuch einer Anwendung des Verursacherprinzips, in Ö. Issing (Hrsg.): Ökonomische Probleme der Umweltschutzpolitik, Schriften des Vereins für Socialpolitik, N.F. Bd. 91, S. 65; siehe auch den im gleichen Band enthaltenen Beitrag von G. Rincke, Die Abwasserabgabe als mögliches Optimalisierungsinstrument aus der Sicht der Wassergütewirtschaft, a.a.O., S. 99 ff
26 Siehe dazu V. Hoffmann, D. Ewringmann, Auswirkungen des Abwasserabgabengesetzes auf die Investitionsplanung und -abwicklung in Unternehmen, Gemeinden und Abwässerverbänden, Gutachten im Auftrag des BMI, Bonn 1977, insbesondere S. 67 ff
27 Von den verschiedenen Tagungsbänden (Aufgabe Zukunft. Qualität des Lebens. Beiträge zur vierten internationalen Arbeitstagung der Industriegewerkschaft Metall für die Bundesrepublik Deutschland, 11. bis 14. April 1972 in Oberhausen, Frankfurt 1972) siehe insbesondere Band 1: Qualität des Lebens
28 Dazu z.B. U. Jaeggi, Macht und Herrschaft in der Bundesrepublik, Frankfurt 1969, S. 70
29 Vgl. zu einer empirischen Analyse der Zusammenhänge von Verteilung und Stabilisierung: B. Rahmann, Zu den Beziehungen zwischen Inflation, Arbeitslosenquote und Einkommensverteilung in der Bundesrepublik Deutschland 1960-1976, in: Kredit und Kapital, Heft 3, 1977, S. 360 ff

30 Eine breite und intensive Analyse dieser Strategie ist nachzulesen bei: K. Zimmermann, Aspekte des qualitativen Wachstums, in: Jahrbuch für Sozialwissenschaft, Bd. 27, S. 304 ff
31 Im einzelnen zu den verschiedenen Funktionen von Leerformeln: M. Schmid, Leerformeln und Ideologiekritik, Tübingen 1972
32 Dazu die Übersicht empirischer Studien bei P. Portney, The Distribution of Pollution Control Costs: A Literature Review and Research Agenda, prepared for the Panel on Sources and Control Techniques of the Environmental Research and Assessment Committee, National Academy of Sciences, Washington 1976

33 Siehe die zusammenfassende Diskussion dazu bei: K. Mackscheidt, Öffentliche Güter- und Ausgabeninzidenz, in: W. Dreißig (Hrsg.), Öffentliche Finanzwirtschaft und Verteilung, IV, Schriften des Vereins für Socialpolitik N.F., Bd. 75/IV, Berlin 1976, S. 56 ff
34 Umweltprogramm des DGB, hrsg. v. DGB-Bundesvorstand, Düsseldorf 1974
35 ebenda, S. 59 ff
36 ebenda, S. 60
37 ebenda, S. 61
38 ebenda, S. 46 f
39 Siehe dazu und zum folgenden: D. Ewringmann, K. Zimmermann, Kommunale Wirtschafsförderung und Umweltschutz, a.a.O., insbesondere S. 285 ff
40 Siehe dazu K. Zimmermann, Zur Imageplanung von Städten, Köln 1975, S. 143; vgl. auch F. Wagener, Ziele der Stadtentwicklungsplanung nach Plänen der Länder, Göttigen 1971
41 Dazu siehe K. Zimmermann, Wirtschaftsförderung als Aufgabe kommunalen Marketings, in: Kommunalwirtschaft, H. 11, 1976 S. 341 ff
42 D. Fürst, K. Zimmermann und K.H. Hansmeyer, Standortwahl industrieller Unternehmer, hrsg. v. Gesellschaft für Regionale Strukturentwicklung, Bonn 1973, insbesondere S. 112
43 Vgl. dazu im einzelnen die empirischen Ergebnisse bei: R. Mayntz, H.-U. Derlien, E. Bohne, B. Hesse, J. Hucke, A. Müller, Vollzugsprobleme der Umweltpolitik. Empirische Untersuchung der Implementation von Gesetzen im Bereich der Luftreinhaltung und des Gewässerschutzes, Gutachten im Auftrag des Rates von Sachverständigen für Umweltfragen, Köln 1977
44 Siehe dazu J.J. Hesse, Stadtentwicklungsplanung: Zielfindungsprozesse und Zielvorstellungen, Stuttgart u.a. 1972
45 Zu diesem Problembereich siehe insbesondere M.A. Crenson, The Un-Politics of Air Pollution. A Study of Non-Decisionmaking in the Cities, Baltimore-London 1971
46 Die empirischen Ergebnisse aus dem Wasserbereich sind in dem vorgenannten Gutachten von V. Hoffmann, D. Ewringmann, a.a.O. enthalten
47 Dazu: Umweltgutachten 1974, a.a.O., Tz. 657, S. 179 ff
48 Siehe W. Meissner, E. Hödl, Positive ökonomische Aspekte des Umweltschutzes, a.a.O., S. 105
49 Die Daten beruhen auf: K.H. Hansmeyer, Umweltpolitik und Bauwirtschaft, Vortrag Ifo-Institut, München 1977
50 Beschäftigungswirkungen von Umweltschutzmaßnahmen in ausgewählten Sektoren der Wirtschaft, Gutachten im Rahmen des Umweltforschungsplans des BMI, Battelle-Institut, Frankfurt Oktober 1977
51 Siehe dazu: G. Rincke, L. Göttsching, H. Irmer, H.L. Dalpke, Einzel- und volkswirtschaftliche Auswirkungen des geplanten Abwasserabgabengesetzes auf die Papier- und Zellstoffindustrie, Gutachten für das Bundesministerium des Innern, Mai 1975
52 Im einzelnen: K. Zimmermann, Umweltpolitik und Verteilung, a.a.O.
53 Dazu in genereller Diskussion: V. Ronge, G. Schmieg, Restriktionen politischer Planung, a.a.O., S. 156 ff sowie im speziellen: K. Zimmermann, Die Last des Umweltschutzes, a.a.O.

Konjunktur und Umweltpolitik

Erich Hödl

I

Mit dem weltweiten Konjunktureinbruch hat die Umweltdiskussion einen neuen Akzent erhalten. Zu Beginn der theoretischen und politischen Beschäftigung mit der Umweltzerstörung befand man sich in einer Prosperitätsphase, in der die Handlungsautonomie des Staates zu hoch eingeschätzt wurde. Der Konjunkturrückgang hat die Möglichkeiten des Staatseingriffes nicht zuletzt deshalb deutlicher gemacht, weil die Durchsetzung der konkreten umweltpolitischen Maßnahmen im wesentlichen erst nach dem Abschwung eingeleitet werden konnte. Trotz der bisher erzielten teilweisen Erfolge ist die Umweltpolitik nicht nur weit von den Zielsetzungen in den Umweltprogrammen entfernt, sondern es ist zunächst auch der umweltpolitische Optimismus geschwunden.

Die Verlangsamung der Umweltpolitik läßt sich aus den zyklischen Veränderungen des staatlichen Handlungsspielraumes erklären. Sie verweist aber auch auf das grundlegende Verhältnis zwischen Staat und Privatwirtschaft, das sich nicht nur bei den kostenintensiven Reformbemühungen zeigt. Bezüglich der Umweltpolitik bleibt der Staat gegenüber der Öffentlichkeit und der Wirtschaft in der Depressionsphase in einem verstärkten Zugzwang, weil neben der Umweltqualität auch die Produktionsbedingungen zu sichern sind. Die konjunkturell bedingten Schwierigkeiten bei der Durchsetzung der Umweltpolitik einerseits und der ökonomische und politische Druck andererseits veranlassen den Staat zu einer Art Vorwärtsstrategie, bei der er aufgrund der Haushaltslage umso mehr auf die Unternehmen zählen muß. Der neue Akzent in der Umweltdiskussion besteht daher im Nachweis, daß eine effektive Umweltpolitik nicht nur ökologische Verbesserungen bringt, sondern auch monetär-ökonomische Vorteile für die Privatwirtschaft und damit für die Konjunkturlage.[1] Die konjunkturpolitische Wendung der Umweltpolitik und die Integration in die allgemeine Wirtschaftspolitik verschieben das analytische Interesse stärker zu den ökonomischen Fragestellungen. Unter den veränderten Bedingungen geht es weniger als in der Vergangenheit um die Analyse der Umweltpolitik aus der Sicht des Staates, sondern um den möglichen Beitrag der Privatwirtschaft zur Umweltverbesserung. Dabei zeigt sich, daß trotz der Benachteiligung einzelner Branchen von der Umweltpolitik ein gesamtwirtschaftlich günstiger Effekt ausgeht und sie — wenngleich nicht umstandslos — konjunkturpolitisch nutzbar ist.

II

Der Versuch, die Umweltsanierung konjunkturell einzuordnen und die positiven ökonomischen Auswirkungen zu betonen, entspricht der Krise der Wirtschaftspolitik. Da der Staat den Wirtschaftsprozeß nicht mehr mit den traditionellen Mitteln steuern kann, geht er zu einer konjunkturpolitischen Instrumentalisierung gesellschaftspolitischer Aufgaben[2] über. Für die Umweltpolitik läßt sich nachweisen, daß die konjunkturpolitisch und ökologisch kombinierte Strategie den Handlungsspielraum der staatlichen Wirtschaftspolitik erhöht, wenngleich — selbst bei einer weitgehenden Gesetzgebung — von diesen Maßnahmen allein keine entscheidende Konjunkturbelebung erwartet werden kann. Der gesamtwirtschaftlich begrenzte Umfang der Umweltaufwendungen und die begleitenden negativen Konjunktureffekte geben der Umweltpolitik den Charakter einer flankierenden Maßnahme der Wirtschaftspolitik, die ohne eine allgemeine Neuorientierung in der Krise bleiben wird.

Die theoretische Unterstützung einer Eingliederung der Umweltpolitik in die Wirtschaftspolitik ist bis vor kurzem von der Prosperitätsphase verhindert worden. Die umwelttheoretische Diskussion hat darauf vertraut, daß die Umweltaufwendungen im stabil angenommenen Konjunkturverlauf als zusätzliche unterzubringen seien. Der Staat wurde auf dem Hintergrund des öffentlichen Umweltbewußtseins als einflußreich genug eingeschätzt, die den Unternehmen zurechenbaren Umweltaufwendungen im Niveau und in der Struktur durchzusetzen, sowie die eigenen Umweltaufwendungen auf allen Verwaltungsebenen zu finanzieren. Bis zum kurzfristig eingetretenen Konjunktureinbruch schien die Konzeption tragfähig. Sie wurde zu einem wichtigen Teil von der allgemeinen Gesellschaftskritik — die selbst teilweise von der ökonomischen Prosperität getragen wurde — und den sozio-politischen Umweltanalysen unterstützt. Die umweltpolitische Koalition zwischen der Öffentlichkeit und der staatlichen Verwaltung ist aber nach dem Konjunkturrückgang von beiden Seiten weitgehend verlassen worden, weil die Beschäftigung und die Einkommen zurückgingen und der Staat in der Umweltpolitik nur eine weitere Belastung der privatwirtschaftlichen Ertragslage und des damit verbundenen wirtschaftspolitischen Spielraumes sah. Die möglichen Verbindungen zwischen der Umweltpolitik und der Wirtschaftspolitik wurden kaum untersucht und die statischen Zielkonflikte[3] zwischen Umweltpolitik und Wirtschaftspolitik stärker herausgestellt als sie sich bei einer Prozeßanalyse ergeben. Die im gewissen Sinne aufgebaute Polarität von umweltpolitischen Maßnahmen und Wirtschaftsprozeß ist durch die Entwicklung von sozialen Umweltindikatoren[4] verstärkt worden, weil es sich hierbei in der Hauptsache um Zustandsbeschreibungen handelt, innerhalb derer vor allem die negativen Aspekte betont werden.

Die Kosten-Nutzen-Analysen[5] gehen einen Schritt weiter, wägen aber nur die Vor- und Nachteile von Maßnahmen aus gesellschaftlicher Sicht ab, die in der Regel die Abweichungen von sozialen und privatwirtschaftlichen Zielsetzungen deutlich machen. Darüber hinaus fehlt bei den Sozialindikatoren und in den Kosten-Nutzen-Analysen der explizite institutionelle Bezug zu den Handlungssubjekten, die die Erfüllung der angestrebten Ziele garantieren können. Beide Konzepte sind im wesentlichen auf die staatlichen Aktivitäten abgestimmt und basieren daher auf der Annahme einer Handlungsfähigkeit der Administration, die konjunkturell zurückgegangen ist und die Konturen der ökonomischen Beschränkungen erscheinen läßt.

Die Analyse der ökonomischen Aspekte der Umweltproblematik ist insbesondere vor dem Konjunktureinbruch von der neoklassischen Theorie beherrscht worden. Da es sich hier um ein fertiges Lehrgebäude handelt, das durchweg auf die Analyse von konkreten ökonomischen Problemen verzichtet und ihre theoretisch deduzierten Ergebnisse als normativ-politische Vorschläge in die Diskussion bringt, bleiben institutionelle Fragen und Durchsetzungsprobleme beim Staat und in der Privatwirtschaft ausgeklammert. Die Analyse des staatlichen Handlungsspielraumes wird durch die „Annahme" von Umweltstandards umgangen. Die lästige Frage der privatwirtschaftlichen Bedingtheit einer Umweltgesetzgebung ist dadurch eliminiert, so daß man sich gänzlich auf die Analyse des staatsfrei dargestellten Wirtschaftsprozesses beschränken kann. Die Konzentration auf die Privatwirtschaft würde der Bedeutung der Ökonomie in der Umweltpolitik entsprechen, wenn dabei nicht das Bild der freien Konkurrenz und des Marktes dominieren würde. Die Lösung der Umweltproblematik wird in der Bepreisung eines neuen Gutes Umwelt nach dem Grenznutzen gesehen, das sich in das übrige Güterbündel einfügt und zur Optimalität des Wirtschaftsprozesses unter Einschluß der Knappheiten der Natur führt.[6] Ausgeklammert bleibt hier nicht nur, daß die Umweltpolitik die einzelnen Branchen unterschiedlich trifft, die Unternehmen unterschiedlich groß und marktstark sind und es kein ausgewogenes Verhältnis zwischen Unternehmen und Konsumenten gibt, sondern auch, daß die angenommene Selbstregulierung von der Konjunkturlage abhängig ist. Diese Version der ökonomischen Analyse der Umweltprobleme mußte daher nach dem Konjunktureinbruch an Relevanz verlieren.

Solange die der Neoklassik nahestehende monetaristische Konjunkturpolitik keinen Aufschwung erwirken kann, ist nicht zu erwarten, daß die Umweltpolitik auch nur ansatzweise durch den Wettbewerb ausgeführt wird. Die Erhöhung der Geldmenge und die Senkung der Kreditkosten sind in erster Linie nur ein Angebot für die Investoren, dessen Ausnutzung von den Gewinnerwartungen abhängt, die von der oligopolistischen Struktur beeinflußt sind. Daher bleibt unbekannt, ob die Umweltaufwendungen vorgenommen werden und noch mehr, welche konjunkturellen Wirkungen sich mit der Umweltpolitik innerhalb der einzelnen Branchen der Privatwirtschaft ergeben. Aufgrund des Fehlens einer strukturpolitischen Komponente in der gegenwärtigen Konjunkturpolitik ist diese selbst ein Hindernis für die gezielte konjunkturelle Einordnung der Umweltpolitik. Dieser Mangel läßt sich nicht mit der Forderung nach einer Umverteilung zu den Gewinnen beheben,[7] die nicht nur eine entscheidende Störung der gesamten mittelfristigen Konjunkturbewegungen, sondern auch eine Lösung der Umweltprobleme auf Kosten der potentiellen Lohneinkommen bedeuten würde.

Ein Zugang zur Ermittlung der konjunkturellen Auswirkungen der Umweltpolitik läßt sich am ehesten von der staatlichen umweltpolitischen Konzeption her erreichen. Danach wurde von den ökologischen Problemen ausgehend nach naturwissenschaftlichen Belastungsstandards gesucht, die in Gesetzen festzuschreiben sind. Auf der Grundlage des Verursacherprinzips wird von den Unternehmen eine Internalisierung der Umweltkosten der Produktion oder eine entsprechende Entrichtung von Abgaben gefordert. Der Beitrag der Konsumenten zum Umweltschutz ist entweder durch Abgaben/Gebühren oder durch Preiserhöhungen zu leisten, die den weniger verursachten Umweltschäden beim Konsum entsprechen. Unter dem Gemeinlastprinzip fällt der öffentlichen Hand die Aufgabe zu, die umweltpolitisch bedingten Einnahmen zweckgebunden aufzuwenden. Zur Einschätzung der Durchsetzungsprobleme wurden über Befragungen die erforderlichen Umweltaufwendungen ermittelt, die auf mittlere Frist einen staatlichen Anteil von 37% ergaben.[8] Im öffentlichen Bereich haben vor allem die Kommunen Aufwendungen zu leisten. Innerhalb der Privatwirtschaft ist der Großteil von wenigen Branchen zu tragen, die absolut und relativ zum Umsatz überdurchschnittlich belastet werden. Die Kenntnis der Kostengrößen hat nun dazu geführt, sie insbesondere als zusätzliche Belastungen der Ertragslage der Privatwirtschaft zu interpretieren. Nach dem konjunkturellen Rückgang der Gewinne schien eine weitere Ertragsschmälerung nicht zumutbar, weil weder ein ausreichendes Wachstum noch eine wesentliche Kostenwälzungschance zu erwarten war.

Die Verlangsamung der Umweltpolitik ist jedoch auch unter dem Gesichtspunkt der aktuellen Gewinnlage nicht in dem Maße begründet, wie durch die Umweltaufwendungen ausgewiesen wird. Aufgrund der Orientierung der Kostenschätzungen an den Belastungsstandards als einer Negativabgrenzung werden die positiven Nachfrageeffekte nicht berücksichtigt. Die umweltpolitische Konzeption basierte von Beginn an auf einer technologischen Reorientierung, mit der nicht nur die gesellschaftspolitische Kritik des Gewinnmotivs abgedrängt wurde, sondern auch neue Produktionschancen entstehen sollten. Die Kosten der Umweltpolitik bedeuten daher in hohem Maße auch eine Nachfragebelebung, die zum Teil auch die umweltpolitisch betroffenen Branchen begünstigt. Aufgrund des umfänglichen Anteils von öffentlichen Umweltinvestitionen erhöht sich die Nachfrage in der Privatwirtschaft zusätzlich, so daß insgesamt ein konjunktureller Impuls von der Umweltpolitik ausgeht. Die konjunkturpolitische Wendung der Umweltpolitik bringt wie jede Politik selbstverständlich nicht nur ökonomische Vorteile, doch ergibt sich ein gesamtwirtschaftlich positiver Konjunktureffekt, der mit den ökologischen Zielsetzungen in vielen Bereichen gleichläuft. Die Probleme der allgemeinen Wirtschaftspolitik werden dadurch nur im geringen Umfang gemildert.

III

Bei der Analyse der Nachfrageeffekte ergeben sich die kreislauftheoretischen Veränderungen und damit die tatsächlichen finanziellen

Belastungen der Privatwirtschaft. Aufgrund der technologischen Veränderungen des Produktions- und Konsumtionsprozesses, d.h. der „Produktion" einer verbesserten Umwelt, entsteht die Komponente der zusätzlichen Nachfrage durch die Investitionsaufwendungen. Diese Kosten sind eine Gewinnchance der Umweltindustrie, die sich in Form neuer Unternehmen und innerhalb der bestehenden Branchen u.a. wegen des technologischen know-how auch in den umweltpolitisch betroffenen Unternehmen etabliert.[9] Da bei einer wirksamen Umweltgesetzgebung aufgrund der begrenzt vorhandenen Investitionsmittel eine teilweise Substitution von ökonomischen Investitionen durch Umweltinvestitionen vorgenommen wird,[10] sind die zusätzlichen primären Nachfrageeffekte durch die Umweltpolitik geringer als die Kosten der Umweltinvestitionen. Die Nettogröße bewirkt jedoch bei den Herstellern der Umweltausrüstungen eine weitere Nachfrage nach den konjunkturell wichtigen Investitionsgütern, deren Produktion die Nachfrage bei den Vorlieferanten erhöht. Die Steigerung der Investitionsgüterproduktion erhöht das Einkommen und bei gleichbleibenden Bedingungen die Konsumgüternachfrage. Die Investitionen im Konsumgüterbereich setzen sich im Zeitablauf ebenso als Nachfrage in die vorgelagerten Produktionsstufen fort. Da sich in den einzelnen Produktionsstufen auch die umweltpolitisch betroffenen Branchen befinden, wird deren umweltpolitische Kostenbelastung durch die Gewinne aus den zusätzlichen Lieferungen reduziert.

Der Umfang der nachfragebedingten Kostenentlastung darf jedoch nicht überschätzt werden. Aufgrund der Struktur der Umweltinvestitionen werden die betroffenen Branchen unterschiedlich entlastet werden. Daneben werden sich je nach Unternehmensgröße, Marktlage und Finanzierungsmöglichkeit Engpässe ergeben, die zum Teil zu Schließungen führen.[11] Hinzu kommt, daß die interindustriellen Vorlieferungen sich dort in Grenzen halten, wo in den bestehenden Unternehmen der Investitions- und Konsumgüterindustrie konjunkturell freie Kapazitäten vorhanden sind. Dies ist jedoch infolge des Fixkostenabbaues ein einzel- und gesamtwirtschaftlich günstiger Effekt. Von den neuen Unternehmen der Umweltindustrie geht nicht nur die stärkste Nachfrageerhöhung nach Investitionsgütern aus, sondern sie werden auch relativ hohe Gewinne erzielen. Gesamtwirtschaftlich gesehen geht von der Umweltpolitik auch bei den genannten Einschränkungen eine positive Wirkung aus. Sie wird durch den umfänglichen Anteil der staatlichen Umweltinvestitionen wesentlich verstärkt.[12]

Der Staat übernimmt mehr als die Hälfte aller Umweltinvestitionen und fördert die Unterbringung der privaten Umweltaufwendungen durch die gewinnbringenden öffentlichen Aufträge. Die Folgeaufträge setzen sich nach dem genannten Muster innerhalb der Privatwirtschaft multiplikativ fort. Während bei der öffentlichen Hand keine Gewinne entstehen, wird das Gewinnniveau in der Privatwirtschaft im Durchschnitt angehoben. Die bisher vorliegenden Kostenschätzungen entsprechen daher nicht der Verteilung der tatsächlichen Kosten der Umweltpolitik beim Staat und in der Privatwirtschaft, denn bei gleichbleibenden öffentlichen Umweltaufwendungen vermindern sich die privaten Aufwendungen um die realisierten Gewinne. Da die Umweltpolitik mittelfristig angelegt ist, sind die Gewinne aus der Akzelerator- und Multiplikatorwirkung zum Teil bereits nach einer kürzeren Anlaufphase verfügbar.

Die Nachfrageeffekte der privaten und öffentlichen Umweltinvestitionen zeigen die wichtigsten Expansionswirkungen der gesamten Umweltaufwendungen. Die Betriebsausgaben haben einen geringeren makroökonomischen Selbstfinanzierungseffekt, weil sie sich im wesentlichen aus Zinsen, Personalkosten, Instandhaltungen und Verbrauchsmaterialien zusammensetzen. Die Zinsen sind Kosten und Einkommen, die von den Kapitaleigentümern und Investoren nur im Rahmen der konjunkturellen Lage der Produktion zugeführt werden. Die Instandhaltungen und Verbrauchsmaterialien bewirken als Nachfrage zum Teil eine gewinnbringende Expansion bei den Lieferanten und Vorlieferanten. Die Personalkosten beim Betrieb von Umweltschutzanlagen verstärken die Konsumgüternachfrage, die sich aus dem Einkommensmultiplikator ergibt. Die privatwirtschaftlichen Betriebsausgaben sind aufgrund der Größenordnung und der geringen positiven Gewinnwirkungen das wichtigste Kostenelement, wenngleich die Instandhaltungsarbeiten erst nach Beginn der kritischen Anlaufphase[13] sukzessive entstehen. Die zumeist vorhandene Koppelung von Investitionen und Betriebsausgaben ist daher das wesentliche Hindernis für die privaten Umweltinvestitionen.

Wenn allerdings das Verursacherprinzip ernst genommen wird, sind die privaten Umweltaufwendungen auch dann zu übernehmen, wenn die Gewinne tangiert werden. Die Aufwandschätzungen sind von der Frage ausgegangen, welche Kosten bei einer Einhaltung der Umweltstandards in der Produktion auf die Unternehmen zukommen. Diese Kosten können nicht nur in dem Maße übernommen werden, wie sie auf die Produktpreise abwälzbar sind, denn damit würde die Umweltsanierung, wenn nicht eine ausschließliche Gewinnchance, so doch eine Gewinnneutralität bedeuten. Die Übernahme von hohen Umweltinvestitionen durch den Staat ist bereits eine deutliche Stütze bei der Finanzierung der privaten Aufwendungen, die nur eine geringe Anzahl von Unternehmen in Ertragsschwierigkeiten bringen, dafür aber nicht nur die Umweltindustrie, sondern auch andere Branchen begünstigen. Die konjunkturpolitische Ausnutzung der gesellschaftspolitischen Aufgabe Umweltpolitik hat zwangsläufig eine strukturelle Komponente, deren Nachteile in einem Übergangsprozeß zu einer ökologischen und ökonomischen Reallokation und einer erhöhten Leistungsfähigkeit führen.[14]

IV

Die Auswirkungen einer wirksamen Umweltpolitik stehen mit dem konjunkturellen Auslastungsgrad der Kapazitäten und der hohen Arbeitslosigkeit in enger Verbindung. Die mangelnde Investitionsneigung der Unternehmen hat gemeinsam mit dem Ausfall der Exportnachfrage zu einer Unterauslastung in der Investitionsgüterindustrie geführt, die infolge einer sinkenden Konsumneigung und einer Reduktion der Lohneinkommen auf die Konsumgüterindustrie zurückwirkt. Der Ausfall der in- und ausländischen Nachfrage hat die Verringerung der binnenwirtschaftlichen Investitionen aber nicht verursacht, sondern nur wesentlich verstärkt. Die Kapitalbildung seit 1967 war vor dem Ausfall der ausländischen Nachfrage bereits so hoch, daß bei den Verteilungs- und Wachstumsbedingungen keine hinreichend hohen und rentablen Investitionen möglich waren.[15] Nachdem zu Beginn der Depression die Arbeitskräfte freigesetzt waren, blieb eine hohe Fixkostenbelastung durch den umfänglichen, nicht ausgelasteten Anlagenbestand. Da eine Kostenwälzung durch die verringerte Nachfrage und die Antiinflationspolitik verhindert wurde, reduzierten die gestiegenen Kapitalstückkosten die Gewinne. Zur Verbesserung der Ertragslage und der Wettbewerbsfähigkeit sowie zur Entlastung von den gestiegenen Lohnstückkosten setzte eine Rationalisierung ein, die beim gegenwärtigen geringen Wachstum keine entsprechende Eingliederung von Arbeitskräften ermöglicht. Da aufgrund der Unterauslastung der Kapazitäten die Erweiterungsinvestitionen gering bleiben und die Rationalisierungen aus Finanzierungs-, Rentabilitäts- oder technologischen Gründen nicht überall möglich sind, bleiben bei der weltwirtschaftlich gesunkenen Nachfrage in zahlreichen Branchen der Investitionsgüterindustrie freie Kapazitäten. Eine Ausweitung des

Konsums, die bei den zum Teil freien Kapazitäten in der Konsumgüterindustrie bis zu den Branchen der Investitionsgüterindustrie durchdringt, ist bei dem begrenzten Lohnvolumen selbst bei einer steigenden Konsumneigung schwer möglich. Der Staat kann unter diesen Umständen keinen Aufschwung steuern, sondern er muß sich auf Teilerfolge beschränken.[16] Die Ansatzpunkte sind dabei die Auslastung der Kapazitäten und die Erhöhung der Beschäftigung. Beide Probleme werden durch die umweltpolitischen Maßnahmen gesamtwirtschaftlich gesehen verringert.

Aufgrund der Multiplikatorwirkungen der öffentlichen und privaten Umweltinvestitionen erhöht sich die gesamtwirtschaftliche Nachfrage auf mittlere Frist um ein Mehrfaches der ursprünglichen Investitionskosten. Diese Nachfrage kommt neben den neuen Unternehmen der Umweltindustrie den Unternehmen, die eine Produktion von Umweltausrüstungen in das Produktionsprogramm aufgenommen haben, und den Vorlieferanten zugute. In den letzten beiden Unternehmensgruppen besteht die Chance, durch eine verbesserte Auslastung die fixen Kapitalstückkosten zu reduzieren und infolge des steigenden Umsatzes die Gewinne zu erhöhen. Da sich unter den Unternehmen mit dieser verbesserten Gewinnlage auch die umweltpolitisch betroffenen befinden, werden deren Kostenbelastungen entsprechend der Gewinnerhöhungen gesenkt.

Die umweltpolitisch betroffenen Unternehmen stellen aufgrund ihrer einzelwirtschaftlichen Ausrichtung und des Gewinnstrebens die absoluten Umweltkosten in den Mittelpunkt ihrer Argumentation. Daraus entsteht die Alternative einer Verwendung der vorhandenen Investitionsmittel für Umweltinvestitionen oder ökonomische Investitionen, die bei einer isolierten Unternehmersicht zugunsten der umsatz- und gewinnbringenden Anlage im unmittelbaren Produktionsprozeß entschieden werden müßte. Unter sonst gleichbleibenden Bedingungen vermindert sich durch die Umweltinvestitionen die individuelle Kapitalproduktivität. Mit der umweltpolitischen Betroffenheit in der aktuellen Konjunkturlage ist gemeint, daß der Gewinndruck zwar durch „öko-industrielle" Umsatzausweitungen und Fixkostenentlastungen reduziert wird, aber die Gewinne entsprechend der verbleibenden Internalisierungskosten dennoch sinken. Da dies nur einzel- aber nicht gesamtwirtschaftlich gilt, sprechen die ökonomischen und ökologischen Ziele für eine Durchsetzung der Umweltpolitik.

Obwohl die Gewinnerhöhungen in keinem Fall die Umweltaufwendungen abdecken und es ungewiß ist, inwieweit die stark betroffenen

Branchen und Unternehmen von den Nachfrageerhöhungen begünstigt werden, ist wirtschaftspolitisch eindeutiger als bisher zu entscheiden, ob die breiter gestreuten und multiplikativen Nachfrageerhöhungen mit der Fixkostenentlastung nicht höher zu bewerten sind, als die Ertragsschwierigkeiten weniger Unternehmen. Die Erfahrungen zeigen, daß durch die bisherige Umweltpolitik nur in Ausnahmefällen die Kostenbelastungen zu Betriebsschließungen führten und es sich dabei um technologisch veraltete Betriebe handelte.[17]

Selbst unter Einbeziehung von regional- und mittelstandspolitischen Überlegungen wird vieles für die zukunftsorientierte Ausrichtung der Produktionsstruktur sprechen. Die Ertragslage der Unternehmen ist zwar konjunkturell stark zurückgegangen, aber es scheint mit Ausnahme von kleineren Unternehmen ein Belastungsspielraum, nicht zuletzt aufgrund der Kostenentlastungen durch die laufenden Rationalisierungsmaßnahmen vorhanden zu sein. Unter dem Aspekt der längerfristigen binnen- und außenwirtschaftlichen Wettbewerbsfähigkeit ist die Durchsetzung einer wirksamen Umweltpolitik mit eventuell begleitenden Strukturhilfen in jedem Falle der übermäßigen Beachtung von Grenzbetrieben vorzuziehen.[18]

Die starke Aufwertung der Stellung der ertragsschwachen Unternehmen ist in der Wirtschaftspolitik, die sich bisher im Prinzip mehr auf die großen Unternehmen bezog, ziemlich neu und kann weniger als eine Umorientierung als eine allgemeine Abwehr der Umweltpolitik verstanden werden. Der Staat setzt beim Versuch einer konjunkturpolitischen Nutzung der Umweltmaßnahmen einen Akzent, der den ökologischen und ökonomischen Problemen nicht unbedingt angemessen ist. Bei einer Berücksichtigung der verbandsinternen Entscheidungsstrukturen ist leicht einsichtig, daß die Argumente zum Schutz der Grenzbetriebe mehr auf die Vermeidung von Umweltaufwendungen bei großen Unternehmen zielen, die — mit Ausnahme der Unternehmen, die sich in einer umweltpolitisch unabhängigen Strukturkrise befinden — auch in der Depression gesamtwirtschaftlich überdurchschnittliche Gewinne realisieren und daher belastbarer sind.

Das Hauptproblem der gegenwärtigen Konjunkturlage ist die Arbeitslosigkeit. Die Hoffnungen auf eine günstige Beschäftigungswirkung der umweltpolitischen Maßnahmen sind daher auch die wichtigste Ursache der Integration von Umweltpolitik und Wirtschaftspolitik. Bei einer konjunkturell unabhängigen Analyse der gesamten Umweltaufwendungen in der Bundesrepublik ergeben sich auf kürzere Frist jährlich ca. 370000 Arbeitsplätze.[19] Sie setzen sich aus den Beschäftigungseffekten bei der Herstellung von Umweltausrüstungen und deren Betrieb, sowie bei der Herstellung von entsprechenden Vorprodukten zusammen. Nach den Abgrenzungskriterien, die bei den Aufwandsschätzungen verwendet wurden, sind in den vergangenen Jahren bereits erhebliche Umweltaufwendungen vorgenommen worden,[20] so daß nach dem gleichen Berechnungsmodus bisher jährlich ca. 220 000 Arbeitskräfte beschäftigt werden konnten. Eine wirksame Umweltpolitik schafft für die nächsten Jahre jährlich etwa 150 000 weitere Arbeitsplätze. Da diese Zahl jedoch nur die positiven Beschäftigungswirkungen einer vollständig durchgesetzten Umweltpolitik bei einer konjunkturellen Normallage ausweist, ist sie zu relativieren.

Aufgrund der Schließung von Grenzbetrieben gehen nicht nur direkt, sondern durch die ausfallenden Investitionen in diesen Betrieben auch indirekt Arbeitsplätze verloren. Sofern die Grenzbetriebe ein Teilbereich von größeren Unternehmen sind, können die direkt freigesetzten Arbeitskräfte in vielen Fällen in der übrigen Produktion beschäftigt werden. Jedoch werden dadurch eventuelle Neueinstellungen verhindert. In den umweltpolitisch betroffenen Unternehmen, die von keiner Schließung bedroht sind, wird bei einer ausreichenden Nachfrage die Abwägung einer Verwendung der Finanzmittel für Ersatz-, Erweiterungs- und Rationalisierungsinvestitionen oder Umweltvestitionen eine Aufteilung der Investitionsmittel ergeben. Wird die Durchführung von Umweltinvestitionen durch die Gesetzgebung erzwungen, so kann entweder infolge von begrenzten Finanzmitteln oder einer veränderten Kostenstruktur ein Rückgang der ökonomischen Investitionen eintreten. Mit der Substitution wird der gesamtwirtschaftliche Netto-Beschäftigungseffekt der Umweltinvestition in den tangierten Produktionsstufen reduziert. Unter diesen Bedingungen ist zwar der Beschäftigungseffekt in der Umweltindustrie hoch, doch geht das Arbeitsplatzangebot in den übrigen Branchen zurück. Da aber nur mit den ökonomischen Investitionen die einzelwirtschaftlichen Gewinne erhöht oder gehalten werden können, dürften die Substitutionen keinen größeren Umfang annehmen. Der gesamtwirtschaftliche Nettoeffekt in der Beschäftigung wird deutlich positiv sein.[21]

Anmerkungen

1 Ch'uan-k'ai Leung, K., Klein, I.A., The Environmental Control Industry, The Council of Environmental Quality, December 1975. Hansmeyer, K.-H., Umweltpolitik und Bauwirtschaft als Beispiel für eine integrierte Behandlung von Umwelt- und Wirtschaftspolitik, in: IFO-Schnelldienst, Nr. 13, 5. Mai 1977. Im kommenden Umweltgutachten wird dazu mit Sicherheit etwas ausgesagt werden.
2 Zur Energiepolitik: A medium-term Program for Energy-Saving in the Community, EG-Diskussionspapier, Brüssel 1977.
3 Auch die Aussagen des Rates der Sachverständigen für Umweltfragen sind von dieser Perspektive geprägt. Umweltgutachten 1974, Stuttgart 1974, S. 155 ff.
4 Zapf, W., Systeme sozialer Indikatoren: Ansätze und Probleme, in: Zapf, W. (Hrsg.), Soziale Indikatoren, Band III, Frankfurt/M. 1975, S. 169 ff.
5 Siebert, H., Probleme von Kosten-Nutzen-Analysen umweltschützender Maßnahmen, in: Wirtschaftsdienst 1973, Heft 3, S. 131 ff.
6 Die deutlichsten Formulierungen stammen von: Solow, R.M., Is the End of the World at Hand? in: Weintraub, A. et.al. (ebs.), The Economic Growth Controversy, New York 1973, S. 39 ff.
7 Sachverständigenrat zur Begutachtung der gesamtwirtschaftlichen Entwicklung, Jahresgutachten 1977/78, Ziffer 131 ff und 288 ff.
8 Battelle-Institut e.V., Schätzung der monetären Aufwendungen für Umweltschutzmaßnahmen bis zum Jahre 1980, Bericht des Umweltbundesamtes 1/76, Berlin, September 1975, S. 1.
9 Aus der Sicht der Industrie: Ford, II, H., The Human Environment and Business, in: Selected Readings on Economic Growth, Washington 1971.
10 Eine genauere Untersuchung des wahrscheinlichen Umfangs liegt noch nicht vor.
11 Die bisher für die Bundesrepublik Deutschland beispielhaft genannten Zahlen dürften auf dem Hintergrund der Erfahrungen in den USA weit überhöht sein. Hansmeyer, K.-H., Die umweltpolitische Bedeutung kleiner und mittlerer Unternehmen, in: Die gesamtwirtschaftliche Funktion kleinerer und mittlerer Unternehmen, München 1976, S. 227 ff; Ch'uan-k'ai Leung, K., Klein, J.A., Environmental Control, a.a.O., S. 20 f.
12 In der Bundesrepublik Deutschland verteilen sich die gesamten Umweltaufwendungen für 1975 bis 1979 von 112,8 Mrd. DM auf mehr öffentliche (18,3 Mrd.) als private Investitionen (17,3 Mrd.). Dafür sind die privaten Betriebsausgaben (48,6 Mrd.) erheblich höher als bei der öffentlichen Hand (28,6 Mrd.). Battelle-Institut e.V., Monetäre Aufwendungen, a.a.O., S. 1 f.
13 Wegen des Nachholbedarfs an Umweltschutzmaßnahmen ist die gesamtwirtschaftliche Belastung zu Beginn der Vorschreibung von Standards am höchsten. Mit der anlaufenden Integration eines ökologisch-technischen Fortschrittes in den Produktionsapparat gehen die Umweltaufwendungen tendenziell zurück. Eine Umkehrung der ökonomischen Vorteile der Umweltpolitik in wirtschaftspolitisch negative Effekte wird von einer raschen und konsequenten Umweltpolitik verhindert, die zur nationalen und internationalen Sicherung und zum Ausbau der Märkte beiträgt.

14 Die OECD hat die Umweltpolitik daher der längerfristigen Aufgabe der Resource Allocation eingeordnet: Economic Implications of Pollution Control. A General Asessment, Paris, February 1974.
15 Bei einer eingehenden Analyse der vom Sachverständigenrat zur Begutachtung der gesamtwirtschaftlichen Entwicklung angegebenen Ursachen der Krise ist kein Widerspruch zur Überakkumulationsthese erkennbar. Vergleiche insbesondere das Jahresgutachten 1975, Ziffer 63 ff. Allerdings werden dieser Theorie entgegengesetzte Konsequenzen gezogen.
16 Zur kurzfristigen Senkung der Arbeitslosigkeit wird als Teilstrategie der Umweltpolitik die Durchführung von arbeitsintensiven Einzelprojekten angestrebt. Sie fügen sich nach dem Muster der Arbeitsbeschaffungsmaßnahmen gut in das Arbeitslosigkeitsprofil ein. Council of Environmental Control; Environmental Programs and Employment, Diskussionspapier, Washington, April 1975.
17 Ch'uan-k'ai Leung, K., Klein, J.A., The Environmental Control, a.a.O., S. 21. Ähnliches ergab eine Erhebung in Hessen. Vergl. Umwelt, Nr. 59, S. 16.
18 Sprenger, R.-U., Umweltschutzaktivitäten der deutschen Industrie – Kosteneffekte und Wettbewerbswirksamkeit, in: IFO-Schnelldienst 1977, Heft 8, S. 4 ff.
19 Meißner, W., Hödl, E., Positive ökonomische Aspekte des Umweltschutzes, Berichte des Umweltbundesamtes 3/77, Berlin 1977, S. 91 ff.
20 Die Durchsetzungsprobleme sind vor allem anhand des Zuwachses und weniger von den absoluten Zahlen aus zu beurteilen. Die gesamten Umweltaufwendugen betrugen von 1970 bis 1974 44,25 Mrd. DM, für 1975 bis 1979 wurden 64,90 Mrd. DM geschätzt; das bedeutet einen Zuwachs von 47%. Battelle, e.V., Monetäre Aufwendungen, a.a.O. und eigene Berechnungen.
21 Eine Battelle-Untersuchung ergab, daß allein im Jahre 1975 mindestens 150 000 Arbeitsplätze durch Umweltinvestitionen geschaffen oder erhalten wurden. Vergl. Umwelt, Nr. 59, 20.12.1977, S. 16.

Zur politischen Ökologie der Industrialisierung des Umweltschutzes
Eine Untersuchung systemkonformer Umweltpolitik in kapitalistischen Industriegesellschaften[1]

Jürgen Gerau

1. Umweltschutz: Politische Strategie oder industrieller Selbstlauf?

Seit Mitte der sechziger Jahre kann in nahezu allen Staaten Westeuropas, Skandinaviens sowie in den USA und Japan eine politische Institutionalisierung des Umweltschutzes beobachtet werden. Die gesetzliche Verankerung von Maßnahmen vor allem zur Reinhaltung der Luft und der Gewässer reicht jedoch vereinzelt — wie im Falle Englands oder Preußens — bis zur Jahrhundertwende zurück, während andere Länder, z.B. Österreich, erst in jüngster Zeit beginnen, eine umfassende Umweltschutzgesetzgebung zu entwickeln. Die nationalen Umweltpolitiken unterscheiden sich zwar beträchtlich hinsichtlich ihres Umfanges und ihrer Zielsetzungen (Weidner 1975; EEC 1976), dennoch ist eine fundamentale Gemeinsamkeit nicht zu übersehen: Der Schutz der natürlichen Umwelt vor Schädigungen durch den Reproduktionsprozeß der Gesellschaft wird als technologische Aufgabe gesehen, die durch Anpassungs- und Entwicklungsleistungen der Industrie zu bewältigen ist. Ausdruck dieser im folgenden zu problematisierenden Konzeption ist das zentrale umweltpolitische Instrument der Emissionsgrenzwerte. Diese Standards sollen die Verwirklichung von Qualitätszielen für den Zustand von Gewässern und Luft durch die Begrenzung der Schadstoffemissionen umweltbelastender Produktions- und Konsumtätigkeiten bewirken.

Einige Beispiele mögen genügen: Für die Bundesrepublik Deutschland werden in der „Technischen Anleitung Luft" Emissionsstandards für 189 Schadstoffe festgelegt. Die „Federal Water Pollution Control Act Amendments" der US-Bundesregierung verpflichtet die zuständigen Behörden der Bundesstaaten dazu, Grenzwerte für die Einleitung ökologisch bedenklicher Substanzen in die Oberflächengewässer zu erlassen. Ebenso ist die Emission von Schadstoffen durch Kraftfahrzeugabgase in allen bedeutenden Industrienationen einer Normierung unterworfen.

Damit die betroffenen Konsum- und Produktionstätigkeiten den gesetzlichen Emissionsauflagen genügen können, entwickelt die Industrie spezielle Anlagen zur Abscheidung und Sammlung von Schadstoffen aus Abwasser und Abluft sowie „umweltfreundliche" Produkte aller Art oder in einzelnen Fällen auch neue, emissionsarme Produktionsverfahren. Im Laufe des vergangenen Jahrzehnts haben sich im Zuge dieser Umweltschutzbeiträge seitens der Industrie mehr oder weniger starke Veränderungen der nationalen Produktionsapparate vollzogen. Es entstand eine neue *Branche*, die *Ökologie-Wirtschaft*, deren Konsolidierung einen Prozeß vollendet, den ich *Industrialisierung des Umweltschutzes* nennen möchte.

Technologischer, industriell „produzierter" Umweltschutz erfordert den ständigen Einsatz von Produktionsfaktoren zur Erstellung von Umweltschutzeinrichtungen und -leistungen. Mit der Herstellung der entsprechenden Anlagen und Produkte sowie mit der Durchführung von Informations- und Beratungsdiensten sind mittlerweile in Westeuropa und Skandinavien fast 15 000 Unternehmen aller Art, vom internationalen Großkonzern bis zum spezialisierten Kleinbetrieb oder Consulting-Büro, beschäftigt (vgl. die technologischen Jahrbücher für Umweltschutz „*ECOTECHNICS*" 1976 und 1977). In den USA umfaßt der „harte Kern" der Umweltschutzindustrie derzeit rund 600 bedeutende Firmen (Ch'uan-k'ai Leung und J.A. Klein 1975; 1. in Zukunft zitiert als Leung/Klein 1975). In Japan kann eine Vielzahl von Klein- und Mittelbetrieben der Ökologie-Wirtschaft zugerechnet werden, der Umweltschutzmarkt wird jedoch durch ca. 220 größere Firmen beherrscht (Jetro Marketing Series 15, 1976; 3 u. 20). Der Verein Deutscher Maschinenbauanstalten schätzt, daß in der Bundesrepublik Deutschland etwa 500 Unternehmen im Umweltsektor produzieren (Der Spiegel 7, 1975; 41).

Die nahtlose Korrespondenz zwischen der vorherrschenden staatlichen Steuerungskonzeption und der Anpassungsfähigkeit der Ökonomie sowie die im internationalen Maßstab inzwischen erzielten Teilerfolge, etwa im Bereich der Luftreinhaltung[2], haben innerhalb der Umweltschutzadministrationen ebenso wie in den etablierten Ökologiewissenschaften ein nahezu unbegrenztes Vertrauen in die Angemessenheit und Effizienz der praktizierten Problemlösung entstehen lassen. Bezeichnenderweise hat sich für die dominierende Form der Industrialisierung des Umweltschutzes die Bezeichnung „Entsorgung" eingebürgert. Schließlich erfolgt die Verarbeitung von Umweltproblemen durch die administrativ-industrielle Koalition mit einem hohen Grad von Routinisierung: Ressortbildung mit festen Titeln in den Haushaltsplänen, Gesetzesproduktion, periodische Erstellung von Umweltberichten, Tätigkeit „pluralistisch" zusammengesetzter Sachverständigengremien und die Bereitstellung industrieller Leistungen durch einen spezialisierten Produktionssektor sind ihre Kennzeichen.

Die Naturwüchsigkeit, mit der sich die Industrialisierung des Umweltschutzes durchgesetzt hat, die Erfolgsgläubigkeit ihrer Träger in Staat, Wissenschaft und Industrie sowie die routinierte Problemverarbeitung haben bislang weitgehend verhindert, daß in der politischen Diskussion ernsthaft nach einer alternativen Strategie gefragt wurde. Es muß deshalb als ungeklärt gelten, ob das technologische Konzept gegenüber einer alternativen Problemlösung bzw. einem Strategiemix die optimalere umweltpolitische Option darstellt. Hieraus ergeben sich drei Fragenkomplexe, denen ich in den folgenden Abschnitten dieser Arbeit nachgehen werde:

1. Welche Basisstrategien und Varianten können für den Umweltschutz unterschieden werden, und welche Konzepte können im Rahmen einer Industrialisierung des Umweltschutzes realisiert werden?
2. Anhand der charakteristischen Merkmale der Ökologie-Wirtschaft ist diese spezielle Form von Umweltschutz daraufhin zu untersuchen, welche Selektionsmechanismen zu ihrer Durchsetzung führen, welche Leistungsfähigkeit sie besitzt und in welchem Maße sie sich auf die Bilanz von Erfolg und Mißerfolg konkreter Umweltpolitiken auswirkt.
3. Abschließend sind kurz die Bedingungen und Konflikte eines Strategiewandels zu erörtern.

Die Untersuchung der skizzierten Probleme wird von der zentralen Hypothese geleitet, daß der Realisierung von Umweltpolitik ein Selektionsprozeß vorausgeht, der über den Einsatz einer Strategie nicht anhand ihrer Leistungsfähigkeit, sondern nach Maßgabe makroökonomischer bzw. betriebswirtschaftlicher Kriterien entscheidet. Diese Hypothese wird im jeweiligen Zusammenhang schrittweise durch den Rückgriff auf einschlägige Arbeiten der kritischen „policy-science" sowie der Politökonomie entfaltet. Die empirische Relevanz der Aussagen wird soweit wie möglich durch Konfrontation mit realen umweltökonomischen und -politischen Daten, zum Teil international vergleichend, geprüft.

II. Basisstrategien, Maßnahmenträger und Instrumente des Umweltschutzes

Die Identifizierung der verschiedenen strategischen Konzepte, die zur Bewältigung von Umweltproblemen geeignet sind, muß bei einer kurzen Rekapitulation ihrer Ursachen ansetzen[3]. Die Verunreinigung der Umweltmedien Wasser, Boden und Luft infolge der Aufnahme schädlicher Substanzen sowie die resultierenden Beeinträchtigungen der Lebensqualität (vor allem der Gesundheit) wird durch zwei interdependente Verursachungskomplexe bewirkt:

Die Produktion der einzelnen Sektoren einer Volkswirtschaft ist mit Emissionen und Abfällen verbunden, deren Menge, Zusammensetzung und Schädlichkeit branchenspezifisch variieren (vgl. z.B. die Verursachermatrix in: Battelle 1975; 27 ff). Der Güterkonsum der privaten Haushalte hinterläßt eine Vielfalt von Rückständen, deren Ablagerung bzw. Ableitung weitgehend durch die Kommunen organisiert wird.

Die derart hervorgerufene Überlastung der Absorptionskapazität der Umweltmedien durch die zugeführten Schadstoffe kann offensichtlich nur dadurch vermieden werden, daß entweder die Technologie von Produktion und Gütern „umweltfreundlich" modifiziert wird und/oder der Anteil der emissionsintensiven Wirtschafts- und Konsumtätigkeiten am ökonomischen Kreislauf vermindert wird. Diesen beiden Ansatzpunkten für den Umweltschutz korrespondieren die technologiepolitischen bzw. die strukturpolitischen Strategien.

Technologiepolitischer Umweltschutz läßt die gegebene Quantität und Struktur von Produktion und Konsum unberührt und stellt durch technische Maßnahmen ihre Verträglichkeit mit dem Öko-System her. Grundlage dieser Strategie ist die Bereitstellung spezieller Anlagen und Produkte durch eine Ökologieindustrie. Von Bedeutung ist, daß der technologisch-industrielle Umweltschutz in zwei Varianten realisierbar ist:

Die *Entsorgungsvariante* hält an den konventionellen Produkten und Verfahren fest, verhindert aber durch die Einschaltung zusätzlicher Umweltschutzanlagen in den ökonomisch-ökologischen Kreislauf, daß die weiterhin entstehenden Schadstoffe unkontrolliert in die Umweltmedien und in den menschlichen Organismus eindringen. Beispiele entsorgenden Umweltschutzes liefern der kommunale und industrielle Gewässerschutz (Kläranlagenbau), aber auch die Luftreinhaltung (Rauchgasentschwefelung in der Energiewirtschaft). Die perfekte Entsorgung bestünde gemäß ihrer inneren Logik in der permanenten

Sammlung der zuvor erzeugten Abfälle und deren Rückführung in die Produktion, ohne daß sie mit dem ökologischen Kreislauf in Berührung kommen. Das Recycling von Altmetall, -papier und -glas sind erste Schritte auf diesem Wege.

Die *Innovationsvariante* des technologischen Umweltschutzes verändert den schadstofferzeugenden Produktionsprozeß bzw. das entsprechende Produkt derart, daß Emissionen vermieden oder zumindest erheblich reduziert werden. Der Schichtlademotor für Kraftfahrzeuge oder abwasserfreie Galvanisierungsverfahren können als derartige belastungsarme technologische Innovationen gewertet werden.

Technologischer Umweltschutz wird, gewissermaßen arbeitsteilig, sowohl vom Staat als auch von der Industrie getragen. Der Staat verwaltet dabei das legitimationsbedürftige Monopol der Zielformulierung und ist dazu autorisiert, die nötigen Steuerungsakte vorzunehmen. Demgegenüber sind die Industriebetriebe lediglich ausführende Maßnahmeträger.[4] Die Beispiele lassen bereits erkennen, daß sowohl Staat wie Industrie Entsorgungsmaßnahmen durchführen. Die kommunale Abwasser- und Abfallbeseitigung entsorgt dabei neben den privaten Haushalten oft auch einen Teil der Unternehmen. Für die kommunale Entsorgung ist der Charakter einer (infrastrukturellen) Staatsfunktion konstitutiv (vgl. Glagow 1975); daß die Entsorgungseinrichtung industriell produziert ist, berührt nicht die Notwendigkeit der Staatstätigkeit.

Die Entwicklung und die Anwendung technischer Innovationen zum Schutz der Umwelt liegt demgegenüber weitgehend in den Händen der Industrie. Der industrielle Produktionsprozeß bietet sowohl die Ansatzpunkte als auch die technischen Mittel zur Einführung umweltverträglicher Produkt- und Verfahrensinnovationen. Da der Staat nicht in den Produktionsprozeß integriert ist, kann er auch nicht als Träger technologisch-innovativer Umweltschutzmaßnahmen fungieren. Er kann allenfalls an ihnen partizipieren, indem er geeignete industrielle Innovationen (z.B. geschlossene Heizkreisläufe) im öffentlichen Sektor verwendet.[5]

Strukturpolitischer Umweltschutz verringert die Schadstoffbelastung der Medien durch eine gezielte Umgestaltung der volkswirtschaftlichen Branchen- und Güterstruktur. Auf der Basis ökonomisch-ökologischer Input-Output Tabellen (Leontief und Ford 1972; Miernyk und Sears 1974, Battelle 1975) können die — global bzw. medienspezifisch — besonders belastungsintensiven Produktionen ermittelt werden. Eine Drosselung des Wachstums dieser Branchen zugunsten einer Erhöhung des Beitrages umweltfreundlicher Wirtschaftstätigkeiten und Konsumformen zur Entstehung bzw. Verwendung des Sozialproduktes läßt Zug um Zug eine ökologisch verträgliche Wirtschaftsstruktur entstehen. Gegenwärtig sind kaum relevante Substitutionsprozesse zwischen einzelnen Branchen der Volkswirtschaft zu beobachten, die als Beispiele strukturpolitischen Umweltschutzes gelten könnten. Möglichkeiten eines ökologisch relevanten Strukturwandels lassen sich am Energiesektor demonstrieren: Die thermische Belastung der Atmosphäre und der Gewässer sowie die Emission von Stäuben und Schwefeldioxid bei der Erzeugung von Wärmeenergie ließe sich dadurch verringern, daß die Gewinnung von Energie aus fossilen Brennstoffen ersetzt wird durch Wasser- und Gezeitenkraftwerke oder die Umwandlung von Solarenergie.

Die Maßnahmen eines strukturpolitischen Umweltschutzes können von keiner ökonomischen oder politischen Instanz unmittelbar durchgeführt werden.[6] Das spezifische Implementationsproblem besteht darin, daß negative Aktionsparameter vorliegen (Beschränkung umweltbelastender Produktion), die primär durch eine politisch zu realisierende Transformation des Allokationsmechanismus zugunsten ökologiegerechter Branchen zu beeinflussen sind. Strukturpolitischer Umweltschutz bewirkt erst sekundär (positive) Allokationsmaßnahmen in den Substitutionsbranchen, die daher nur als seine indirekten Träger gelten können.

Technologiepolitischer und strukturpolitischer Umweltschutz unterscheiden sich analytisch hinsichtlich ihrer Ansatzpunkte und Wirkungsweisen deutlich. In der umweltpolitischen Praxis sind beide Strategien jedoch partiell interdependent. Aufgrund der interindustriellen und intersektoralen Verflechtungen einer Volkswirtschaft erfordern technologische Änderungen gewisse Umschichtungen innerhalb der Branchenstruktur: ebenso kann ein tiefgreifender volkswirtschaftlicher Strukturwandel nicht ohne technologische Anpassungsinnovationen in relevanten Branchen ablaufen.[7] Schließlich kann vermutet werden, daß Innovationen in stärkerem Maße mit der Strukturpolitik interdependent ist als die Entsorgung.

Zur Steuerung der Umweltpolitik[8] stehen dem Staat administrative Ressourcen (Gesetzgebung und Verwaltung) und monetäre Ressourcen (öffentliche Finanzen) zur Verfügung, die in wirksame Instrumente umgesetzt werden müssen. Die Instrumente können analog klassifiziert werden:

Administrative Instrumente — Neben der Institutionalisierung von

Bürokratien bilden gesetzliche Normen, die entweder die Einleitung schädlicher Substanzen in den ökologischen Kreislauf begrenzen (Emissionsstandards) oder die zulässige Schadstoffkonzentration für einzelne Umweltmedien festlegen (Immissionsstandards), die gebräuchlichsten Instrumente. Strikte Verbote für bestimmte Formen der Umweltschädigung werden nur selten ausgesprochen.

Fiskalische Instrumente — Neben den öffentlichen Umweltschutzinvestitionen selbst können positive Anreize für die privaten Maßnahmenträger in der Form direkter und indirekter Subventionen sowie negative Anreize durch spezielle Steuer- und Gebührensysteme unterschieden werden.

Die administrativen und fiskalischen Instrumente können gleichermaßen zur Durchsetzung technologiepolitischer wie strukturorientierter Strategien dienen. Fragen der ökologischen Effizienz oder der allgemeinen Wirkungsanalyse einzelner Instrumente (etwa hinsichtlich ihrer allokativen oder verteilungspolitischen Effizienz) können hier nicht erörtert werden (vgl. hierzu Judy 1970; Nowotny 1974). Es sei nur darauf hingewiesen, daß die aus anderen Bereichen der Wirtschaftspolitik bekannten Probleme der Steuerungsverzögerung durch Informations-, Planungs-, Entscheidungs-, Durchführungs- und Wirkungs-lags auch im Umweltschutz ihre volle Restriktivität entfalten.

III. *Industrialisierung des Umweltschutzes: Merkmale, Ursachen und ökologische Effekte systemkonformer Umweltpolitik im Kapitalismus*

1. Merkmale und Entwicklungstendenzen der Ökologie-Wirtschaft

Die Industrialisierung des Umweltschutzes vollzieht sich gegenwärtig weitgehend als Produktion von Entsorgungsgütern. Internationale Fachmessen bieten einen repräsentativen Überblick:[9] Zwar werden das Methanol-Auto und der Elektrobus gezeigt und wird die Solar-Heizung vorgestellt, die Struktur des Angebotes wird jedoch von „klassischen" Entsorgungstechnologien beherrscht. Produziert werden Problemlösungen für die Abfallbeseitigung (Verbrennungsanlagen), die Luftreinhaltung (Filter und Abscheider) und den Gewässerschutz (Abwasserreinigungsanlagen), sowie der Ausrüstungsbedarf für Lagerung und Transport von Abfällen und eine Vielzahl von Meßgeräten und Überwachungssystemen.

Polit. Ökologie der Industrialisierung des Umweltschutzes 121

Das gemeinsame Kennzeichen der Öko-Wirtschaft besteht nicht in der Zugehörigkeit zu einer bestimmten Branche, sondern in der Partizipation an den Märkten, die durch Umweltschutzausgaben gebildet werden. Aus der technischen Verzahnung der verschiedenen Umweltschutzaufgaben resultiert dabei eine Interdependenz der entsprechenden öko-wirtschaftlichen Teilmärkte: Der Bau von Kläranlagen für den Gewässerschutz zieht die Notwendigkeit zur Beseitigung des anfallenden Klärschlamms nach sich. Hierzu ist die Anlage von Deponien oder Verbrennungsanlagen nötig. Letztere erfordern wiederum Maßnahmen zur Rauchgasreinigung. Sind somit einerseits die Märkte für Anlagen zur Abwasserklärung, Abfallbeseitigung und Abluftreinigung miteinander verbunden, so sind die medienspezifischen Teilmärkte selbst noch einmal segmentiert: Bei der Errichtung von Entsorgungsanlagen fällt neben der Nachfrage nach den Ausrüstungsgütern ein komplementärer Bedarf an Errichtungs- und Installationsleistungen an.

Die Gesamtkosten einer Entsorgungsanlage verteilen sich je nach Anlagentyp und Umweltmedium recht unterschiedlich auf Ausrüstungs- und Komplementärinvestitionen. Eine Untersuchung in den USA hat für die beteiligten Branchen folgende Investitionsanteile ermittelt (Leung/Klein 1975; 70, 105 u. passim):

Tabelle I: Zusammensetzung von Entsorgungsinvestitionen in den USA

Branchen	Gewässerschutz – Kläranlagen		Luftreinhaltung – Filter, Abscheider, Wäscher
	Kommunen	Industrie	Industrie und Energiewirtschaft
Bau und Einrichtung (a)	88%	67%	20 - 55%
Ausrüstung (b)	10%	22%	45 - 80%*
Verfahrenstechn. Spezialbedarf (c)	0%	1%	—

* enthält 20%tigen Kostenanteil für nötige Anlagenänderungen
Branchen: a) Hoch- und Tiefbau, Installationsgewerbe
          b) Anlagen- und Maschinen- sowie Apparate- und Instrumentenbau, Walzstahl- und Gußeisenprodukte.
          c) Chemische Industrie. Der Anteil von Consulting-Firmen (2 - 10%) blieb unberücksichtigt.

Der hohe Anteil der Bau- und Errichtungsleistungen an den Gesamtinvestitionen ist ein typisches Merkmal entsorgender Umweltschutzmaßnahmen, bedingt durch das unwirtschaftliche Verfahren der nachträglichen (ökologischen) Komplettierung bestehender Produktionsanlagen. Dieser Sachverhalt schlägt beim Kläranlagenbau aufgrund der nötigen Tiefbauarbeiten naturgemäß stärker zu Buche als bei der Installation von Abluftreinigungsanlagen.

Die Unterschiede in der Ausrüstungsintensität zwischen Gewässerschutz und Luftreinhaltung haben ebenfalls technologische Ursachen. Die Autoren der oben zitierten Studie weisen darauf hin, daß im Gegensatz zum Kläranlagenbau die Errichtung von Filtern, Abscheidern und Luftwäschern mit gewissen Änderungen der Produktionsanlagen verbunden werden muß, die im Durchschnitt bereits 20% der gesamten Investitionskosten betragen. Die Anteils*spanne* für Luftreinigungseinrichtungen ist systemspezifisch: Während Gaswäscher durchschnittlich 3-8% der Gesamtkosten ausmachen, müssen für Partikelabscheider zwischen 18 und 32% der Investitionssumme aufgewendet werden. Die Ausrüstungsdifferenzen im Kläranlagenbau sind von der Reinigungsstufe abhängig: Während der Ausrüstungsanteil für die Primärstufe nicht mehr als 8-10% beträgt, macht er für die tertiäre Reinigungsstufe, die vorwiegend in der Industrie benötigt wird, zwischen 15 und 30% aus.

Aus den bisher zur Öko-Industrie mitgeteilten Informationen geht bereits hervor, daß es sich nicht um eine neu gebildete Branche handelt. Ebensowenig produzieren die betreffenden Firmen ausschließlich Entsorgungsgüter, zumal diese oft keine Neuentwicklungen, sondern lediglich Modifikationen konventioneller Technologien darstellen.[10] Die Herstellung von Umweltschutzausrüstungen ist weitgehend in den etablierten Maschinen- und Anlagenbau integriert,[11] wobei zur Deckung des speziellen meß- und verfahrenstechnischen Bedarfes Vorleistungen der chemischen und Instrumentenproduktion sowie des Elektroapparatebaus benötigt werden (Püstow 1976; Schulte 1974; Der Spiegel 7, 1974).

Eine weitere Differenzierung der Öko-Industrie kann von der Bedarfsseite her vorgenommen werden. Der originäre Kern des Öko-Sektors innerhalb der Investitionsgüterindustrie verdankt seine Existenz keineswegs den technologischen Erfordernissen der erst neuerdings explizit formulierten Umweltschutzpolitik; vielmehr handelt es sich hier um alteingesessene Auftragnehmer der kommunalen Müllbeseitigungs- und Abwasserwirtschaft, eines traditionellen Infrastruktursektors also, der sich parallel zur Herausbildung urban-industrieller Siedlungsformen entwickelt hat. Zu diesem historisch gewachsenen Kern der Öko-Industrie zählt zum Beispiel in der Bundesrepublik die Vereinigte Kesselwerke AG der Deutschen Babcock und Wilcox-Gruppe. Daneben können Firmen unterschieden werden — wenn auch eine solche Trennung im Einzelfall schwierig vorzunehmen sein mag —, die ihr Umweltschutzangebot schwerpunktmäßig auf den erweiterten Industriebedarf des Endes der 60er Jahre einsetzenden, umfassenderen Umweltschutzes ausgerichtet haben. Für die Bundesrepublik Deutschland wären beispielsweise Fr. Krupp und Krupp-Koppers, Krauss-Maffei, Büttner-Schilde-Haase (Deutsche Babcock) oder die Frankfurter Metallgesellschaft (mit Lurgi) anzuführen. In Großbritannien zählen hierzu Babcock oder Engelhard Industries, in den USA u.a. Du Pont, Westinghouse und Dow Chemical bzw. deren Tochterunternehmen.

Zur Illustration möglicher umweltpolitischer Tendenzen, die mit den bisher dargestellten Kennzeichen einer industriellen Organisation des Umweltschutzes verbunden sein können, soll eine Studie ausgewertet werden, die für die USA, ausgehend von der Situation des Jahres 1974, die voraussichtliche Entwicklung der Industrialisierung des Umweltschutzes bis zum Jahre 1983 untersucht.[12]

In Tabelle II sind die prognostischen Ergebnisse dieser Studie zusammengefaßt. Sie zeigt die möglichen unterschiedlichen Entwicklungen des Absatzes von Umweltschutzanlagen und Komplementärausrüstungen auf den Teilmärkten der Kommunen, der Energieversorgung, der Industrie und des Kraftfahrzeugverkehrs in den Bereichen Luft bzw. Wasser. Ferner wird die Entwicklung der Gesamtnachfrage nach Umweltschutzanlagen und ihre Verteilung auf Anlagen und Komplementärausrüstungen eingeschätzt. Die Zusammenstellung vermittelt darüber hinaus einen Eindruck, in welchem Umfang und für welchen Problembereich technologische Innovationen gegenüber Entsorgungsanlagen Bedeutung gewinnen können.

Die Differenzen zwischen den voraussichtlichen Entwicklungen der Luft- und Wasserteilmärkte dürfen nicht überschätzt werden, da sich in ihnen die Anfang der 80er Jahre zunehmende Rauchgasentschwefelung nicht in vollem Umfang niederschlägt. Die medienspezifischen Teilmärkte sollen daher getrennt voneinander betrachtet werden.

Nach der vorliegenden Prognose wird der Markt für Abwassertechnologie für die gesamte Zehnjahresperiode durch die Industrie-Nachfrage beherrscht, die 1974 68% und 1983 67% des Gesamtvolumens ausmacht. Innerhalb der Industrienachfrage zeigt sich jedoch eine bemerkenswerte Umschichtung: Der Bedarf an neuen, belastungsarmen Produktionsverfahren soll seinen Anteil am gesamten Anlagenmarkt von 22% im Jahre 1974 auf 43% für 1983 ausdehnen und dabei einen absoluten Zuwachs um fast das Zehnfache verbuchen. Damit würde er sogar die starke Entwicklung der kommunalen Nachfrage nach Kläranlagenausrüstungen übertreffen und zum größten Teilmarkt im Gewässerschutz anwachsen. Diese Entwicklung dürfte wenigstens teilweise durch die harten amerikanischen Abwasserauflagen stimuliert werden, die die Industrie zu erfüllen hat. Neue Produktionsanlagen sind ab 1977 mit der besten derzeit verfügbaren Abwassertechnologie zu versehen und können unter Umständen sogar zur Null-Einleitung verpflichtet werden. Bereits bestehende Anlagen haben diese Auflagen bis 1983 zu erfüllen. Für 1985 wurde das Ziel formuliert, sämtliche Einleitungen in schiffbare Gewässer zu unterbinden. Selbst wenn man vermuten kann, daß die Verwirklichung der Ziele zeitlich mehr oder weniger gestreckt werden wird, so ist es ohne weiteres plausibel, daß insbesondere bei neu zu errichtenden Kapazitäten die Anwendung eines belastungsarmen Produktionsverfahrens zunehmend kostengünstiger im Vergleich zu aufwendigen Kläranlagen der dritten Reinigungsstufe wird, die zudem mit ständigen Betriebs- und Folgekosten belastet sind.[13] Das recht schwach veranschlagte Wachstum der Industrienachfrage nach Ausrüstungen für den Kläranlagenbau deutet diese Substitutionsvorgänge an. Schließlich werden die stark ansteigenden Kosten für Komplementärausrüstungen durch die Einführung von Prozeßinnovationen, die praktisch keine speziellen komplementären Investitionen verlangen, aufgefangen, so daß aus umweltpolitischer Sicht die Gesamtausgaben effizienter verteilt würden.

Die Entwicklungstrends für den Zeitraum 1974-83 auf den Märkten für Luftreinhaltungsanlagen werden von Leung/Klein folgendermaßen eingeschätzt:[14] Die stärkste Expansion wird auf dem Markt für Kraftfahrzeugabgaskatalysatoren erwartet. Hierbei handelt es sich um eine typische Entsorgungseinrichtung, deren Kosten mit der Erhöhung der Reinigungsleistung, wie sie das amerikanische Gesetz vorsieht, stark ansteigen. Ein Vergleich der japanischen und der US-Abgasstandards zeigt jedoch, daß die amerikanischen Standards zum Teil erheblich hinter den japanischen Auflagen zurückbleiben (Neues aus Japan 231, 1976; 3). Infolge der schärferen Abgasvorschriften boten japanische Hersteller bereits 1973 Kraftwagen an, die auf der Basis veränderter Antriebsaggregate damals die für 1975 geltenden

Tabelle II: Teilmarktentwicklung für Umweltschutzanlagen in den USA 1974-1983 (in Preisen von 1974)

Wasser	Ausrüstungsgüter für den Kläranlagenbau		Belastungsmindernde Prozeßinnovationen	Anlagen insgesamt	Komplementär-Ausrüstungen	Gesamte Umweltinvestitionsnachfrage
Abnehmer	Kommunen	Industrie	Industrie			
1974 Mio. Dollar	195	285	135	615	110	725
1983 Mio. Dollar	1120	800	1430	3350	885	4235
Zuwachs	474%	181%	959%	445%	705%	448%

Luft	Ausrüstungsgüter für Luftreinhaltungsanlagen		Kfz-Abgas Katalysatoren	Ausrüstungen insgesamt	Komplementär-investitionen	Gesamte Umweltinvestitionsnachfragen
Abnehmer	Energieerzeugung	Industrie	Kfz-Industrie			
1974 Mio. Dollar	133	177	335	645	536	1181
1983 Mio. Dollar	310*	230*	1764	2304*	975*	3279*
Zuwachs	133%	30%	427%	257%	82%	178%

* Angaben für das Jahr 1981, da in den bis 1983 wieder sinkenden Aufwendungen die ab 1981 sich durchsetzende Rauchgasentschwefelung nicht vollständig enthalten ist.
Quelle: Leung/Klein, a.a.O., S. 108, 110, 114; z.T. eigene Berechnungen.

Standards erfüllen konnten.[15] Die amerikanische Autoindustrie hingegen verwendete weiter Abgaskatalysatoren und erreichte eine zeitweise Aussetzung der Normen. Eine starke Ausweitung des Marktes für Kfz-Abgasreinigung hieße, daß Profite mit der Prolongierung veralteter Technologien erzielt wurden. Dies böte ein Beispiel dafür, daß mächtige Industriebranchen aus ökonomischen Gründen realisierbare Innovationen unterlassen. Diese Innovationsfeindlichkeit ist vermutlich ein charakteristisches Problem der industriellen Luftreinhaltung in den USA. Die Verfasser der hier ausgewerteten Studie betonen, wenngleich nicht ohne eine Einschränkung, daß Prozeßinnovationen zur Verminderung der Emissionsbelastung der Luft für die öko-industriellen Anlagenhersteller keinen Markt darstellen.[16] Dies dürfte letztlich darauf zurückzuführen sein, daß die im Vergleich zum Gewässerschutz durchweg weicheren Normen nur bei Neuinvestitionen bzw. bei Anlagen mit extrem toxischen Emissionen Anwendung finden und keinen ausreichenden Anreiz zur Umstellung der Produktionsverfahren bilden.

Als Konsequenz eines solchen Sachverhaltes muß offensichtlich hingenommen werden, daß nicht nur die technischen Möglichkeiten zur Verhütung von Umweltzerstörung nicht ausgeschöpft werden, sondern daß auch die Kostenseite durch überdurchschnittlich hohe Aufwendungen belastet wird. Die technischen Eigenschaften der eigentlichen Umweltschutzeinrichtungen entscheiden über Art und Umfang der nötigen komplementären Zusatz- und Folgeinvestitionen, die eine beträchtliche Ausweitung der Entsorgungskosten hervorrufen können.

2. Strategieselektion durch „non-decisions" und asymmetrische Optionsmöglichkeiten

Die Betrachtung umweltpolitischer Strategien hat gezeigt, daß grundsätzlich sowohl der Staat als auch die Industrie die jeweils erforderlichen Maßnahmen durchführen. Die Möglichkeiten, bei gegebener Zielsetzung das Problemlösungskonzept zu wählen, sind jedoch asymmetrisch zwischen den beiden Maßnahmeträgern verteilt.

Während der Staat theoretisch entweder für Entsorgung oder für eine Änderung des Allokationsmechanismus, d.h. für strukturpolitischen Umweltschutz optieren kann, stehen für die Industrie die beiden Varianten des technologischen Umweltschutzes zur Disposition. Die Existenz verschiedener Optionsmöglichkeiten verlangt eine Erklärung dafür, daß zum einen keine strukturpolitischen Strategien für den

Umweltschutz eingesetzt werden und daß zum anderen im Rahmen des technologiepolitischen Ansatzes die Entsorgungsvariante gegenüber der Innovationsvariante favorisiert wird.
Zur Klärung der Fragestellungen werde ich den Grundgedanken des „non-decision"-Konzepts (Bacharach und Baratz 1970; kritisch: Offe 1972) auf die vorliegende Problemstellung übertragen. Öffentlich ablaufende Entscheidungsprozesse bilden nur einen Ausschnitt der politisch relevanten Durchsetzung von Präferenzen der Entscheidungsträger. Auch Nicht-Entscheidungen dienen zur Durchsetzung von Präferenzen, wenn zum Beispiel die Infragestellung von Privilegien unterbleibt. Die Präferenzdurchsetzung qua Nicht-Entscheidung wird dadurch ermöglicht, daß Organisationen, in denen Entscheidungsprozesse ablaufen, Tendenzen mobilisieren, durch die eine Thematisierung solcher Entscheidungsgegenstände ausgeschlossen wird, die die Identität der Organisation betreffen.
Die identitätswahrende Tendenz kapitalistischer Industriegesellschaften besteht im Wirtschaftswachstum. Wachstumskonformität fungiert demnach als Kriterium der Selektion umweltpolitischer Strategien. Vom politischen bzw. industriellen Entscheidungsprozeß bleiben wachstumshemmende Strategien von vornherein ausgeschlossen. Ein solcher Selektionsprozeß muß strukturpolitischen Umweltschutz, der auch als ökologisch-selektive Wachstumsbeschränkung bezeichnet werden kann, für beide Strategieträger diskriminieren. Zunächst kann darauf verwiesen werden, daß in der Tat ökologische Strukturpolitik nicht im Rahmen staatlicher Umweltpolitik diskutiert wird. Für sie ist lediglich kontrovers, ob bestimmte technologische Umweltschutzmaßnahmen durch den Staat oder die Industrie realisiert werden sollen und wer die entstehenden Kosten zu tragen hat (vgl. Ronge 1973; 345). Daß eine ökologisch begründete Schrumpfung für umweltbelastende Branchen keine Optionsmöglichkeit darstellt, bedarf keiner Erläuterung. Aber auch der Staat muß sich dem Diktat der Wachstumskonformität beugen, bildet doch Wachstum nach wie vor die Legitimationsbasis seiner Politik. Hinzu kommt, daß der Staat die Schere zwischen Einnahmen und Ausgaben nur noch durch weitere Verschuldung überbrücken kann. Permanentes deficit-spending zwingt ihn dazu, permanentes Wachstum zu sichern, damit morgen zumindest ein Teil der Ausgaben erwirtschaftet wird, die heute schon getätigt werden.
Während aus der Perspektive des Staates offensichtlich kaum Alternativen zur Entsorgung existieren, können sich die industriellen Maß-

nahmenträger zwischen Entsorgung und Innovation entscheiden. Diese Aussage muß jedoch dahingehend präzisiert werden, daß nur die Unternehmen der Öko-Industrie über diese Wahlmöglichkeit verfügen. Die öko-industriellen Anlagenhersteller üben in mehrfacher Hinsicht eine Schlüsselfunktion aus, da in dieser Branche die produktionsrelevanten Forschungs- und Entwicklungskapazitäten konzentriert sind.[17] Zunächst wird durch das Angebot an Umweltschutztechnologie die technische Variationsbreite emissionsreduzierender Verfahren vorgegeben. Weniger die umweltbelastenden Produktionsbetriebe selbst als vielmehr die Öko-Industrie entscheidet somit über die Wahl zwischen innovativem oder entsorgendem Umweltschutz. Die Vorentscheidung der Strategiewahl wird durch den Gesetzgeber nur in gewissem Umfang beeinflußt: Umweltqualitätsnormen und vor allem Emissionsstandards beziehen sich praktisch immer auf einen bewußt offen definierten „Stand der Technik".[18] Auf diese Weise werden die Anlagenhersteller dazu legitimiert, weitgehend die Wirkungsweise, den ökologischen Ansatzpunkt und das Ausmaß der erreichbaren Emissionsreduzierung zu bestimmen. Allerdings kann durch die Härte der gesetzlichen Auflagen, die von den Emittenten zu erfüllen sind, eine gewisse Zahl von Umweltschutzverfahren von vornherein ausgeschlossen werden, da ihre Leistungsfähigkeit unzureichend ist.
Nunmehr ist nachzuweisen, daß Entsorgung in höherem Maße wachstumskonformen Umweltschutz ermöglicht als innovative Strategien, bzw. unter welchen Bedingungen dies der Fall ist.
Die Verankerung der Öko-Industrie in der Branchenstruktur hat eine scharfe Auseinandersetzung um die ökologischen Effekte des industriellen Umweltschutzes entfacht.[19] Wie sich zeigen wird, sind sich Verteidiger und Gegner hinsichtlich der Beurteilung der tragenden Wirtschaftsinteressen sowie der zu erwartenden makroökonomischen Konsequenzen einer Umlenkung von Produktionsfaktoren zugunsten der Ökoindustrie weitgehend einig. Die Befürworter der Entsorgungsstrategie (Quinn 1971) setzen sich vor allem mit den Angriffen der Konjunkturtheorie auseinander, denen zufolge Umweltschutz zwar ein notwendiges, im Hinblick auf das Wachstum von Produktion und Einkommen jedoch kostspieliges Übel darstelle. Dem wird entgegengehalten, daß durch die nationalen Umweltschutzausgaben zusätzliche Nachfrage gebildet wird, deren Mobilisierung dadurch gewährleistet wird, daß eine bessere Lebens- und Umweltqualität die Nachfrageeffekte neuer Produkte auslösen.
Unter Berücksichtigung der inter-industriellen Lieferbeziehungen

böten sich für eine Vielzahl von Branchen neue Investitions- und Absatzmöglichkeiten, sofern ungenutzte Produktionsfaktoren in der Entsorgungsindustrie Beschäftigung fänden. Dies sei nicht nur während einer Rezession der Fall, sondern auch in der Hochkonjunktur, die aufgrund des sie begleitenden technischen Fortschritts beständig Produktionsfaktoren freisetze. Eine Beeinträchtigung dieser Wachstumseffekte infolge mangelnder Konkurrenzfähigkeit auf dem Weltmarkt sei auch bei international uneinheitlichen Umweltschutznormen und damit unterschiedlicher Kostenbelastung nicht zu befürchten. Die belastungsintensiven Branchen wie Grundstoff- und Energieerzeugung seien keine bedeutenden Exporteure, und sekundär betroffenen Branchen stehe der Ausweg der Produktionsverlagerung offen. Umweltschutzgüter böten darüber hinaus selbst gute Exportchancen.

Es liege daher im eigenen Interesse der Industrie, angesichts saturierter Konsumgütermärkte einerseits, aber steigender öffentlicher Ausgaben andererseits, die staatliche Aggregierung latenter privater Nachfrage nach einer industriell zu produzierenden Verbesserung der Umwelt- und Lebensqualität zu unterstützen. Industrieller Umweltschutz könne sich darüber hinaus durch die sekundär erzeugten Beiträge zum Wachstum von Einkommen und Investitionen in beträchtlichem Umfang selbst finanzieren. Ein umfassender Einsatz von Entsorgungstechnologie ruft jedoch bei Produzenten und Anwendern Kosten- und Kapazitätsprobleme hervor, die durch regional- und branchenspezifische Nachteile noch verstärkt werden können. Dem Staat fällt nach Auffassung der Entsorgungspromotoren die Aufgabe zu, durch eine gesetzliche, längerfristige Strukturierung der Öko-Märkte und den problemgerechten Einsatz öffentlicher Finanzen die nötigen Anpassungshilfen auf regional-, struktur- und konjunkturpolitischer Ebene zu leisten. Auf diese Weise könne das privatkapitalistische System gleichzeitig materiellen Wohlstand und eine intakte Umwelt bereitstellen.

Die Kritiker des industriekapitalistischen Umweltschutzes sehen in der Entsorgungsindustrie einen neuen Typ der systemnotwendigen Vergeudungsproduktion ähnlich der Rüstungs- und Raumfahrtindustrie, die in erster Linie der Auslastung von Überkapazitäten dienen (O'Connor 1974; Enzensberger 1973; Gellen 1973; Ronge 1973). Im Zuge der Tendenz zur Ersetzung aggressiver, externer Expansion der Ökonomie durch internes, sozial-industrielles Wachstum müsse die Komplementärproduktion des ökologisch-industriellen Komplexes zur profitablen Stabilisierung des gesamtwirtschaftlichen Wachstumsgleichgewichts beitragen. Aufgrund der konzentrationsbedingten Tendenz zur gewinnträchtigen Verschmelzung von Umweltschädiger und Entsorger in einem Unternehmen gewinne der ökologisch-industrielle Komplex eine wachsende umweltpolitische Bedeutung. Charakteristisch für die politische Ökologie der Entsorgung ist aus der Sicht O'Connors, Gellens und anderer, daß die Großunternehmen der Öko-Industrie und der Staatsapparat wechselseitig einem Zwang zur Koalition unterworfen sind, der eine Festschreibung der prekären Entsorgungspolitik bewirke.[20]

Diese auf den ersten Blick so unterschiedlichen Argumentationsketten stimmen in ihren tragenden Gliedern völlig überein: Die Produktion der Öko-Industrie ermöglicht die Nutzung unbeschäftigter Produktionsfaktoren und sichert weiteres Wachstum. Die entscheidende Frage, ob und aus welchen Gründen Entsorgung in höherem Maße wachstumskonform realisiert werden kann als Innovationen zum Schutze der Umwelt, bedarf noch weiterer Erörterungen. Dabei sind zwei Ebenen zu berücksichtigen: Welche betrieblichen Vorteile bieten Entsorgungsanlagen gegenüber Verfahrensinnovationen, und welche Wachstumseffekte infolge der Industrialisierung des Umweltschutzes lassen sich empirisch nachweisen?

3. Möglichkeiten zur Minderung des Umweltschutzaufwandes bei der Anwendung von Entsorgungstechnologie

Die umweltpolitische Interessenlage der Industrie ist durch den Konflikt zwischen der Gewinnorientierung der Produktion von Umweltqualität und dem gewinnmindernden Aufwand der Durchführung von Emissionsschutzmaßnahmen gekennzeichnet. Umweltschutz unter industrieller Regie wird Strategien bevorzugen, die für den ökologisch-industriellen Komplex gewinnbringend sind, ohne die Emittenten erheblich zu benachteiligen.

Entsorgungstechnologie operiert selektiv und punktuell, das heißt, sie ist meist nur in schadstoff- bzw. verfahrensspezifischer Form anwendbar und ist an jeder einzelnen Emissionsquelle individuell zu installieren.[21] Die Praktikabilität von Entsorgungsmaßnahmen ist davon abhängig, ob der umfangreiche, hochspezialisierte Bedarf an technisch-naturwissenschaftlichen Informationen gedeckt werden kann, der erforderlich ist, um die Anlagen zur Emissionskontrolle an die betriebsspezifische Form der Schadstoffproduktion anzupassen. Insbesondere bei neuen Produkten besteht die Gefahr, daß Schadstoffe unerkannt bleiben oder daß die Technologie für ihre Behandlung fehlt.[22] Sofern jedoch der Produzent nicht in vollem Umfang für die durch seine Waren hervorgerufene Schädigung von Ökologie und menschlicher Gesundheit haften muß, unabhängig davon, ob die verantwortlichen Substanzen Emissionsbeschränkungen unterliegen oder nicht, ermöglicht es der selektive Charakter nachträglicher Schadstoffbehandlung, jeweils nur die gesetzlichen Minimalforderungen zu erfüllen. Ein weiterer betrieblicher Vorteil von Entsorgungseinrichtungen ist darin zu sehen, daß sie dort installiert werden können, wo die Emissionen am leichtesten nachweisbar sind. Solange Kontrollmessungen von Umweltschutzbehörden nur am Schornstein oder im Abwasserkanal vorgenommen werden, bleibt eine Vielzahl weiterer Schadstoffquellen ohne Emissionsschutz, da die Offenheit von Produktionssystemen schon ihr Aufspüren äußerst schwierig gestaltet. Auch in diesem Fall kann sich der Betrieb darauf beschränken, nur die nachgewiesenen Emissionen zu entsorgen.

Der Einsatz von Entsorgungsanlagen wird ferner durch ihre spezifische Wirkungsweise erleichtert. Die Emission von schädlichen Substanzen wird reduziert, indem der Produktionsfaktor Umwelt (in seiner Funktion als Deponie) durch den Einsatz von Kapital, Arbeit und technischem Fortschritt substituiert wird.[23] Da die entsprechenden Anlagen aufgrund ihres additiven Charakters die gegebene Kombination der klassischen Produktionsfaktoren für die Gütererzeugung in der Regel unberührt lassen,[24] kann cet.par. eine relativ leichte Ersetzbarkeit des Produktionsfaktors Umwelt angenommen werden.[25] Dieser Sachverhalt ist insbesondere bei heterogenen Produktionskapazitäten von Bedeutung. Während für neu zu errichtende Anlagen im Prinzip die Möglichkeit besteht, zwischen Entsorgung und Verfahrensinnovation zu wählen, sind technologische Innovationen für bereits bestehende Anlagen praktisch mit deren Ersetzung identisch, so daß die Alternativkosten des Umweltschutzes in diesem Falle durch die Entsorgungsstrategie sinken.

Schließlich muß berücksichtigt werden, daß für einige Formen der Umweltbelastung wie Siedlungsmüll und Haushaltsabwässer eine Beseitigung gänzlich ohne Entsorgung nicht vorstellbar scheint. Umweltschutzziele müssen naturgemäß innerhalb einer gewissen, gesetzlich vorgegebenen Zeitspanne verwirklicht werden. Die Anwendbarkeit einer Strategie ist demnach auch davon abhängig, ob sie geeignet ist, das betreffende Umweltqualitätsziel innerhalb des definierten Zeithorizonts zu erfüllen. Auch in diesem Falle begünstigt der Ergänzungscharakter von Entsorgungsanlagen ihren Einsatz, da sie vor allem bei kurzfristig zu erzielenden Emissionsminderungen den Vorteil relativ rascher Bereitstellung und Installierung bieten und den gewünschten Effekt ohne große Steuerungsverzögerung herstellen — immer vorausgesetzt, daß entsprechende Einrichtungen anwendungsreif durch die Öko-Industrie angeboten werden.

Entsorgungstechnologien zeichnen sich durch eine vorteilhaft dosierbare, breite und flexible Anwendbarkeit und relativ geringe time-lags aus, vergleicht man sie mit der Alternative einer grundlegenden Innovation der bestehenden Produktionsverfahren. Damit wird die Entsorgungsstrategie überall dort, wo sie die gesetzlichen Emissionsauflagen erfüllt, für die zur Durchführung von Umweltschutzmaßnahmen gezwungenen Verschmutzer zum Weg des geringsten Widerstandes.

Diese Anwendungsvorteile lassen auf der Nachfrageseite eine Präferenz für Entsorgungsstrategien vermuten. Ihre Durchsetzung wird jedoch letzten Endes durch das Technologieangebot der Umweltschutzindustrie entschieden. Da der ökologisch-industrielle Komplex sowohl Umweltschutzgüter als auch konventionelle Investitionsgüter produziert, wird er Entsorgungsanlagen nur dann anbieten, wenn der Einsatz von entsprechenden Technologien nicht mit einem Rückgang der traditionellen Investitionsnachfrage verbunden ist. Es ist daher zu prüfen, welche Konsequenzen für das wirtschaftliche Wachstum mit der Verwendung von Entsorgungsgütern verbunden sind.

4. Wachstumseffekte der Produktion von Entsorgungsgütern

Die gesamtwirtschaftliche Entwicklung kann an den bekannten Zielgrößen der Wirtschaftspolitik[26] gemessen werden, von denen das Wachstum der Produktion den entscheidenden Einfluß auf den volkswirtschaftlichen Bedarf an Investitionsgütern ausübt. Bei makroökonomischen Entwicklungen wird zweckmäßigerweise zwischen (langfristiger) Wachstumsperspektive und (kurzfristiger) konjunktureller Sicht unterschieden. Die einschlägigen Beiträge der ökonomischen Diskussion haben sowohl auf wachstumshemmende als auch -fördernde Konsequenzen öko-industrieller Produktion hingewiesen, die sich thesenförmig wie folgt zusammenfassen lassen (vgl. z.B. — OECD 1974; Meißner und Hödl 1977):

Die Entwicklung des Sozialprodukts wird bei Vollbeschäftigung aller Produktionsfaktoren[27] aus folgenden Gründen behindert:

a) Umweltschutzgüter stellen intermediäre Produkte dar, die innerhalb des industriellen Sektors verbraucht werden, ohne daß ihr produktiver Beitrag, die Verbesserung der Umweltqualität, in die volkswirtschaftliche Gesamtrechnung eingehe. Durch den Abzug von Produktionsfaktoren aus der traditionellen Produktion und ihren Einsatz für Umweltschutzzwecke wird die Zusammensetzung der Güterproduktion geändert. Infolge der Erhöhung der Vorleistungen zu Lasten der Endverbrauchsprodukte vermindert sich das reale, aus Gütern und Diensten der letzten Verwendung gebildete Sozialprodukt. Das nominale Sozialprodukt bleibt unberührt, sofern die durch Umweltschutzanlagen bewirkte Erhöhung der Produktionskosten in vollem Umfang auf die Verbraucherpreise überwälzt wird.

b) Der vermehrte Verbrauch intermediärer Güter erhöht den gesamtwirtschaftlichen Kapitalkoeffizienten. Bei Konstanz der Investitionsquote und der Produktivität verlangsamt sich das zukünftige Wachstum.

Der Nettoeffekt einer Umleitung von Produktionsfaktoren in die Öko-Industrie ergibt sich jedoch erst durch die Berücksichtigung der wachstumsfördernden Resultate eines wirksamen Umweltschutzes:

a) Der Anstieg des Kapitalkoeffizienten kann dadurch kompensiert werden, daß durch Umweltschutz der Konsum kapitalintensiv erzeugter Produkte substituiert wird.

b) Umweltschutzanlagen können eine produktivitätssteigernde Reorganisation der Faktorkombination erforderlich machen oder eine konstensenkende Rückgewinnung und Wiederverwendung emittierter Substanzen bewirken.

c) Der Einsatz von Umweltschutzanlagen vermindert die durch Umweltzerstörung entstehenden volkswirtschaftlichen Kosten, so daß Produktionsfaktoren freigesetzt werden, die für produktive Zwecke verwendet werden können.

Die wachstumsrelevanten Konsequenzen der Produktion von Entsorgungsgütern sind offensichtlich weniger eindeutig, als es die eingangs referierte Diskussion zwischen Fürsprechern und Kritikern eines industrialisierten Umweltschutzes vermuten ließ. Das Zusammenwirken der Bedingungsfaktoren wird darüber hinaus durch unterschiedliche sektorale und regionale Akkumulationsbedingungen modifiziert.[28]

Schließlich darf nicht unberücksichtigt bleiben, daß der Abzug von Produktionsfaktoren aus dem traditionellen Industriesektor bzw. seine

Alternativkosten mit zunehmenden Umweltschutzerfolgen abnehmen: Zunächst müssen Umweltschutzprogramme in ihrer Anfangsphase meist den Nachholbedarf aus den Versäumnissen der Vergangenheit decken. Ist ein angestrebtes Niveau der Umweltqualität einmal erreicht, sinken die anfänglich unverhältnismäßig hohen Kosten bis auf den Betrag, der erforderlich ist, um die Emissionsbelastung weiteren Wirtschaftswachstums aufzufangen. Es ist nicht auszuschließen, daß das zukünftige Wachstum des Sozialproduktes infolge von Umweltschutzkosten geringer ausfällt als in der Vergangenheit. Ebenso sicher scheint jedoch, daß die steigenden volkswirtschaftlichen Kosten fortschreitender Umweltzerstörung das Wirtschaftswachstum nicht minder, wenn nicht gar nachhaltiger bremsen würden.

Will man ein realitätsnahes Bild der Wachstumseffekte der Produktion von Umweltschutzgütern gewinnen, ist die säkulare Betrachtungsweise durch die konjunkturelle Perspektive zu ergänzen. Die kurzfristige Wirkung öko-industrieller Produktion wird generell dadurch geprägt, daß eine produktionsfördernde Reduzierung der volkswirtschaftlichen Kosten sich erst längerfristig auswirken kann. Während einer Hochkonjunktur können Engpässe des Faktorangebotes nur durch etwaige parallele Produktivitätsgewinne und faktorsparende Substitutionsvorgänge gemildert werden, andernfalls wäre eine Verringerung des realen Wachstums kaum zu vermeiden. Während einer Rezession hingegen können unbeschäftigte Arbeitskräfte und nicht ausgelastete Kapazitäten für den Faktorbedarf der Öko-Industrie eingesetzt werden, so daß der traditionelle Sektor nicht betroffen wird und das reale Sozialprodukt durch den Faktoreinsatz für Umweltschutzzwecke keine Einbußen erfährt.[29] Dabei muß allerdings berücksichtigt werden, daß der Einsatz zusätzlicher Produktionsfaktoren eine Überbrückung der rezessiven Nachfragelücke durch Staatsausgaben, Exporte oder den konsummobilisierenden Effekt neuer (ökologischer) Produkte erfordert.

Die folgende Übersicht soll am Beispiel einiger wichtiger Industrieländer die gegenwärtigen makroökonomischen Konsequenzen der Öko-Industrie skizzieren.

Die realen Wachstumseffekte der Öko-Industrie werden maßgeblich durch ihren tatsächlichen Anteil an der Wirtschaftstätigkeit eines Landes bestimmt.

Seit der Umweltschutz sich als eigenständiger Politikbereich etabliert hat, wachsen in nahezu allen Ländern seine Kosten von Jahr zu Jahr an.[30]

In den *USA* nahmen die Ausgaben zwischen 1972 und 1974 um 45% zu. Sie betrugen 1974 mit 26,21 Mrd. Dollar 1,9% des BSP.

Die *japanischen* Umweltschutzkosten verzeichneten zwischen 1972 und 1975 einen Zuwachs von 140%, der allerdings teilweise der raschen Inflation zuzurechnen ist. Dennoch belief sich 1975 die Summe der Aufwendungen auf reichlich 3% des BSP.
In der *Bundesrepublik Deutschland* kostete demgegenüber der Umweltschutz im Jahre 1975 nur gut 10% mehr als im Vorjahr. Der Anteil der Ausgaben am Sozialprodukt blieb annähernd konstant bei 1,4%.
In *Schweden* wurden 1974 mit 3,483 Mrd. Skr. etwa genausoviel für den Umweltschutz ausgegeben wie zwei Jahre zuvor. Die Stabilität des Ausgabenniveaus bewirkte jedoch, daß 1974 nur noch 1,4% des BSP zu umweltpolitischen Zwecken verwendet wurde, während 1972 noch 1,7% aufgewendet worden waren. Dieser relative Kostenrückgang ist auf den sinkenden öffentlichen Anteil an den Investitionen für den Gewässerschutz zurückzuführen.
Länder wie *Großbritannien, Dänemark, Österreich* oder *Kanada* geben vermutlich nicht mehr für den Umweltschutz aus als derzeit die Bundesrepublik Deutschland oder Schweden. *Frankreichs* Aufwendungen liegen wahrscheinlich am unteren Ende der Skala und dürften 1% des BSP kaum überschreiten.
Von besonderem politischen Interesse ist neben der absoluten Höhe der Kosten vor allem die Lastverteilung der Finanzierung zwischen Staat und Industrie, die über die Konjunkturstabilität des Absatzes der Öko-Industrie entscheidet. Die Gemeinlastfinanzierung ist mit 62% an den Gesamtkosten des Jahres 1974 in *Schweden* klar bestimmend. *Japan* hingegen finanzierte 1972 mit 52% noch eindeutig gemeinlastig um jedoch bis 1975 auf eine Quote von 36% zurückzufallen, die als verursacherorientiert gelten muß. Neben Japan zeigen auch die Bundesrepublik Deutschland mit einem öffentlichen Anteil von 38% und die USA mit 27% im Jahre 1974 eine deutlich verursacherorientierte Kostenlastverteilung.

Obschon die Gesamtkosten im Unweltschutz immer deutlich über dem Marktvolumen der Öko-Industrie liegen, hat diese zumindest für die letztgenannten ausgabefreudigen Staaten eine nicht mehr zu übersehende Bedeutung gewonnen. Eine in die Zukunft schauende Einschätzung hätte zudem den Expansionswillen der Umweltschutzindustrie – auch und gerade in den „sparsameren" Ländern – in Rechnung zu stellen, wie er z.B. an der Überschätzung der Marktchancen durch interessierte Industriefraktionen ablesbar ist: Für die Bundesrepublik Deutschland vermutete der DIHT eine Umweltschutznachfrage in Höhe von 4% des BSP, tatsächlich wurden aber 1974 nur 1,4% des Sozialproduktes umweltpolitisch verwendet (Umwelt 2, 1974; 24).

Die Öko-Industrie im engeren Sinne gewinnt deutlichere Umrisse, wenn innerhalb der Öko-Gesamtnachfrage die Investitionskomponente isoliert wird. Der Markt des ökologisch-industriellen Komplexes wird durch die Intermediär- und Investitionsgüternachfrage des kommunalen und industriellen Umweltschutzbedarfes sowie durch die Exportnachfrage gebildet. Generell kommt der Investitionsnachfrage die größte Bedeutung zu. Für die empirische Erfassung des Marktvolumens ergibt sich das Problem, daß Daten für einen internationalen Vergleich nur auf der Ebene der Gesamtinvestitionen verfügbar sind, d.h. eine Trennung von Ausrüstungs- und Komplementärinvestitionen nicht möglich ist. Für einige wichtige Staaten ist in der folgenden Übersicht die aktuelle Binnennachfrage nach Investitionsleistungen der gesamten Öko-Wirtschaft zusammengefaßt. Der Anteil der Umweltschutzinvestitionen an der gesamtwirtschaftlichen Investitionsnachfrage verdeutlicht das unterschiedliche Gewicht der Öko-Fraktionen innerhalb der nationalen Investitionsgüterindustrien.

Tabelle III

1974	Geschätzte Investitionsnachfrage im Umweltschutz	Anteil an der gesamten Investitionsnachfrage
USA	11,9 Mrd. Dollar	6,1%
Japan (1975)	2534,3 Mrd. Y	5,9%
Schweden	2,1 Mrd. Skr.	4,3%
Bundesr. Deutschld.	6,4 Mrd. DM	2,9%

Quelle: siehe Anm. 31

Angesichts der Tatsache, daß die Länder mit der am weitesten entwickelten Öko-Industrie gleichzeitig die höchsten Umweltschutzinvestitionen tätigen, kann vermutet werden, daß der Export von Umweltschutzanlagen derzeit gegenüber dem nationalen Markt noch relativ unbedeutend ist. Genaue Angaben sind derzeit nur für wenige Länder bekannt. Die Umweltschutzexporte der USA und Japans bieten das folgende Bild:

Tabelle IV: Export von Umweltschutzanlagen

	USA		Japan
1969	214 Mio. US Dollar	1972	4,74 Mrd. Y
1972	279 Mio. US Dollar	1973	1,00 Mrd. Y
1973	331 Mio. US Dollar	1974	9,70 Mrd. Y

Quelle: Leung/Klein 1975, 124 und JETRO marketing series 15, 1976; 20

Die Öko-Industrie der USA exportierte somit 1973 Anlagen im Werte von 3% ihres Binnenabsatzes, während die Öko-Exporte Japans nur 0,7 % ihres nationalen Marktes erreichten. Da beide Länder als Produzenten von Umweltschutzanlagen einen bedeutenden technologischen

Vorsprung besitzen, dürften ihre Exportchancen jedoch zunehmend steigen, zumal zu den Hauptabnehmern auf dem Weltmarkt nicht nur Kanada und Westeuropa zählen, sondern auch Staaten, deren technologische Kapazitäten auf absehbare Zeit noch hinter ihrem Wachstumspotential und dem resultierenden Umweltschutzbedarf zurückbleiben werden wie Mexiko, Brasilien, Venezuela oder die südostasiatische Industrialisierungspole (Leung/Klein 1975; 124 und JETRO marketing series 15, 1976: 20).

Die säkularen Wachstums- und Beschäftigungseffekte der Öko-Wirtschaft in den Ländern, für die überhaupt Informationen vorliegen, lassen sich wie folgt einschätzen: Zunächst scheint es plausibel, daß in jenen Staaten, die kaum mehr als ein Prozent ihres BSP für den Umweltschutz ausgeben, durch die Produktion der Öko-Wirtschaft praktisch keine gesamtwirtschaftlichen Parameter verändert werden. Für Schweden, Japan oder die USA, die z.T. das zwei- bis dreifache an Umweltausgaben tätigen wie etwa Frankreich, kann ein gewisser längerfristiger Einfluß auf die wirtschaftliche Entwicklung vermutet werden. Zunächst gibt es Hinweise darauf, daß für einzelne Unternehmen Umweltschutzinvestitionen mit einer Senkung der Produktionskosten einhergingen.[32] Andererseits sind jedoch bisher für keine Volkswirtschaft kapitalsparende Substitutionsprozesse zwischen Umweltschutzgütern und traditionellen Produkten bekannt geworden. Es darf schließlich bezweifelt werden, ob die umweltpolitischen Teilerfolge Schwedens, Japans oder der USA (Jänicke 1976) bereits eine gesamtwirtschaftliche Rendite in Form sinkender volkswirtschaftlicher Kosten abwerfen. Es liegt also die Vermutung nahe, daß zumindest während der zurückliegenden Jahre in den letztgenannten Ländern, die hohe Gesamtaufwendungen für den Umweltschutz tätigen und gleichzeitig die Lösung der Aufgaben der Öko-Industrie übertragen, das Wachstum in gewissem Umfang beeinträchtigt wurde.[33]

Hierfür zeichnet vermutlich auch die verursacherorientierte Kostenlastverteilung verantwortlich.

Die Rezession der Jahre 1974/75 kann als weltweiter Test auf die Konjunkturstabilität der Öko-Industrie gelten. Die bisherigen Erfahrungen bestätigen, daß die Hersteller von Umweltschutzanlagen in konjunkturellen Flauten tatsächlich expandieren und somit dem allgemeinen Rückgang von Produktion und Beschäftigung kurzfristig entgegenwirkten. So konnte Japans Öko-Industrie im Krisenjahr 1974 eine 40%-ige Zuwachsrate verzeichnen, während andere Unternehmen der Investitionsgüterbranche ihre Produktionskapazitäten einschränken mußten. Die gesamten Umweltschutzinvestitionen der Industrie lagen 1974 gar um 75% über den Aufwendungen des Vorjahres. Die Produktion von Entsorgungsgütern stieg in Japan von 375 Mrd. Y im Jahre 1972 auf 677 Mrd. Y im Jahre 1974 (JETRO marketing series 15, 1976; 18 ff). Daß es sich hier nicht um einen Einzelfall handelt, beweist auch das Resumée der OECD-Umweltkommission vom Frühjahr 1976, in dem hervorgehoben wird, daß die Umweltschutzindustrie auch während der Rezession ihr Wachstum habe fortsetzen können (OECD-Observer 1976; 20). Aus den von Land zu Land unterschiedlichen Öko-Investitionsmärkten kann jedoch geschlossen werden, daß die antizyklische Wirkung im Rahmen der OECD-Länder national differenziert ausfällt. Am deutlichsten dürfte sie in Schweden und anderen Ländern mit gemeinlastorientierter Kostenverteilung spürbar geworden sein.

Nach den USA, Schweden und der Bundesrepublik Deutschland gingen in jüngerer Zeit auch Belgien, Dänemark, Japan und Norwegen zum antizyklischen timing der öffentlichen Umweltschutzausgaben über (OECD-Observer 1976; 25 f. und BMI 1975[1]; 2). In der wirtschaftspolitischen Diskussion mehren sich die Stimmen, die betonen, daß eine gegenseitige Abstimmung von Konjunktur- und Umweltpolitik die Realisierungschance beider Aufgabenbereiche erhöhe (Fleischmann und Hansmeyer 1975; 17 ff). In diesem Zusammenhang muß betont werden, daß die positiven Wachstums- und Beschäftigungseffekte öffentlicher Umweltschutzinvestitionen im folgenden zyklischen Abschwung wieder dem „negativen Multiplikator" zum Opfer fallen.

Die vorliegenden Informationen zur gesamtwirtschaftlichen Funktion der Öko-Industrie deuten darauf hin, daß während der zurückliegenden Jahre umweltpolitischer Bemühungen Staaten mit hohen Aufwendungen wie die USA, Japan oder Schweden eine leichte säkulare Beeinträchtigung von Produktion und Beschäftigung haben hinnehmen müssen. Unternehmen, die durch ungünstige sektorale oder regionale Akkumulationsbedingungen benachteiligt waren, dürften überdurchschnittlich betroffen gewesen sein. Die antizyklische Realisierung von Umweltschutzmaßnahmen in diesen Ländern hat andererseits zur Milderung rezessiver Konjunkturlagen beigetragen, wobei das Ausmaß von der Höhe der öffentlichen Finanzierung des Umweltschutzes abhängig sein dürfte. Für J.B. Quinns These, die Industrialisierung des Umweltschutzes könne sich aus ihren sekundären Wachstumsbeiträgen auch längerfristig selbst finanzieren, können bisher keine Belege gefunden werden.

Für die eingangs aufgeworfene Frage, ob eine Industrialisierung des Umweltschutzes Entsorgungsstrategien gegenüber innovativen Konzepten begünstigt, können nun folgende begründete Thesen zur Diskussion gestellt werden:

Sofern der Staat im Rahmen einer antizyklischen Ausgabenpolitik einen hohen Anteil der Umweltschutzkosten finanziert, bewirkt der Bedarf an Entsorgungstechnologie eine konjunkturelle Stabilisierung des Marktes für die Unternehmen des industriellen Anlagenbaues, so daß für die Investitionsgüterindustrie kurzfristig kaum ein Anreiz besteht, neue, belastungsarme Produktionsverfahren zu entwickeln. Unter Berücksichtigung der aufwandmindernden Anwendungsvorteile, die Entsorgung für die zum Emissionsschutz gezwungenen Unternehmen bietet, muß damit gerechnet werden, daß sich die Entsorgungsstrategie auf absehbare Zeit als vorherrschende Form der Industrialisierung des Umweltschutzes behauptet. Sobald für eine vorwiegend entsorgungsorientierte Umweltpolitik die Vermeidungskosten nicht durch längerfristig eingesparte Schadenskosten aufgewogen werden, werden eine Verlangsamung des Wachstums und ein Rückgang der Investitionsnachfrage nicht ausbleiben. Diese nachteilige Entwicklung kann nur dadurch aufgehalten werden, daß der öko-industrielle Komplex rechtzeitig sein Angebot an Entsorgungseinrichtungen durch emissionsmindernde Prozeßinnovationen ersetzt. In diesem Falle würde er jedoch seine kurzfristige Entwicklung wieder weitgehend vom konjunkturgesteuerten Investitionsrhythmus der Volkswirtschaft abhängig machen und hätte auf die willkommene antizyklische Stabilisierung der Gewinne durch staatlich verordnete und finanzierte Entsorgungsnachfrage zu verzichten. Wenn der Anlagenbau nicht durch eine konsequente und vorausschauende Politik zur Entwicklung ökologisch unbedenklicher Produktionsverfahren gezwungen wird, scheint es unvermeidbar, daß die Gesellschaft die Entsorgungsprofite der Umweltschutzindustrie solange zu finanzieren hat, bis ihre Grenzerträge durch die Alternativkosten einer säkular stagnierenden oder gar rückläufigen Investitionsnachfrage zunichte gemacht werden. Die These, daß Entsorgung eine auf Kosten der Allgemeinheit prolongierte Interimsstrategie darstellt, läßt sich anhand einer Untersuchung ihrer Leistungsfähigkeit weiter erhärten.

5. Zur Leistungsfähigkeit der Entsorgungsstrategie

Die Promotoren der Entsorgungsstrategie lassen keine Zweifel an der Problemlösungskapazität des industrialisierten Umweltschutzes aufkommen. Die Kritiker des ökologisch-industriellen Komplexes betonen demgegenüber, daß die ökologischen Effekte der Entsorgung ambivalent, wenn nicht gar problemverschärfend ausfallen (Enzensberger 1973, Gellen 1973 und Ronge 1973). Zunächst werde durch die „Doppelproduktion" von traditionellen und Entsorgungsgütern die Vergeudung ökologischer Ressourcen beschleunigt. Da das Problem der Schadstoffendbeseitigung durch Entsorgung selbst noch nicht gelöst sei, finde lediglich eine Verlagerung der Emissionsbelastung in scheinbar weniger betroffenen Dimensionen statt, deren Schädigung längerfristig jedoch ebenfalls unausweichlich ist. Die Umweltzerstörung werde weiter dadurch beschleunigt, daß die Öko-Industrie zum einen selbst Schadstoffe emittiere, zum anderen am weiteren Wachstum ihrer Großabnehmer, der belastungsintensiven Branchen, interessiert sei. Auf diese Weise begünstige die Industrialisierung des Umweltschutzes eine ökonomisch funktionale, ökologisch jedoch verhängnisvolle Harmonisierung chronischer Umweltverschmutzung und fallweiser Entsorgung. Eine weitere Form von Wohlfahrtsminderung durch Entsorgung resultiere daraus, daß mit wachsender gemeinlastiger Finanzierung von Umweltschutzkosten Zielverzichte in den traditionellen Bereichen der Sozialpolitik hingenommen werden müssen, da die wachsenden Aufwendungen für den Umweltschutz nur durch Mittelumschichtungen zwischen den einzelnen Haushaltstiteln zu finanzieren sind.

Eine kritische Wirkungsanalyse der Umweltpolitiken in wichtigen Industrieländern, die allein jedoch keine Prognose gestattet, läßt tatsächlich eine Reihe entsorgungsspezifischer Leistungsmängel erkennen.

Die Erfolge, die durch Entsorgung erzielbar sind, werden zweckmäßigerweise daran beurteilt, ob einschlägige gesetzliche Normen und Auflagen zum Schutz und zur Verbesserung der Umweltqualität erfüllt werden. Hier ist nun zunächst festzustellen, daß die geduldete Verletzung geltender Umweltschutzbestimmungen oder deren nachträgliche Aussetzung in den vergangenen Jahren international zur umweltpolitischen Tagesordnung gehörten. Ein japanischer Umweltbericht kritisierte z.B., daß 1973 94% der Meßstationen für Stickstoffoxide und 54% der Schwefeldioxid-Stationen Ergebnisse liefern, die die zulässigen Konzentrationswerte übersteigen. Die Überwachung der Gewässergüte ergab im selben Jahr, daß 24,5% der Wasserproben aus Flüssen, 38,5% der aus Seen und 16,2% der aus den Küstengewässern entnommenen Proben nicht die gesetzlich vorgeschriebene Güte aufwiesen (Environment Agency 1976: 71 und 86). Im 6. Bericht des amerikanischen Umweltrates heißt es, daß bis 1974 die Luftgütestandards, ausgenommen für Partikel und SO_2, weiterhin in vielen Teilen der Vereinigten Staaten nicht erfüllt wurden. Ebenso entspricht die Qualität des Oberflächenwassers nur in 30 bis 60% der Fälle annähernd den gesetzlichen Standards (CEQ 1975; 310 und 352 ff.). Für die USA ist prognostiziert worden, daß die für 1977 vorgesehene Versorgung der Bevölkerung mit Kläranlagen der zweiten Reinigungsstufe erst in den achtziger Jahren realisiert wird und die für 1977 geplanten umfassenden Luftqualitätsziele ebensowenig termingerecht verwirklicht werden, wie die am Gesundheitsschutz orientierten Minimumauflagen für die Luftreinhaltung, die 1975 hätten erfüllt werden sollen (Leung/Klein 1975; 11 und 32). In Westberlin waren — bei erheblichen Grenzwertüberschreitungen im Stadtzentrum — noch Anfang 1978 die Bedingungen für einen Smog-Alarm erfüllt.

Für diese *Vollzugsdefizite* sind zu einem guten Teil strategieimmanente Ursachen verantwortlich zu machen. Hierzu zählen die Praxis, nur die augenfälligen Emissionsquellen zu entsorgen, und vor allem die unzureichende Wirkung von Entsorgungsmaßnahmen selbst. Unter Rückgriff auf die eingangs referierte Kritik lassen sich die Wirkungsschwächen der bisherigen Umweltpolitik auf mehreren Ebenen nachweisen.

Die bereits angesprochenen Entsorgungsfolgen in Form der Ressourcenvergeudung durch *Doppelproduktion* und der *Verlagerung ökologischer Probleme* auf geringer belastete Umweltbereiche sind unmittelbar evident. Als besonders bedenklich erscheinen im Fall von Emissionsverlagerungen die nur schwer zu überschauenden Gesundheitsrisiken.[34]

Ferner ist die Produktion von Entsorgungsanlagen selbst eine Quelle von *Zusatzemissionen*. So macht der Stahlbedarf beim Kläranlagenbau 50-80% der gesamten Materialkosten aus (Leung/Klein 1975; 71). Die Stahlindustrie gehört aber bekanntlich zu den ärgsten Wasser- und Luftverschmutzern. In der Verursachermatrix der Bundesrepublik Deutschland zeichnet diese Branche bei der Belastung der Luft verantwortlich für 10% der SO_2-Emissionen, für 10% der NO_x-Emissionen sowie für 25% aller emittierten Stäube. Die Eisen- und Stahlindustrie produziert weiterhin 15% des industriellen Abwasseraufkommens,

10% der mineralölhaltigen Abwässer und 10% des jährlich anfallenden Kühlwassers (BMI 1976[1]; 12).

Die Leistungsfähigkeit der Entsorgungsstrategie wird schließlich selbst dort, wo dieses Konzept greift, dadurch eingeschränkt, daß die erzielbare Reinigungsleistung nie 100%ig ausfällt. Die nachträgliche Behandlung von Schadstoffen läßt für eine gegebene Technologie unvermeidlich einen gewissen Emissionsanteil unkontrolliert. Diese jeweils nicht mehr entsorgungsfähigen *Restemissionen* müssen bei weiterem Wachstum der umweltbelastenden Wirtschaftstätigkeit akkumulieren und drohen über kurz oder lang das Ausgangsniveau der Emissionsbelastung zu reproduzieren. Solange rechtzeitig auf der Basis verschärfter gesetzlicher Regelungen neue Technologien mit höherem Wirkungsgrad bereitgestellt werden können, wird die endgültige Umweltzerstörung durch die Institutionalisierung eines ökologischen Zyklus von Intervention und Krise hinausgeschoben. Der umweltschützende Nettoeffekt dieser *Entsorgungszyklen* bewirkt, daß trotz hoher Aufwendungen für den Gewässerschutz oder die Luftreinhaltung die erzielten Verbesserungen der Umweltqualität gering ausfallen oder daß lediglich eine weitere Verschlechterung vermieden bzw. ihr Eintreten verzögert werden kann.

Einige Beispiele sollen Anhaltspunkte dafür liefern, welche Dimensionen das Problem des Entsorgungszyklus gegenwärtig erreicht hat. So heißt es im „Umweltbericht '76" der Bundesregierung: „In den letzten fünf Jahren hat sich der Zustand der Gewässer trotz großer finanzieller Anstrengungen des Bundes der Länder und der Kommunen sowie der Wirtschaft noch nicht entscheidend geändert" (BMI 1976[2]; 106).

Der amerikanische Umweltrat konstatiert für die Entwicklung der Luftbelastung in den USA eine ähnliche Problemlage: „Stationary sources are projected to decrease their emissions of particulates and sulfur oxides substantially as the 1977 standards are met. After 1977, the emissions will increase again as the economy expands" (CEQ 1974; 297). Derselbe Umweltbericht kennzeichnet die Situation des kommunalen Gewässerschutzes, der allerdings rund 30% der industriellen Abwässer entsorgt, in ähnlicher Weise: „ . . . as a result of growth the amount of BOD_5, discharged by municipal treatment plants has remained almost constant since 1957" (CEQ 1974; 144).

Sollte die Reduzierung von Restemissionen für eine rasch wachsende, emissionsintensive Branche wie z.B. die chemische Industrie frühzeitig an eine technologische oder ökonomische Grenze stoßen, so würde sich der Entsorgungszyklus einem weiteren Krisenmanagement entziehen. Mit der herkömmlichen Strategie nachträglicher Schadstoffkontrolle wären dann weitere, diesmal endgültige Schädigungen der Umwelt nicht mehr aufzuhalten.

Die Wirksamkeit entsorgender Umweltschutzmaßnahmen wird infolge der dargestellten Tendenzen zur Ressourcenvergeudungen, zur Problemverlagerung und zur Erzeugung von Folgeemissionen einerseits sowie unter Berücksichtigung zyklischer, wachstumsbedingter Problemschübe andererseits stark eingeschränkt. Die nichtsdestoweniger unabweisbare Aufgabe, die Umweltqualität dauerhaft zu verbessern, wird gänzlich ohne alternative Innovations- bzw. Strukturpolitiken kaum erfüllt werden können. Daher sollen abschließend die Existenzbedingungen der Entsorgungsindustrie im Hinblick auf die Widerstände betrachtet werden, die sie einem solchen Politikwandel entgegensetzen.

IV. *Zur politischen Ökologie von Entsorgung und Vorsorge*

Unsere Untersuchung zeigt, daß die Selektionsprinzipien der betrachteten kapitalistischen Industriegesellschaften die Realisierung struktur- und innovationspolitischer Umweltschutzoptionen tendenziell ausschließen. Stattdessen setzt sich eine entsorgungsorientierte Industrialisierung des Umweltschutzes durch, die die Herausbildung eines ökologisch verträglichen Wirtschaftssystems zu verhindern droht. Diese Fehlentwicklung ist in der Wachstumskonformität der Entsorgung begründet. Überfällige strukturelle und technologische Innovationen werden dadurch hinausgeschoben, daß die „ökologische Krise" ebenso behandelt wird wie andere Formen eines Defizites an gesellschaftlicher Wohlfahrt: Die systemkonforme Problemlösung wird in der gewinnbringenden Erweiterung der Güterpalette um neue — in diesem Falle umweltschützende — Produkte gesucht, die eine Substitution des eigentlichen Bedarfes und seiner politischen Befriedigung garantieren sollen. Je mehr sich Umweltpolitik darauf beschränkt, lediglich die anfallenden Entsorgungskosten gemeinlastig zu finanzieren, umso deutlicher zeichnet sich die Gefahr ab, daß die Sicherung der ökologischen Grundlagen von Produktion und Lebensqualität davon abhängig wird, ob Umweltschutz als konjunktureller Hemmschuh wirkt oder aber als Ansatzpunkt antizyklischer Wirtschaftspolitik dienen kann. Damit erfüllt er zwar die kurzfristigen Wachstumserfordernisse der Wirtschaft, nicht aber seinen ökologischen Zweck. Die resultierende profitable Balance zwischen gesetzlichen Emissionsbeschränkungen und der partiellen Duldung weiterer Umweltzerstörung stabilisiert die Machtposition des öko-industriellen Komplexes. Je weniger seine technologischen Kapazitäten öffentlichen Präferenzen unterworfen werden und je konjunkturstabiler seine Produktion durch staatliche Nachfrage wächst, desto schwieriger wird es, gegen eine sich abzeichnende Koalition der Ansprüche auf die Erhaltung von Profiten und Arbeitsplätzen alternative Umweltschutzstrategien durchzusetzen. Die Gefahr einer Verselbständigung des ökologisch-industriellen Komplexes — nicht allein gegenüber der Politik, sondern auch hinsichtlich seiner ökologischen Aufgaben — ist hinreichend demonstriert und findet bekannte Parallelen in anderen Politikbereichen.[35]

Können Chancen für einen Strategiewandel in der Umweltpolitik ausgemacht werden? Solange die Forderung nach Wachstumskonformität die Umweltpolitik leitet, ist dies nur im Gefolge einer akuten ökologischen oder ökonomischen Krise zu erwarten. Zwei Fälle sind denkbar:

Die Leistungsfähigkeit der Entsorgungspolitik stößt an eine technische oder ökonomische Grenze mit dem Ergebnis, daß im Gefolge der zyklischen Entsorgungskrise ein ökologischer Zusammenbruch droht. Sofern den zuständigen Bürokratien noch Ausweichstrategien wie etwa Standort- und Regionalpolitik zur Verfügung stehen, kann kurzfristig an der überkommenen Entsorgung festgehalten werden. Der Umweltschutz wird jedoch nur dann erfolgreich bleiben, wenn eine Neuformulierung der ökologischen Ziele auf einem Niveau vorgenommen wird, das entsorgungstechnisch nicht zu erfüllen ist. Sofern die Sanktionsmöglichkeiten der Politik oder aber die Produktionsrelevanz der zu erwartenden ökologischen Schäden den nötigen Anreiz setzen, werden Innovationsmaßnahmen die Entsorgung verdrängen. Es kann nicht ausgeschlossen werden, daß zyklisch erzwungener technischer Fortschritt die Entsorgungskrisen ebenso dämpft wie den Konjunkturzyklus.

Eine weitere Möglichkeit für einen umweltpolitischen Strategiewandel ergibt sich, wenn eine ökologische Krise mit einer wirtschaftlichen Strukturkrise zusammentrifft, etwa im Gefolge von Umschichtungen der internationalen Arbeitsteilung. Eine durch diese bedrohliche Problemkumulation ausgelöste Umstrukturierung des Branchengefüges gäbe dem vorsorgenden, strukturpolitischen Umweltschutz eine Chance als „Nebenprodukt". Vorsorge in der Prosperität hingegen ist eine reformpolitische Illusion.

Anmerkungen:

1 Dieser Beitrag ist eine überarbeitete, empirisch aktualisierte Fassung des Aufsatzes: Zur politischen Ökologie der Industrialisierung des Umweltschutzes, erschienen in: Der Leviathan, Nr. 2, 1977.
2 Vergl. den Beitrag von Martin Jänicke („Blauer Himmel über den Industriestädten — eine optische Täuschung") in diesem Band sowie CCSM/NATO 1976; 23 ff.
3 Die „systemische" Verursachung durch Marktversagen kann hier unberücksichtigt bleiben (vgl. hierzu die Literaturstudie von Fisher und Peterson 1976).
4 Es wird hierbei unterstellt, daß ein Unternehmen nur dann „autonom" Umweltschutz betreibt, wenn er betrieblicher Rentabilität dient, so daß es sich final nicht um den Schutz des Öko-Systems handelt. Diese Sachverhalte gelten auch für die noch zu betrachtende strukturpolitische Umweltstrategie. Die Instrumente, die der Staat zur Steuerung der Umweltpolitik einsetzt, werden weiter unten für beide Strategietypen gemeinsam dargestellt.
5 In diesem Falle ist der Staat „free rider".
6 Es ist evident, daß die nötige Umlenkung von Produktionsfaktoren die Allokationskapazität der öffentlichen Haushalte überschreitet.
7 Es handelt sich hier um ein generelles Problem von Technologie — bzw. Strukturpolitik.
8 Die sogenannten „Verhandlungslösungen" besitzen keine praktische Relevanz und bleiben daher unberücksichtigt.
9 Auf der internationalen Düsseldorfer Umweltschutzmesse „ENVITEC" die 1973 und 1977 stattfand (die nächste Messe ist für 1980 geplant), zeigten rund 400 Aussteller aus 14 Industrienationen ihre Umweltschutzanlagen. Vgl. die Aussteller- und Warenverzeichnisse der Messeleitung (ENVITEC 1973 und 1977).
10 Der Rüstungs- und Anlagenproduzent Krauss-Maffei ließ im Rahmen einer Umfrage verlauten, man habe „das Lieferprogramm auf den Umweltschutz ausgedehnt, wobei wir in der Hauptsache unsere traditionelen Apparate, Maschinen und Anlagen für dieses Gebiet einsetzen" (Schulte 1974; 24 f).
11 So hat die westdeutsche Öko-Industrie ihre Interessenvertretung im Verein Deutscher Maschinenbauanstalten organisiert. Die bedeutendsten japanischen Umweltfirmen sind Mitglieder der „Japan Society of Industrial Machinery Manufacturers" (JETRO MS 15, 1976; 22).
12 Es handelt sich um die bereits zitierte Studie von Leung/Klein (1975). Da die Autoren mit einem sehr engen Begriff von Umweltschutzinvestitionen und -anlagen arbeiten, sind die Angaben nicht mit Investitionsdaten anderer Quellen vergleichbar.
13 Leung/Klein (1975, S. 3) schreiben: „Thus, the real challenge and the real opportunity for pollution control equipment manufacturers is to work with industry to improve process technologies in terms of both costs effectiveness and energy efficiency".
14 Da die Datenbasis für die Marktprojektion hinsichtlich der Rauchgasentschwefelung unvollkommen ist, soll hier mit den nötigen Vorbehalten interpretiert werden.
15 Vgl. CEQ, 4, 1973, S. 164.

16 „Extras and production process changes are not considered potential markets for equipment suppliers in this projection. However, many air pollution equipment suppliers do participate, particularly in the latter". (Leung/Klein, 1975, S. 109) In diesem Zusammenhang ist zu berücksichtigen, daß die Autoren Verfahrensänderungen, die vornehmlich aus Rentabilitätsgründen stattfinden, aber emissionsmindernde Nebeneffekte haben wie etwa die Ersetzung von Thomas-Konvertern durch staubarme Verfahren zur Stahlerzeugung, nicht als Nachfrage nach belastungsarmen Technologien werten.

17 Dies wurde auch durch eine Reihe von Interviews bestätigt, die von Mitgliedern des Forschungsprojektes „Politik und Ökologie" mit bedeutenden Ausstellern auf der ENVITEC '77 durchgeführt wurden.

18 In den Ziffern 2.3.1. der TA-Luft heißt es: „Dem Stand der Technik entsprechen insbesondere fortschrittliche Maßnahmen zur Begrenzung von Emissionen, die mit Erfolg im Betrieb erprobt worden sind".

19 Auf diesen Teil der Diskussion komme ich später zurück.

20 In diesem Punkt argumentieren die Autoren unterschiedlich: Während Martin Gellen der Öko-Industrie vorwirft, im Interesse der Profitmaximierung die staatlichen Emissionsauflagen soweit aufzuweichen, daß sie sowohl externe Ersparnisse durch Umweltverschmutzung garantieren als auch einen Mindestabsatz an Entsorgungstechnologie, vertritt Volker Ronge die Auffassung, die Korporation von Verschmutzer und Entsorger begünstige die Durchsetzung staatlicher Normen, da die betreffenden Unternehmen nicht nur einer Kostenbelastung ausgesetzt werden, sondern gleichzeitig am Öko-Geschäft partizipieren.

21 Eine wichtige Ausnahme bilden Kläranlagen, die in gewissem Umfang sowohl für Schadstoffgruppen als auch für Sammelentsorgung geeignet sind.

22 In der Chemieindustrie der USA werden jährlich tausende von Substanzen neu entdeckt und hunderte hiervon kommerziell genutzt. Dementsprechend ändert sich fortwährend die Zusammensetzung und die Gefährlichkeit der Emissionen und damit die Anforderungen an die Entsorgungseinrichtungen (vgl. CEQ 1975; VIII.)

23 Die Nutzung der Umwelt als Produktionsfaktor erfolgt einmal durch die Entnahme von Gütern, zum anderen durch die Ablagerung unerwünschter Kuppelprodukte. Die etablierte Wachstumstheorie ließ dies explizit unberücksichtigt: "We can ignore natural resources, if we assume a resource saving improvement in knowledge . . . " (H.J. Power, in Ott, 1968).

24 Der anglo-amerikanische Sprachgebrauch macht dies sehr deutlich. Entsorgungsanlagen werden als „add-on" oder „end-of-pipe" equipment bezeichnet.

25 Auf die Folgeprobleme, die sich aus der notwendigen Endbeseitigung der abgefangenen Schadstoffe ergeben, wird später eingegangen werden.

26 Hierzu zählen in der Regel neben Wachstum und Vollbeschäftigung ein stabiles Preisniveau und eine ausgeglichene Zahlungsbilanz.

27 Vollbeschäftigung bzw. Vollauslastung der Anlagen müssen angenommen werden, um konjunkturelle Wachstumsschwankungen zu eliminieren.

28 Möglicherweise manifestieren sich die tatsächlich spürbaren Probleme vorwiegend auf der sektoralen und regionalen Ebene und werden in der aggregierten Sicht eher verdeckt.

29 Das nominale Sozialprodukt würde sogar im Umfang der überwälzten Umweltschutzkosten zunehmen. Allerdings wird durch jede beliebige andere Investition, die nicht auf den Endverbrauch gerichtet ist, wie z.B. im Infrastruktursektor, der gleiche Effekt bewirkt, so daß die beschriebene Wirkung nicht umweltschutzspezifisch ist.

30 Die empirische Erfassung von Umweltschutzkosten ist wegen der international uneinheitlichen, sachlichen und finanztechnischen Abgrenzungen nicht unproblematisch (Battelle 1975; 19 ff). Soweit die hier verwendeten Quellen es zuließen, habe ich für die Kostenermittlung das vom amerikanischen Umweltrat entwickelte Konzept der „abatement costs" verwendet (CEQ 1973; 84 f). Die Daten entstammen der Sammlung öffentlicher Quellen des Projektes „Politik und Ökologie der entwickelten Industriegesellschaften". Vergl. im einzelnen den Forschungsbericht 13/1977: J. Gerau, Umweltschutzkosten im internationalen Vergleich.

31 USA: US Survey of current business, Febr. 1977; Japan: Environmental Agency 1976; Schweden: Miljövård i Sverige 1975-1980, 1975; Bundesrepublik Deutschland: Battelle 1975, Bundeshaushaltsplan 1976. Bundesministerium des Innern, Umweltbrief 14, 25.3.1976, sowie: Die Weltwirtschaft, 2/1975, und 2/1976, statistischer Anhang.

32 So berichtet Dow Corning Company (USA), daß eine für 2,7 Mio. Dollar errichtete Anlage zur Luftreinhaltung die Rückgewinnung und Wiederverwendung von Chlor- und Wasserstoffverbindungen im Werte von 900 000 Dollar jährlich ermöglichte. In: Audubon, March 1976, S. 140. Nach Schätzungen aus dem Jahre 1975 belaufen sich in den USA die jährlichen Schäden durch Verunreinigungen der Luft und der Gewässer auf ca. 30 Mrd. Dollar, weit mehr als pro Jahr für den Umweltschutz insgesamt aufgewendet wird! (CEQ 1975; 517)

33 Eine für die Niederlande durchgeführte Modellrechnung ergab, daß für die Jahre 1973-83 mit einem Rückgang der Produktion von 3,5% und einem Beschäftigungsverlust von 1% zu rechnen ist, falls die zur Bewältigung der gravierendsten Umweltprobleme nötigen Ausgaben in vollem Umfang getätigt würden. Eine ähnliche ökonometrische Analyse für die USA kommt zu etwas anderen Ergebnissen: Die 1965 einsetzende gezielte Umweltschutzgesetzgebung bewirkt in den Jahren 1973-80 zeitweilige Einbußen am Wachstum in Höhe von 0,8% und eine Erhöhung der Arbeitslosigkeit um 0,3%. Zum Ende des untersuchten Zeitraumes wird mit einer Konsolidierung der Trends bei einem um 0,4% höheren Wachstum und einer um 0,1% höheren Arbeitslosenquote gerechnet (Vgl. OECD 1974; S. 57 ff).

34 Die Umweltbehörde der USA untersuchte 1975 die Trinkwasserqualität in 80 Städten des Landes und stellte in allen Fällen Rückstände karzinogener Substanzen fest. Es wird geschätzt, daß 60-90% aller Krebserkrankungen in den USA auf Umweltfaktoren zurückzuführen sind. (CEQ 1975; 17 und 26)

35 Die von Ridgeway und O'Connor analysierte Funktionsweise sozial-industrieller Komplexe wird ebenso durch die grundlegenden Merkmale von Entsorgung charakterisiert. Zur nachträglichen Eindämmung gesellschaftlicher Probleme aller Art — vom Gesundheitsschutz über die Bewältigung von Kriminalität bis zur Wahrung der internationalen Sicherheit — werden umfangreiche industrielle Kapazitäten aufgebaut. Aber ebensowenig wie der Krankenhausbau eine Verringerung von Erkrankungen bewirkt hat, konnten

die Rüstungsindustrie und ihre paramilitärischen Varianten verhindern, daß Gewaltverbrechen und kriegerische Konflikte fortbestehen.

Literatur

I. Monographien und Aufsätze

Bachrach P. und Baratz, M.S. 1970: Two Faces of Power in: dies.: Power and Poverty, Theory and Practice, London.
Battelle, 1975: Schätzung der monetären Aufwendungen für Umweltschutzmaßnahmen bis zum Jahre 1980, (Umweltbundesamt) Berlin.
Bundeshaushaltsplan 1976
CCMS/NATO, 1976: Air Pollution second Follow-up Report — Air Pollution Pilot Study, Nr. 50.
O'Connor, J., 1974: Die Finanzkrise des Staates, Frankfurt.
Ecotechnics 1976 u. 1977: Technologisches Jahrbuch für Umweltschutz, Genf.
EEC 1976: The Law and Practice Relating to Pollution Control in the Member States of the European Communities. 9 Bde, Luxemburg
Envitec 1973 u. 1977: Aussteller- und Warenverzeichnis der internationalen Fachmesse: Technik im Umweltschutz, Düsseldorf
Enzensberger, H. M. 1973: Zur Kritik der politischen Ökologie, in: Kursbuch 33
Facht, J., 1975: Emission Control Costs in Swedish Industry, Stockholm
Fisher, A. C. und Peterson, F. M. 1976: The Environment in Economies, in: The Journal of Economic Literature, XIV, 1/1976
Fleischmann, G., 1975: Umweltschutz und Konjunkturpolitik — Langfristige Perspektiven — in: Bundesministerium des Innern (Hrsg.), Umwelt 45/1975
Gerau, J., 1977: Umweltschutzkosten im internationalen Vergleich. Forschungsbericht 13/1977 des Projekts „Politik und Ökologie der entwickelten Industriegesellschaften" Fachbereich Politische Wissenschaft der Freien Universität Berlin
Gellen, M., 1973: Der öko-industrielle Komplex in den USA, in: Kursbuch 33
Glagow, M., 1975: Umweltpolitik als Staatsfunktion — Überlegungen zur Genese und Funktion staatlicher Umweltpolitik in Deutschland, Manuskript, Bielefeld
Hansmeyer, K. H., 1975: Umweltschutz und Konjunkturpolitik Thesen zum Umweltforum 1975, in: Bundesministerium des Innern, Umwelt 45/1975
Jänicke, M., 1976: Internationaler Umweltschutz — Versuch einer Leistungsbilanz, in: Umwelt 4/76
Judy, R. W., 1970: Economic Incentives and Environmental Control, in: Tsuru, S. (1970), Environmental Disruption, Tokyo
Leontief, W. und Ford, D., 1972: Air Pollution and the Economic Structure, in: Brody, A., Carter, A. P., Input-Output Techniques, Amsterdam 1972
K. Ch'uan-k'ai Leung/Klein, J. A. 1975: The Environmental Control Industry (Submitted to: The Council on Environmental Quality, ms.)
Meißner, W., und Hödl, E., 1977: Positive ökonomische Aspekte des Umweltschutzes, (Umweltbundesamt) Berlin
Miernyk, W. H. und Sears, J. T., 1974: Air Pollution Abatement and Regional Economic Development, Lexington
Nowotny, E., 1974: Wirtschaftspolitik und Umweltschutz, Freiburg

OECD 1974: Economic Implications of Pollution Control: A General Assessment, Paris
Offe, C., 1972: Klassenherrschaft und politisches System, in: ders.: Strukturprobleme des kapitalistischen Staates, Frankfurt
Österreichisches Jahrbuch 1974 (1975): Wien
Ott, A. E., 1968: Produktionsfunktion, technischer Fortschritt und Wirtschaftswachstum, in: König, H. (Hrsg.), Wachstum und Entwicklung der Wirtschaft, Köln 1968
Power, J.H., 1958: The Economic Framework of a Theory of Economic Growth, zit. nach Ott, A. E. (1968)
Püstow, K., 1976: Umweltpolitik und Industrieinteressen in der BRD, unveröffentl. Manuskript, Berlin
Quinn, J.B. 1971: Next Big İndustry: Environmental Improvement, in: Harvard Business Review, Sept.-Oct. 1971
Ridgeway, J., 1971: The Politics of Ecology, New York
Ronge, V., 1973: Die Umwelt im kapitalistischen System, in: Jänicke, M. (Hrsg.), Politische Systemkrisen, Köln 1973
Segel, F. W., Rutledge, G. L., 1976: National Expenditures for Pollution Abatement and Control 1973, in: US Survey of Current Business, Febr. 1976
Schulte, H. J., 1974: Gesetze bestimmen die Umsätze, in: Umwelt 2/74
Weidner, H., 1975: Die gesetzliche Regelung von Umweltfragen in hochentwickelten kapitalistischen Industriestaaten. Freie Universität Berlin, Schriftenreihe des Fachbereichs Politische Wissenschaft, Berlin
Zimmermann, K., 1976: Vorausschätzung staatlicher Umweltschutzkosten, in: Umwelt 2/76

II. Amtliche Publikationen

Beirat für Wirtschafts- und Sozialfragen (1976), Probleme der Umweltpolitik in Österreich, Wien
Bundesministerium des Innern (Hrsg.), Umwelt 43/1975, 45/75 u. 54/77
—, Umweltbrief 14/25.3.1976
—, Umweltbericht, 76
CEQ (1973, 1974, 1975), Concil on Environmental Quality, Fourth, Fifth and Sixth Annual Report, alle: Washington D. C.
Environment Agency (1976), Quality of the Environment in Japan, o. O.
Miljovard i Sverige 1975-1980 (1975), Finansdep. SOU 1975: 98 Stockholm

III. Zeitschriftenbeiträge ohne Autor

Audubon, March 1976: (Econotes) Pollution control standards are bad for business, . . . ;
Jetro marketing series, 15, 1976: The environmental control in Japan
Neues aus Japan, 231, 1976: Beschleunigte Entwicklung von Systemen zur Bewertung der Umwelt
OECD-Oberserver, 1976, 79: The Impact of the Economic Situation on Environmental Policies
Der Spiegel, 7, 1974: Wie die Pilze
US Survey of Current Business 2/1977
Die Weltwirtschaft, 2, 1972, 2, 1975 und 2, 1976: Statist. Anhang.

Blauer Himmel über den Industriestädten –
eine optische Täuschung
Zur Kritik der Strategie technologischer Symptombekämpfung

Martin Jänicke

Aus gegebenem Anlaß haben die Industrieländer seit Beginn der siebziger Jahre den Umweltschutz in den Rang einer systematisch betriebenen Politik des Staates erhoben. Zentrale Institutionen wurden geschaffen, umfangreiche Gesetze verabschiedet, erhebliche Mittel bereitgestellt. In den meisten westlichen Industrieländern betragen die Aufwendungen für den Umweltschutz heute zwischen 1 und 2 Prozent des Bruttosozialprodukts (in Japan sind die Aufwendungen höher, in den COMECON-Ländern niedriger).[1] Es liegt nahe zu fragen, was der Nutzen dieser Aufwendungen gewesen ist. Ich werde hierzu einige Forschungsergebnisse des Projekts „Politik und Ökologie der entwickelten Industriegesellschaften" an der Freien Universität Berlin mitteilen und anschließend die bisherige Strategie des Umweltschutzes der Industriestaaten einer kritischen Analyse unterziehen. Dabei beschränke ich mich auf den Bereich der Luftreinhaltung.

Drei methodische Vorbemerkungen vorweg:

1. Angesichts des verbreiteten „Vollzugsdefizits" im Umweltschutz ist es höchst irreführend von sogen. fortschrittlichen Gesetzen auf die Umweltqualität des betreffenden Landes zu schließen. Umgekehrt wurden gelegentlich lokale Maßnahmen bereits ergriffen, bevor umfassende Gesetze vorlagen. Wir gehen daher in dem genannten Projekt so vor, daß wir unmittelbar nach den meßbaren Trends der Umweltqualität fragen. Der Umweltschutz ist ja einer der wenigen Politikbereiche, in denen potentiell meßbare Resultate erzielt werden können.

2. Wenn man solchermaßen zuerst nach den empirischen Trends der Umweltqualität und ihren Veränderungen fragt, stößt man auf die Schwierigkeit, daß es einen systematischen Umweltschutz in den meisten Industrieländern erst seit Beginn der siebziger Jahre gibt. Bis zum Eintritt von Wirkungen dieser Maßnahmen ist eine Verzögerungszeit zu veranschlagen, die sich aus dem langsamen Verarbeitungs-

tempo des Problems innerhalb der politisch-administrativen Regelungsapparatur ergibt, zu der noch die notwendigen Reaktionsfristen der Addressaten dieser Maßnahmen treten. Hinzu kommt, daß die neuesten Daten, die im Rahmen eines international vergleichenden Projekts gesammelt werden können, in aller Regel zumindest ein Jahr alt sind. Die hier referierten Trendangaben zur Luftqualitätsentwicklung von Großstädten enden überwiegend 1974 oder 1975.

3. Fast alle verfügbaren Angaben sind Informationen offzieller Stellen,[2] die ja auf dem Gebiet der Umweltqualitätsmessungen meist über ein Informationsmonopol verfügen. Das hier dargestellte Ergebnis der Luftqualitätsmessungen in 76 Großstädten[3] der industrialisierten Welt (s. Tabelle) ist also zugleich eine Widerspiegelung der Informationsstrategie der Behörden. Sie läßt sich erkennbar so umreißen: Ist der Trend günstig, so fließen die Informationen reichlich. Ist der Trend ungünstig, versiegt der Informationsstrom.[4] Sind Informationen zu wichtigen Problembereichen nicht erhältlich, ist folglich mit ungünstigen Tatbeständen zu rechnen.

Auf den ersten Blick zeigt diese Tabelle nun ein außerordentlich günstiges Bild der Luftqualitätsentwicklung in den Großstädten der Industrieländer:

Schwefeldioxid und Staub, die beiden Schadstoffe, die lange Zeit (zu Unrecht) als Leitindikatoren der Luftbelastung angesehen wurden, *weisen ganz überwiegend rückläufige Immissionskonzentrationen auf.* Die Schwefeldioxid-Belastung hat sich in 54 von 76 Großstädten verringert. Eine gleichbleibende Belastung durch SO_2 wurde überwiegend in weniger verschmutzten Großstädten konstatiert. Nur in acht Großstädten nahm sie zu: in Madrid, Bilbao, Ankara, in Bordeaux, in Duisburg und Düsseldorf, in Cottbus und in Bratislava. Einschränkend sei hier allerdings darauf hingewiesen, daß unsere Daten in bezug auf Süd- und Osteuropa unvollständig sind. Die Reduzierung der Staubbelastung ist noch verbreiteter: Nur vier von 60 erfaßten Großstädten, Mainz, San Diego, Madrid und Ankara, wiesen in den siebziger Jahren steigende Staubkonzentrationen auf. (Nicht enthalten in der Gesamtzahl ist die VR China, wo die Kohlenstaubbelastung in 13 Großstädten verringert wurde.) Überwiegend günstig sind auch die Trends bei Kohlenmonoxid, wo nur 4 von 23 Städten eine Verschlechterung aufweisen. Die Informationslage ist hier jedoch bereits deutlich ungünstiger. Vollends gilt dies für die *zunehmenden* Schadstoffe Stickoxide und Kohlenwasserstoffe, von denen vor allem letztere wegen ihrer Krebsgefährlichkeit wahrlich größeres Interesse verdienten.

Entwicklung der Luftbelastung in Großstädten der Industrieländer

Schadstoff	besser	schlechter	gleichbleibend	Summe der erfaßten Städte
SO_2	54	8	14	76
Staub (TSP, Smoke)	43	4	13	60
CO	14	4	5	23
O_x	5	3	7	15
NO_x	1	7	7	15
CH	2	2	1	5

Projekt „Politik und Ökologie" 1978

Bei SO_2 und Staub hingegen ist häufig auch das Ausmaß der erzielten Niveauverbesserung durchaus eindrucksvoll: So weist Moskau heute nur noch ein Achtel derjenigen (extremen) Schwefeldioxid- und Staubbelastung auf, die in den fünfziger Jahren vorherrschte.[5] In Tokio hat man die Staubbelastung in einem Jahr auf fast ein Viertel verringert.[6] In New York betrugen die Schwefeldioxidwerte von 1973 nur noch ein Zehntel dessen, was 1967 gemessen wurde.[7] Auch in Stockholm oder in Oslo kam es in wenigen Jahren zu einer starken Verringerung der Konzentrationen der beiden Schadstoffe. Diese Erfolgsliste ließe sich verlängern (vgl. Anhang 1).

Zu einem überraschenden Ergebnis führt auch der internationale Vergleich des Belastungs*niveaus*. Es war den Industriegesellschaften von der Ökologie-Bewegung prophezeit worden, sie würden ihren immer höheren Lebensstandard mit einem immer höheren Niveau der Umweltverschmutzung bezahlen müssen. Für Schwefeldioxid und Staub gilt heute genau der umgekehrte Zusammenhang: *Je höher der Lebensstandard, desto niedriger die Luftverschmutzung durch diese beiden Schadstoffe.* Die durchschnittlich niedrigsten Schwefeldioxid- und Staubkonzentrationen weisen heute die Großstädte Schwedens, der Schweiz, Norwegens, Dänemarks, Hollands, der USA und Kanadas auf (in dieser Reihenfolge). Die höchste Luftbelastung durch die genannten Schadstoffe findet man heute nicht in Chicago, in Osaka oder im Ruhrgebiet, sondern im peripheren Kapitalismus Südeuropas und in Teilen Osteuropas. Als besonders hoch belastete Großstädte erwiesen sich in den letzten Jahren nach unseren — hier lückenhaften — Informationen Städte wie Bilbao, Ankara und vor allem Mailand auf der einen Seite, Halle, Leipzig, Budapest und Bratislava auf der anderen Seite.

Die These, die Luftverschmutzung steige mit dem pro-Kopf-Einkommen, wäre also schlagend widerlegt, *wenn* Schwefeldioxid und Staub als Indikatoren der gesamten Luftbelastung gelten können. Dies ist jedoch erkennbar *nicht* der Fall: *Schwefeldioxid und Staub weisen gegenüber anderen Belastungsfaktoren heute eine Sonderentwicklung auf.* Die These von der Höchstbelastung der entwickelten Industriegesellschaften hat deshalb wenig von ihrer Plausibilität eingebüßt.

Bevor ich auf diese entscheidende Problematik der „weiteren Schadstoffe" näher eingehe, ist zu erläutern, daß und warum die Erfolgsmeldungen bei Schwefeldioxid und Staub selbst einer ernüchternden Ergänzung bedürfen:

1. Ein Teil der hier erzielten Verbesserungen ist lediglich das Resultat von Brennstoffsubstitutionen, wobei sich vor allem der verringerte Einsatz von Kohle positiv auswirkte. Dieser Hinweis hat zumindest für diejenigen Länder Bedeutung, die wie die Bundesrepublik, die USA oder Großbritannien in Zukunft eventuell wieder stärker auf die Kohle zurückgreifen werden.

2. Ein anderer Teil der positiven Effekte ergibt sich lediglich durch eine bessere Verteilung der genannten beiden Schadstoffe: durch eine Erhöhung der Schornsteine oder die Dezentralisierung der Industriestandorte. Dies gilt zumindest für Schwefeldioxid, wo die Emissionen (die Gesamtmenge des in die Luft abgegebenen Schadstoffes) eine weniger günstige Entwicklung aufweisen als die Immissionskonzentrationen. Weltweit ist ganz offensichtlich von einem weiteren Anstieg der SO_2-Emissionen auszugehen.

3. Da auch die entwickeltsten Industriegesellschaften nicht in dem Sinne „postindustriell" geworden sind, daß die materielle Produktion stagniert oder gar rückläufig ist, da also das Industriewachstum anhält, muß mit einem Wiederanstieg der Immissionskonzentrationen gerechnet werden. Dies umso mehr, als die Art der bisher ergriffenen Maßnahmen (Einbau von Filtern, Verwendung günstigerer Brennstoffe, bessere Verteilung des Schadstoffes) keine wesentlich weitergehenden Verbesserungen möglich macht. Dies würde bedeuten, daß in absehbarer Zeit der ursprüngliche Belastungszustand wiederhergestellt wäre, obwohl teure Maßnahmen ergriffen wurden. Sollten hingegen effektivere Technologien wie etwa die Rauchgasentschwefelung eingesetzt

werden (was bisher nur in Japan und den USA in größerem Umfang geschieht), so hieße dies: das gleiche Belastungsniveau wird im Wachstumsprozeß mit einem steigenden Preis bezahlt.

Der entscheidende Einwand gegen eine zu optimistische Interpretation der Umweltschutz-Erfolge bei Schwefeldioxid, Staub, Kohlenmonoxid oder auch Blei (in Ländern wie der Bundesrepublik Deutschland oder Schweden) ist die Tatsache, daß die Liste der toxischen Schadstoffe in der Luft beträchtlich länger ist. Nach Angaben des siebenten Berichts des amerikanischen Council of Environmental Quality für 1976 gibt es heute rund 3,5 Mio. chemische Verbindungen.[8] Jährlich werden tausende neu hinzuerfunden und hunderte in den Handel gebracht. Die meisten dieser Stoffe sind harmlos. Viele sind es nachweislich nicht. Andere galten zunächst als ungefährlich, bis man eines Besseren belehrt wurde wie im Falle von PVC und PCB. Aus dieser Tatsache hatte der amerikanische CEQ bereits ein Jahr zuvor die Konsequenz gezogen, den bisherigen „Leitindikatoren" der Luftbelastung (SO_2 und Staub) ihre Indikatoreneigenschaft praktisch abzusprechen: „It is becoming increasingly evident that the air pollutants upon which our standards and monitoring have been focusing do not represent all the important parameters of air quality. In some cases, they may not even represent the most important or informative ones."[9]

Der zitierte Umweltbericht beginnt mit einem materialreichen Kapitel über den Zusammenhang von Umweltbelastung und Krebs. Die Krebserkrankung bestimmter Organe, insbesondere der Lunge, nimmt ja in den Industrieländern weiterhin zu. Und diese Tatsache „indiziert" die Luftqualitätsentwicklung in ihrer eigentlichen Gefährlichkeit vermutlich besser als die nunmehr entthronten „Leitindikatoren" der Luftbelastung. Der Zusammenhang zwischen der Umweltbelastung durch chemische Schadstoffe und bestimmten Organkrebsen wird heute international nicht mehr ernsthaft bestritten. Bisher wußte man, daß einige Organkrebse in industriellen Ballungsgebieten am häufigsten auftreten. Unlängst hat das National Cancer Institute der USA im Auftrag der WHO genauere Zusammenhänge herausgearbeitet, wobei sich zeigte, daß solche Erkrankungen in der Nähe chemischer Produktionszentren verstärkt vorgefunden werden.[10] Sehr anschaulich wird dies auch durch Forschungen aus der DDR belegt, wonach man im Chemiekombinat Leuna mehr als zehnmal häufiger an Krebs erkrankt als in einer Stahlgießerei derselben Gegend.[11]

Die Lebenserwartung der Männer geht heute in den meisten Industrieländern zurück oder nimmt einen deutlich ungünstigeren Verlauf als die der weniger erwerbstätigen Frauen (s. Anhang).[12] Wo die Erwerbstätigkeit der Frauen besonders hoch ist, wie beispielsweise in der DDR, gleicht sich die Lebenserwartung beider Geschlechter in der ungünstigen Richtung an. Neben den Herz-Kreislauf-Erkrankungen wird diese Entwicklung entscheidend durch die Zunahme der Krebserkrankungen bestimmter Organe, besonders der Lunge, so negativ bestimmt (s. Anhang). Dies bestärkt die Vermutung, daß die Umweltverhältnisse gerade der „modernen" Industrie zunehmende Gesundheitsprobleme aufwerfen. Ganz allgemein wird dies auch durch die Entwicklung der Berufskrankheiten unterstrichen, die in der Bundesrepublik mit der Rationalisierungswelle seit 1971 rapide zugenommen haben (s. Anhang).

Diese wenigen epidemiologischen Hinweise mögen genügen, um zu verdeutlichen, *daß die Erfolge bei Schwefeldioxid und Staub ein irreführendes Bild über die gesamte Luftbelastung durch toxische Schadstoffe vermitteln.* Zwischen Indikator und Indiziertem ergibt sich eine deutliche Kluft. Die Entwicklung der Chemieproduktion, die Krebsmortalität und vor allem die geringe Zahl von Schadstoffen, für die eine generalisierte Problemperzeption bzw. ein Regelungssystem vorliegt, geben weiterhin zu der Vermutung Anlaß, daß gesundheitsschädliche Luftbelastungen mit dem Industrialisierungsgrad zunehmen. Für Schwefeldioxid und Staub gilt dagegen, wie gezeigt wurde, genau das Gegenteil: Den blauesten Himmel haben heute die entwickeltsten Industriegesellschaften. Dieser blaue Himmel aber nimmt den Charakter einer optischen Täuschung an. Die Entwicklung der zahlreichen Giftstoffe, für die es keine generalisierte Problemperzeption und daher auch keine Regelungen gibt, die nur gelegentlich bzw. nur in kleinen Mengen auftreten und die — wie die karzinogenen Stoffe — dennoch äußerst gefährlich sind, nimmt offensichtlich einen anderen Verlauf. Dies allein schon deshalb, weil Maßnahmen immer erst dann ergriffen werden, wenn nachweisbare Schadenswirkungen vorliegen.

Damit komme ich zum entscheidenden Punkt: Der Entwarnungseffekt bei Staub und Schwefeldioxid ergibt sich zu einem Zeitpunkt, in dem gerade ein radikalisiertes Problembewußtsein nötig wäre — ein Problembewußtsein, das eine neue Strategie des Umweltschutzes bewirkt, bei der die politische Instanz ihre Befähigung zur vorausschauenden Strukturplanung und Technologiekontrolle zu erweisen hätte, eine Umorientierung also, die bei sinkendem Problembewußtsein nur schwer vorstellbar ist.

Dies führt nun zur Kritik der bisherigen Strategie des Umweltschutzes:[13] Das internationalisierte, arbeitsteilige und großtechnologische Industriesystem – das seinem Wesen nach kapitalistisch, aber nicht mehr auf die kapitalistischen Länder beschränkt ist[14] – produziert mit der wachsenden Menge seiner Güter auch wachsende Probleme. Einen Teil dieser Probleme aber benutzt es wiederum als Ausgangslage für neue Produktionen. Ein wachsender Anteil des Bruttosozialprodukts entsteht dadurch, daß das Industriesystem „Heilmittel" für die von ihm selbst produzierten Krankheiten produziert. Der *Zyklus von industrieller Problemproduktion und industrialisierter Problembekämpfung* erhält so immer größeres Gewicht. Am Umweltschutz läßt sich dieser Mechanismus gut demonstrieren (die Gesundheitspolitik ist ein anderes Beispiel).[15]

Vor allem läßt sich hier veranschaulichen, für welche Problembewältigungen sich das Industriesystem interessiert und für welche es seiner ganzen Natur nach unzuständig ist – mit dem Effekt, daß notwendige Regelungen unterbleiben. Eine kurze Charakterisierung des Typus der „industrialisierten Problembewältigung" mag verdeutlichen, warum der eine oder andere Schadstoff mehr oder weniger reduziert werden kann, ohne daß die Gesamtproblematik davon nennenswert berührt wird.

Die *Industrialisierung einer Problemlösung* ist durch folgende Merkmale gekennzeichnet:

– sie ist ökonomisch, nicht politisch,
– sie ist spezialistisch, nicht komplex,
– sie hat die Form der Serienproduktion,
– sie äußert sich als Symptombekämpfung, und
– sie macht den Staat zum Nachfragebeschaffer für neue Industriegüter.

An die Stelle eines einmaligen politischen „Nein" zur Problemursache tritt ein zweifaches „Ja": einmal zur Problemproduktion und einmal zur Produktion der Problemlösung. Lediglich die Produktpalette wird also erweitert. Das politisch-administrative System spiegelt diesen Problemlösungsmodus wider: einmal wegen der wachsenden Verflechtung mit dem Industriesystem, zum anderen, weil auch das bürokratische System Expansionsanlässe dankbar aufgreift. Während das industrielle System – bei zahlungsfähiger Nachfrage – gegebenenfalls für jeden einzelnen Schadstoff ein spezielles Meßsystem und eine spezielle Reinigungsanlage produziert, „produziert" das bürokratische System die speziellen Normen, stellt spezielle Experten für einzelne

Schadstoffe an, initiiert spezielle Forschungen oder gewährt spezielle Subventionen. Im Einzelfall — z.B. auch beim Benzin-Blei-Gesetz in der Bundesrepublik Deutschland — können die Wirkungen durchaus eindrucksvoll sein. (In wenigen Monaten verringerte sich als Folge dieses Gesetzes die Bleikonzentration in westdeutschen Großstädten um zwei Drittel.)
Gleichzeitig schaffen diese in der Regel besonders legitimationsträchtigen Einzelfälle jedoch ein falsches Bewußtsein von Kompetenz: Man kann, so scheint es, dem Industriesystem beruhigt die Lösung der von ihm selbst erzeugten Probleme überlassen. Aber damit bleiben die Problemlösungen einem System der technologischen Symptombekämpfung überlassen, das

— auf Kriminalität primär mit neuen technischen Ausrüstungen für die Kriminalpolizei,
— auf Krebs primär mit aufwendigen Diagnosegeräten,
— auf Lärm primär mit Schallschutzinstallationen an Straßen und Häusern und
— auf internationale Probleme primär mit neuen Militärtechnologien reagiert (die wiederum internationale Probleme schaffen).

All diese „Problemlösungs-Branchen", die von den Sorgen der Öffentlichkeit bzw. öffentlicher Nachfrage „leben", folgen dem gleichen Expansionsschema: Auf eine spezielle Krisenwarnung — die wiederum eine Spezialität der industrialisierten Kommunikationsmittel ist — tritt der Staat mit einer speziellen Maßnahme in Aktion, deren Kern die Nachfrage nach neuen Industriegütern ist. Die Konsequenz: immer mehr Arbeitsplätze und Gewinne (bzw. bürokratische Einflußsphären) hängen davon ab, daß die Probleme nicht wirklich gelöst werden, das produzierte Krisenmanagement also andauert.
Damit werden Strategien bevorzugt und verfestigt, die politische Lösungen tabu machen. Die *politische* Lösung wäre hier immer eine Veto-Lösung: Das Abstellen schädigender Kausalketten am *Ausgangspunkt*. Dies aber bedeutet — beim nachträglichen Eingriff — doppelten Wachstumsverlust, sowohl in der schädigenden als auch in der schadensbeseitigenden Industrie. Hier liegt die Wurzel der Entpolitisierung von Problemlösungen im kapitalistischen Industriesystem. (Analogien im Staatskapitalismus sind dort systemisch keineswegs zwingend, ergeben sich aber vor allem auf dem Wege der Nachahmung westlicher Technologien und Strategien.)
Man könnte sich mit dieser massiven Tendenz zur Industrialisierung

von Problemlösungen abfinden, wenn sie nicht entscheidende Mängel hätte:

1. Sie ist vergleichsweise *ineffektiv*, weil sie nur bestimmte technisch angehbare Teilaspekte der Gesamtproblematik erfaßt und blind für komplexe Kausalzusammenhänge ist. Für den hier interessierenden Bereich der Luftreinhaltung bedeutet dies: Zusammenhänge wie der zwischen Umweltbelastung und Lungenkrebs oder auch nur die Kombinationswirkung mehrerer Schadstoffe bleiben außerhalb des technischen Gesichtswinkels. So ist es möglich, daß diese Art von Umweltschutz im Sinne ihrer begrenzten Erfolgskriterien „erfolgreich" ist, ohne daß nennenswerte gesundheitliche Verbesserungen eintreten.

2. Ineffektiv ist diese Strategie auch deshalb, weil sie in typischer Weise *selektiv* ist: Sie beschränkt sich tendenziell auf Problemaspekte, die einen *hohen Aufmerksamkeitswert* besitzen. Dies liegt daran, daß die öffentliche Nachfrage — entweder direkt durch den Staat finanziert oder durch staatliche Maßnahmen initiiert — erst publizistisch hervorgerufen werden muß. Öffentlicher Alarm aber setzt spektakuläre Mißstände voraus. Vor allem aber: der Schaden muß bereits eingetreten sein. Hohe staatliche Aufwendungen für noch ungewisse Zukunftsrisiken — geschweige denn ein staatliches Veto — sind demgegenüber schwer zu legitimieren. Angesichts der meist langen Verzögerungszeit zwischen Ursache und Schadenswirkung, kommen staatliche Maßnahmen daher tendenziell immer zu spät. Da sich nicht nur die Maßnahmen, sondern auch die Erfolge auf der Ebene hoher Aufmerksamkeitswerte bewegen, *erhält die industrialisierte Problemlösung die für die öffentliche Mittelaufwendung nötige Legitimation — auch wenn sich an der Problemlage überhaupt nichts ändert,* weil man nur die Spitze des Eisberges abgetragen hat.

3. Die industrialisierte Problemlösung ist zu *teuer*. Im Umweltschutz zeigt sich dies darin, daß mit einem beträchtlichen Mittelaufwand nur einige wenige Schadstoffe in der Luft — und nicht einmal die gefährlichsten! — reduziert wurden. Für die Verringerung der großen Zahl weiterer Giftstoffe in der Luft fehlen die Mittel. Dies zum einen, weil der Preis für die Stabilisierung des Belastungsniveaus auch bei SO_2, Staub und Kohlenmonoxid mit dem Wirtschaftswachstum tendenziell steigt (Wiederanstiegsproblem). Vor allem aber fehlen die Mittel für eine Fortsetzung der Schadstoff-für-Schadstoff-Entsorgung, weil die Schaffung immer neuer Spezialmeßsysteme, Spezialreinigungsanlagen, Spezialkontrollinstanzen im Umfange der anfallen-

den Schadstoffe gewaltige Kosten verursacht. Die Kosten-Nutzen-Relation dieser Strategie ist zu ungünstig.

4. Da die industrialisierte Problemlösung ihrer Natur nach nicht vorsorgend, sondern nachsorgend ist, ändert sie also prinzipiell nichts am „Volumen" der anfallenden Probleme. Die Menge der produzierten Giftstoffe nimmt also weiter zu. Dies bleibt problematisch selbst da, wo auf dem Wege technischer Innovation geschlossene Systeme geschaffen wurden: Seveso war ein geschlossenes System![16] Schlimmer noch ist, daß der industrialisierte Umweltschutz oft nur den Charakter eines *technischen Umwegs* hat: die Giftstoffe gelangen nicht in die Luft, sondern auf den Abfall, werden nicht in den Fluß, sondern direkt ins Meer geleitet usf. . Durch solche *Problemverschiebungen* auf der Basis einer unveränderten Schadstoffmenge wird der Weg in die Umwelt häufig nur verlängert.

5. Die industrialisierte Problemlösung, deren Stärke die Beseitigung massenweise und kalkulierbar anfallender Schadstoffmengen ist – Produktionsbedingung ist der berechenbare Mengenansatz des „Gegenmittels" –, versagt da, wo der *Problemtypus des Risikos* im Spiel ist. Die unkalkulierbare Luftbelastung durch zahllose toxische Stoffe, die nur gelegentlich, nur lokal oder nur in kleinen Mengen anfallen, insgesamt aber gesundheitsstatistisch erhebliches Gewicht haben, gehören hierzu.

An diesem Punkt führt unser Thema zur entscheidenden ökologischen Problemstruktur des Industriesystems. Gemeint ist die zunehmende *Risikoproduktion* – ein Problemtypus, den die Industrie hervorbringt, *ohne* an der gleichzeitigen Produktion von Gegenmitteln interessiert zu sein. Zunehmende Risiken dieser Art produziert nicht nur die chemische Industrie. In der Lebensmittelindustrie, der „Gesundheitsindustrie", der Energiewirtschaft, im Verkehrswesen oder im Rüstungsbereich wachsen die Risiken, sei es technologisch bedingt (Beispiel: Atomenergie), sei es durch die bloße Zunahme des Volumens (Beispiel: Luftverkehrsdichte). Die Außeralltäglichkeit der anfallenden Gefahren und die Unkalkulierbarkeit etwaiger Absatzchancen lassen hier *keinen* Problemlösungsmarkt entstehen. „Interessant" sind die industriell produzierten Risiken primär für das Versicherungswesen und die Alarm-Publizistik.

Damit ist nunmehr ein Problembereich umrissen, der der industriellen „Selbstheilung" prinzipiell nicht anvertraut werden kann, der sich technologischen Therapien entzieht und eine andere als die technokratische Form der Politik erfordert. Technokratische Umweltpolitik

ist wesentlich *Nach*sorge in Konformität mit industriellen und staatlichen Wachstumsinteressen, wobei sie häufig zur unmittelbaren Wachstumspolitik wird (wie insbesondere beim Kläranlagenbau).[17]
Die zunehmende industrielle Risiko-Produktion erfordert dagegen eine Politik der *Vor*sorge, die nicht durch die Problemdefinitionen und Wachstumsinteressen des Industriesystems bestimmt bzw. beschränkt wird, diesem vielmehr aus eigener Kompetenz und Legitimität mit dem Anspruch, Probleme an ihrer Quelle zu beseitigen, gegenübertritt. „Politisch" in diesem Sinne wäre eine systematische Technologiebewertung mit *Ausschließungskonsequenz* für schädliche oder zu risikoreiche Technologien.
Der Unterschied zwischen Vorsorge und „Nachsorge" wird offenkundig, wenn man die Länge der problematischen Kausalkette betrachtet, an deren Anfang oder Ende jeweils eingegriffen wird. Sie umfaßt zumindest die folgenden Stufen:

1. die Entscheidung über ein bestimmtes Forschungsvorhaben
2. die Investitionsentscheidung
3. die Vermarktung
4. das Auftreten von Umwelt- oder Gesundheitsschäden
5. die generalisierte Problemperzeption im Sinne von öffentlichem Alarm
6. Gegenmaßnahmen
7. deren Implementation
8. Wirkungen von Maßnahmen (oder auch: die Erkenntnis ihrer Unwirksamkeit, womit der Prozeß erneut bei 5. beginnt).

Der ökonomisch günstigste Staatseingriff ist derjenige, der bereits bei der Forschungsentscheidung wirksam wird. Die Vergeudung von Forschungsmitteln, von Fehlinvestitionen und der Verlust von Arbeitsplätzen im Falle eines Vetos politischer oder juristischer Instanzen wären hier optimal zu verhindern. Auch der ökologische Nutzen eines Eingriffs auf früher Stufe ist evident. Umgekehrt sind die Schadensbeseitigungskosten beim ungehinderten Ablauf problematischer Kausalketten bis hin zur Umweltkrise oder zum Gesundheitsschaden am höchsten.

Eine vorsorgende Politik der Negation von Problemursachen ist etwas anderes als eine Staatstätigkeit, die industriell erzeugte Probleme als Vehikel industriellen (und bürokratischen) Wachstums einsetzt. Sie setzt einen Staat voraus, dessen Souveränität sich in der Konfliktfähigkeit gegenüber dem Industriesystem erweist.

Im Hinblick auf die vorherrschende Wirklichkeit ist dies eine sehr weitgehende Forderung. Schließlich stellt sich heute immer stärker die Frage, wer diese gigantische — internationalisierte — Produktionsapparatur und ihre immer riskanteren Technologieangebote überhaupt noch zu kontrollieren vermag. Am anschaulichsten zeigt der Rüstungswettlauf, wie sehr die weitere Entwicklung den Produzenten immer problematischerer Großtechnologien überlassen ist.

Dennoch ist vor der apodiktischen Behauptung zu warnen, das (kapitalistische) Industriesystem und sein Staat seien *prinzipiell* unfähig, den neuen Problemtypus der Risiko-Produktion unter Kontrolle zu nehmen. Voreilige Behauptungen über diesbezügliche Systemgrenzen gab es auch im Hinblick auf die Reinhaltung der Luft — noch vor kurzem fand das Bild vom industriellen Erstickungstod in ganz unterschiedlichen Lagern beunruhigte Zustimmung. Die hier angeführten Daten zeigen, daß es zu pessimistisch war. Unsere anschließende Diskussion der chemischen Umweltrisiken ergab, daß hier eine Problematik anderer Qualität vorliegt, die im Gegensatz zu bestimmten, regelmäßig anfallenden Umweltbelastungen nicht industriell-nachsorgend, sondern nur politisch-vorsorgend zu regeln ist. Das größte Handikap einer angemessenen Regelung ist hier, daß sie nicht wachstumskonform, sondern im Konfliktfall gerade (zumindest kurzfristig) wachstumshemmend ist.

Dennoch gibt es in den USA seit Ende 1976 ein — jahrelang von der Industrielobby blockiertes — Gesetz zur generellen Kontrolle toxischer Substanzen, das wesentliche Elemente einer *prinzipiellen* Vorsorge enthält und nicht erst die nachweisbare Schädigung, sondern bereits das Risiko eines chemischen Produkts berücksichtigt; gefährliche Substanzen können nach diesem Gesetz (Toxic Substances Control Act) bereits vor ihrer Vermarktung verboten werden! Es bleibt abzuwarten, ob dieses in vieler Hinsicht durchaus beachtliche Gesetz einen effektiven Beitrag zur Risiko-Minderung im Umweltbereich zu leisten vermag. Erwähnenswert ist es in unserem Zusammenhang allemal, nicht zuletzt auch deshalb, weil in der Bundesrepublik Deutschland gerade erst die Diskussion dieser Problematik angelaufen ist.[18]

Sollte also doch das Tabu durchbrochen werden können, daß jede produktionsreife Technologie umstandslos vermarktet wird? Die systemischen Barrieren gegen entsprechende negatorische Staatsinterventionen scheinen beträchtlich. Immerhin gibt es aber zwei gegenläufige Faktoren, die die politische Vorsorge begünstigen könnten: Zum einen gibt es ein gewisses Industrieinteresse daran, daß die Gefährlichkeit des jeweiligen Produkts nicht zu unkalkulierbaren Kostenentwicklungen führt. Die Itai-Itai-Krankheit in Japan, die Contergan-Affäre in der Bundesrepublik Deutschland, das Seveso-Unglück in Italien oder die (kürzliche) Kepone-Affäre [19] in den USA stellen ein solches *Kosten*-Risiko dar. Unkalkulierbare Entwicklungen dieser Art scheut die Industrie ebenso wie etwa die Dampfkessel-Explosionen, die in Deutschland schon frühzeitig zur Gründung des − privaten − TÜV führten.

Wichtiger scheint mir folgende Gegentendenz:
Das politisch unzureichend kontrollierte Industriesystem produziert mit seinen Risiken in wachsendem Maße Zukunftsangst. Diese artikuliert sich zunehmend in kritischen Fraktionen der Wissenschaft, der Öffentlichkeit und bei den Betroffenen. Die großindustriellen Veto-Gruppen, die mit ihren ökonomischen Einzelinteressen den Staat immer wieder an der Wahrnehmung von Gesamtinteressen − einschließlich der Zukunftsinteressen − hindern, haben in den spontanen Veto-Gruppen betroffener Bürger eine Entsprechung gefunden. Die oligarchische Negation von Gemeinwohlinteressen wird nun ihrerseits an der Basis negiert. Die mangelnde Souveränität des Staates gegenüber dem Industriesystem hat Erosionstendenzen der politischen Instanz zur Folge, die unübersehbar sind. Die politische Kontrolle industrieller Risiken, auf die der technokratische Staat zu weitgehend verzichtet hat, wird immer mehr ersatzweise *außerhalb* des in die industriellen Erwerbs- und Wachstumsinteressen eingebundenen politischen Systems artikuliert. Auf diese Entwicklung kann der Staatsapparat entweder mit Anpassung an die artikulierten Bürgerinteressen oder mit Blockierung der störenden politischen und rechtlichen Artikulationsmöglichkeiten reagieren. Die idealtypische Konsequenz des demokratischen Weges wäre vermutlich ein Innovationsschub in Richtung auf umweltschonende, risikoarme Technologien. Am Ende des repressiven Weges stünde vermutlich das, was die Industrie gern mit umgekehrten Vorzeichen beschwört: der wirtschaftliche Niedergang. Denn trotz all der latent autoritären Strukturmerkmale, die dem Industriesystem schon frühzeitig − von Burnham bis Marcuse − attestiert wurden, sind dessen repressive Möglichkeiten durchaus begrenzt. Autoritär verfaßte Industriegesellschaften sind weniger effektiv, weil ihre Flexibilität leidet, weil wichtige Informationsströme unterbunden sind, weil die ohnehin prekäre Störanfälligkeit zunimmt. Autoritäre Wachstumsmechanismen würden bei dem

jetzt erreichten Lebensstandard spätestens beim Konsumenten enden, dessen Nachfrage nur in Einzelfällen erzwingbar ist.
Dies sind, wohl gemerkt, Gegen*tendenzen*, mehr nicht. Sie bedeuten lediglich, daß die Bürger- und Gemeinwohlinteressen in ihrer Untermächtigkeit gegenüber dem hochorganisierten bürokratischen und industriellen Wachstumskomplex nicht durchweg voluntaristisch im Abseits der großen Interessenströme operieren. *Einige* objektive Tendenzen kommen ihnen entgegen.

Zusammenfassung:
Die hier entworfene Problemskizze stellt den Versuch dar, am Beispiel der Luftreinhaltung die Möglichkeiten und Grenzen der technokratischen Problemlösungsstrategie des Industriesystems zu entwickeln. Sie begann mit dem Ergebnis, daß eine bestimmte Art von Umweltschutz vom Industriesystem keineswegs abgelehnt wird. Das Bild vom industriellen Erstickungstod, das noch vor kurzem die Gemüter erregte, ist irreführend gewesen. Eine bestimmte Art von Umweltschutz ist dem Industriesystem willkommen, sofern sie einen neuen Wachstumsbereich eröffnet, dessen Kosten zu einem erheblichen Teil externalisiert werden können. Überdies kann sich diese Art Umweltschutz sogar durch sichtbare Erfolge legitimieren. Kosten und Nutzen eines solchen technokratischen Umweltschutzes stehen jedoch in keinem angemessenen Verhältnis. Die eigentliche Problematik bleibt im Dunkeln und läßt sich mit dieser Strategie weder technisch noch finanziell bewältigen. Der Problemtypus des Risikos (hier des chemischen Umweltrisikos) erfordert eine andere, eine politische Strategie, deren Erfolg wiederum eine staatliche Veto-Macht erfordert, die bisher nicht vorhanden ist. Ihr Fehlen steht nicht nur einer Politik der Risiko-Minderung entgegen. Politische Folge ist ein Legitimitätsverlust des politischen Systems, dessen Konsequenzen noch nicht absehbar sind.

Anmerkungen:

1 Nach Unterlagen des Projekts „Politik und Ökologie" an der Freien Universität Berlin.
2 Dies gilt für die OECD-Länder, deren Umweltbehörden systematisch angeschrieben wurden. Ergänzend wurden herangezogen: Stichting Concave: Characteristics of Urban Air Pollution: Sulphur Dioxide and Smoke Levels in Some European Cities, Report Nr. 4, Den Haag März 1976. NATO Committee

on the Challenges of Modern Society: Air Pollution; Second Follow-Up Report Nr. 50/Sept. 1976.
Angaben aus den COMECON-Ländern — wo sich schriftliche Anfragen als zwecklos erwiesen — stammen aus offiziellen Umweltschutzpublikationen und Fachzeitschriften wie der Zeitschrift für die gesamte Hygiene (DDR).

3 Die 76 Großstädte (mit Trendangeben zur SO_2-Entwicklung) sind:
Belgien: Antwerpen, Brüssel, Lüttich; *Bundesrepublik Deutschland:* Berlin (Steglitz), Bottrop, Bremen, Dortmund, Düsseldorf, Duisburg, Essen, Frankfurt/M., Gelsenkirchen, Hamburg, Hannover, Mannheim, München, Oberhausen; *Bulgarien:* Sofia; *CSSR:* Bratislava, Prag; *Dänemark:* Kopenhagen; *DDR:* Cottbus, Halle, Magdeburg, Zwickau; *Frankreich:* Bordeaux, Lyon-Villeurbanne, Marseille, Nantes, Paris; *Großbritannien:* Glasgow, Leeds, London, Manchester, Sheffield; *Japan:* Kawasaki, Osaka, Tokio, Yokkaichi, Yokohama; *Kanada:* Calgary, Hamilton, Montreal, Ottawa, Toronto, Vancouver, Windsor, Winnipeg; *Niederlande:* Amsterdam, Rotterdam; *Norwegen:* Bergen, Oslo, Trondheim; *Österreich:* Wien; *Schweden:* Göteborg, Malmö, Stockholm; *Schweiz:* Zürich/Dübendorf; *Spanien:* Barcelona, Bilbao, Madrid; *Türkei:* Ankara; *UdSSR:* Moskau; *USA:* Boston, Chicago, Cincinnati, Cleveland, Denver, Los Angeles, New York, Philadelphia, Pittsburgh, San Diego, San Francisco, St. Louis, Washington DC.
Hinzu kommen die Städte Bristol, Dublin, Mainz und Ostberlin, für die andere als SO_2-Werte vorliegen.

4 Dies zeigt auch die erwähnte NATO-Umfrage (Anm. 2), die bei Schwefeldioxid 33, bei Stickoxiden 3 Städtewerte erbrachte.

5 Nach sowjetischen Angaben bei der WHO. Wiedergegeben bei F. Singleton (Ed.): Environmental Misuse in the Soviet Union, New York etc. 1976, S. 11.

6 Jap. Environment Agency (Ed.): Quality of the Evironment in Japan 1973, Tokio 1974, S. 80

7 The Fifth Annual Report of the Council on Environmental Quality, Washington 1975, S. 272

8 The Seventh Annual Report of the Council on Environmental Quality, Washington 1977, S. 29 und pass.

9 The Sixth Annual Report of the Council on Environmental Quality, Washington 1976, S. 326

10 Vgl. TIME v. 11.8.1975

11 Zeitschrift für die gesamte Hygiene Nr. 12/1972. Untersuchungen der DDR ergaben auch, daß leitende Angestellte, Akademiker und in der Landwirtschaft Tätige an Bronchial-, Magen- und Dickdarmkrebs ungleich viel seltener als Facharbeiter sterben. K. Berndt: Krebs und soziale Lage, in: Medizin und Soziologie, Berlin (DDR) 1967. Ganz im Sinne des amerikanischen Umweltberichts (Anm. 9) kommt man daher auch in der DDR zu folgendem Resultat: „1. Epidemiologische und experimentelle Untersuchungen sprechen dafür, daß die Mehrzahl der menschlichen Organkrebse durch Umweltfaktoren hervorgerufen werden. 2. Die zunehmende Chemisierung und Industrialisierung führt ganz allgemein zu einer Zunahme der Schadstoffe in der Biosphäre. 3. Die durch exogene Faktoren verursachten Organkrebse beim Menschen nehmen zu." Verminderung der Luftverunreinigung und medizi-

nische Aspekte, hrsg. von der Kammer der Technik der DDR, Leipzig 1975, S.139.
12 M. Jänike: Soziale und ökologische Faktoren rückläufiger Lebenserwartung in Industrieländern, in: Medizin Mensch Gesellschaft, Nr. 4/1977.
13 Zu der folgenden Kritik des technokratischen Umweltschutzes siehe auch die aus dem Projekt „Politik und Ökologie" hervorgegangene Studie von J. Gerau: Zur politischen Ökologie der Industrialisierung des Umweltschutzes, in: Leviathan Nr. 1/1977. Ferner: E. Hödl: Wirtschaftswachstum und Umweltpolitik, Göttingen 1975
14 Vgl. M. Jänicke: Umweltpolitik in Osteuropa, Beilage zur Wochenzeitung DAS PARLAMENT vom 11.6.1977
15 Vgl. B. und J. Ehrenreich: Der medizinisch-industrielle Komplex, in: W.-D. Narr und C. Offe (Hrsg.): Wohlfahrtsstaat und Massenloyalität, Köln 1975. F. Naschold: Strukturelle Bestimmungsfaktoren für die Kostenexplosion im Gesundheitswesen, in: A. Murswieck (Hrsg.): Staatliche Politik im Sozialsektor, München 1976. Vgl. daselbst auch den Beitrag von J. Ueltzhöffer zur Entstehung eines „sozial-industriellen Komplexes".
16 Vgl. F. Vahrenholt: Seveso. Informationen über eine Umweltkatastrophe, Materialien Nr. 8/1976 des Umweltbundesamtes.
17 Vgl. R.J. van Schaik: The Impact of the Economic Situation on Environmental Policies, OECD-Observer Nr. 79/1976.
18 Vgl. H. Weidner: Von der Schadstoffbeseitigung zur Risikoverhinderung. Neue gesetzliche Regelungen für Umweltchemikalien, Forschungsbericht Nr. 10/1977 des Projekts „Politik und Ökologie".
19 The Seventh Annual Report of the CEQ (Anm. 8), S. 30 f. 1975 wurden in den USA 70 Kepone-Vergiftete registriert. Kepone ist ein kanzerogener Stoff.

Bürgerbeteiligung und Luftreinhaltung
Eine vergleichende Studie der Regelungskonzepte in Schweden und den USA

Lennart J. Lundqvist

1. Bürgerbeteiligung beim Gesetzesvollzug: Konzepte und Argumente

Im folgenden geht es ausschließlich um die Formen öffentlicher Beteiligung beim *Vollzug* politischer Beschlüsse. Partizipationsmöglichkeiten im Bereich der Politik*formulierung* werden hier nicht behandelt.

Zu Beginn möchte ich den Bereich des Untersuchungsfeldes abstecken. Dazu ist eine Unterscheidung notwendig zwischen den Individuen und Gruppen, die ausdrücklich als „Zielgruppen" der jeweiligen Regelung behandelt werden, und den übrigen. Die Beteiligung der ersteren ergibt sich automatisch durch ihren Status als Maßnahmeadressaten. Uns interessiert hingegen, in welchem Maße und mit welchen Mitteln andere Personen und Gruppen am Implementationsprozeß teilnehmen dürfen. Hier bietet sich eine Unterscheidung an zwischen denen, die in ihrer Eigenschaft als „betroffene Parteien" oder Vertreter „tangierter Interessen" partizipieren dürfen, und den anderen, denen ganz allgemein in ihrer Eigenschaft als „Bürger" die Teilnahme ermöglicht wird. Der ersten Kategorie mag die Partizipation zur Verteidigung oder Durchsetzung ihrer persönlichen Interessen eingeräumt werden, während in die zweite Kategorie jene fallen, die zur Förderung des öffentlichen Interesses partizipieren dürfen. Es muß zweitens unterschieden werden zwischen den verschiedenen „Arenen" oder „Kanälen", die der Öffentlichkeit zugänglich sind sowie zwischen den für eine Teilnahme überhaupt in Betracht kommenden substantiellen Politikinhalten. Die primären Aktionsfelder sind Verwaltungen und Gerichte. Bei den Politikinhalten kann es einerseits um die Interpretation und Operationalisierung von Gesetzen durch allgemeine Vorschriften und Durchführungsbestimmungen, andererseits um die Implementation eines Einzelfalls gehen. Bei der Beteiligung an administrativen Entscheidungsprozessen kann weiterhin unterschieden werden zwischen einer institutionalisierten und einer prozessualen Partizipation. Privatpersonen oder Gruppenvertreter können als Mitglieder von Behördenausschüssen oder Beratungsgremien mitwirken; sie können aber auch deshalb partizipieren, weil ihnen die Durchführungsbestimmungen eine besondere Stellung im Entscheidungsprozeß selbst einräumen.

Die Förderung öffentlicher Partizipation kann auf verschiedenen Wegen erfolgen. So können öffentliche Anhörungen für den Entscheidungsprozeß über Implementationsrichtlinien vorgeschrieben werden. Anhörungen können auch in Einzelfallentscheidungen vorgesehen sein. Durch ein bestimmtes — offenes — Konsultationsverfahren wie auch durch Beratungsgremien kann die Beteiligung erhöht und erleichtert werden. In der Regel ist in einzelnen Gesetzen die Möglichkeit zur Verwaltungsbeschwerde oder zur Anrufung der Gerichte eingeräumt. Den „betroffenen Parteien" oder „Bürgern" kann z.B. ermöglicht werden, Verfahren zur Beschleunigung von Maßnahmen oder zur Durchsetzung von Schadensersatzforderungen in Gang zu setzen.[1]

Bei den Argumenten für eine erweiterte öffentliche Partizipation in den Vollzugsstadien der Politik können zwei Hauptgesichtspunkte unterschieden werden. Nach der einen Argumentationslinie ist Partizipation ein Ziel per se. Der andere Argumentationsstrang betont Partizipation mehr als ein Mittel zur Förderung anderer Ziele und Zwecke. Hier geht es zumeist um dreierlei: um Legitimität, Effektivität und Kontrolle.

Vermutlich dient die Partizipation oft als Mittel, um politische (und legislative) Unterstützung und Zustimmung zu erhalten. In demokratischen Systemen handeln die Politiker und Bürokraten natürlich gern auf der Grundlage starker öffentlicher Unterstützung. Daher ist es eine naheliegende Strategie, allein aus diesem Grund öffentliche Partizipationsmöglichkeiten einzuplanen. Indem man die Öffentlichkeit — oder besonders betroffene Interessengruppen — beteiligt, gelingt es der Verwaltung oder den Politikern mitunter, sie von der Notwendigkeit auch ziemlich harter Maßnahmen zu überzeugen. Partizipation kann in diesen Fällen ein Mittel zur Legitimationssicherung für unpopuläre Ziele sein. Weiterhin wird die öffentliche Partizipation als ein Mittel zur Steigerung der administrativen Effizienz angesehen, weil hierdurch die Informations- und Kommunikationskapazität und das Verständnis für die Standpunkte verschiedener Parteien verbessert wird. Auch durch die Kontakte zwischen den betroffenen Parteien in speziellen Institutionen sollen Konflikte vermieden und die Effizienz gesteigert werden.

Ein drittes Argument betrifft die Verantwortlichkeit von Behörden. Sind administrative Entscheidungen der Partizipation und öffentlichen Kontrollen zugänglich, so wird hierdurch ein heilsamer Druck auf die Entscheidungsträger ausgeübt, fair zu handeln und sich in allen Fällen an das vorgeschriebene procedere zu halten.[2]

Was hat dies alles mit der Durchsetzung von Luftreinhaltungsregelungen zu tun? Einerseits ist jeder Bürger betroffen, denn jedermann muß atmen. Starke Luftverschmutzung beeinträchtigt die Menschen über weite Distanzen. Andererseits sind die Menschen in der näheren Umgebung einer emittierenden Anlage stärker betroffen als jene im weiteren Umkreis. Die Charakteristika der Umweltverschmutzung könnten vermuten lassen, daß in den meisten industrialisierten, urbanisierten und motorisierten Nationen ähnliche Regelungen und Begründungen für eine Bürgerbeteiligung bei Luftreinhaltungsmaßnahmen bestehen. Aber die Entscheidungen und Argumente von Politikern spiegeln auch ihr Verhältnis zu kulturellen Normen, Institutionen und strategischen Umständen wider. Deshalb ist zu klären, ob — und wie — solche Faktoren einen signifikanten Einfluß auf die jeweiligen Formen und Niveaus der öffentlichen Beteiligung beim Vollzug politischer Entscheidungen haben.

2. Schweden: Argumente zur Beschränkung der Partizipation

Als der schwedische *Reichstag* 1969 über das Umweltschutzgesetz debattierte, gab es bereits einige Regelungen zur Institutionalisierung der Teilnahme von Interessengruppen bei der Implementation von Umweltpolitiken. 1967 war das Staatliche Naturschutzamt gegründet worden. Damals schlug der Landwirtschaftsminister vor, daß dieses Amt von einem Direktorium geleitet wird, das aus einem Generaldirektor und sechs weiteren Mitgliedern besteht. Diese sechs Mitglieder sollten soweit wie möglich Interessen repräsentieren, die durch die künftigen Entscheidungen des Naturschutzamtes berührt würden, oder entsprechendes Fachwissen besitzen.

Sechs Personen konnten jedoch unmöglich das gesamte Aufgabenspektrum des Naturschutzamtes abdecken. Deshalb sollten spezielle Beratergremien geschaffen werden. Sie sollten das Naturschutzamt und den Generaldirektor in allen wichtigen Vollzugsfragen unterstützen. Der Minister sah in den vorgeschlagenen Luftqualitäts-, Wasserqualitäts- und Naturschutz-Räten wichtige „Impulsgeber" in ihrem

Aufgabenbereich. Sie sollten die Problemlösungskapazität der zuständigen Institutionen erhöhen; die Steigerung der Effektivität war das Hauptziel dieses Vorschlags. Die Zentrumspartei argumentierte etwas anders: Maßgeblich sei, daß die neue Politik die weitestgehende öffentliche Unterstützung und Legitimation erhalte. Aus diesem Grunde sollte die Meinung von Laien — repräsentiert durch Interessenvertretern aus Wirtschaft, Gewerkschaften und Kommunalverbänden in den Räten — zur Geltung kommen. Der Mitgliederschlüssel im Luftqualitätsrat kam dem Vorschlag der Zentrumspartei dann auch tatsächlich sehr nahe.[3]

Allgemein konzentriert sich Schwedens Luftreinhaltungspolitik primär auf die Kontrolle einzelner Emissionsquellen. Das Gesetz von 1969 schuf lediglich allgemeine und flexible Rahmenrichtlinien für Einzelfall-Entscheidungen des Naturschutzamtes und des Konzessionsamtes. Man hielt jedoch Emissionsrichtlinien für eine notwendige Ergänzung, um den zuständigen Instanzen eine kohärente Gesetzesinterpretation zu ermöglichen. Theoretisch sind zumindest zwei Begründungen für ein solches Vollzugsrichtlinien-System möglich. Einmal grenzt es den Ermessensspielraum der zuständigen Institution ein und erhöht dadurch potentiell die Vollzugskontrolle, ferner erweitert es die administrativen Kapazitäten. Die Richtlinien haben die Funktion von „Faustregeln" für die Administration; außerdem signalisieren sie den Umweltverschmutzern, was von ihnen erwartet wird.

Effektivitätssteigerung war eindeutig das Hauptmotiv in der schwedischen Debatte über Emissionsrichtlinien. Die „Königliche Kommission für Fragen der Verschmutzung und andere Beeinträchtigungen" stellte 1966 fest, daß Richtlinien den Genehmigungsprozeß vereinheitlichen, beschleunigen und die Entscheidungen kalkulierbarer machen würden. Die Verschmutzer würden ihre Maßnahmen und Genehmigungsanträge den Richtlinien anpassen und dadurch die Effektivität des Vollzugs erhöhen. Die Kommission hielt es für selbstverständlich, „daß die Richtlinien zwischen der zuständigen Institution und den betroffenen Branchenorganisationen sowie anderen Interessierten ausgehandelt werden sollten." Dies schaffte „die Basis für eine enge und effiziente Kooperation zwischen der zuständigen Institution und der Industrie." Die Richtlinien sollten der Öffentlichkeit zugänglich und einer öffentlichen Debatte unterworfen sein.[4]

Einige Monate vor der Veröffentlichung des Kommissionsberichts war der damalige „Nationale Luftreinhaltungs-Rat" an die industriellen Branchenorganisationen herangetreten und hatte sie aufgefordert, in gemeinsamen Expertengruppen an der Ausarbeitung der Emissionsrichtlinien für die verschiedenen industriellen Branchen teilzunehmen. Der Rat wünschte ein reibungsloses und effizientes Anlaufen der neuen Umweltschutzgesetzgebung. Es gab keine Diskussion über eine breitere Interessenvertretung in den besagten Gruppen. In den zehn bis zum März 1969 eingesetzten Gruppen vertraten 70 Prozent der Mitglieder industrielle Interessen, 20 Prozent waren wissenschaftliche und technologische Experten. Konsumenten- und Bürgergruppen waren nicht vertreten. Die Vertreter der Industrie und des Naturschutzamtes bestätigten später, daß die Teilnahme an den gemeinsamen Arbeitsgruppen zur größeren Wirksamkeit des Gesetzesvollzuges beigetragen habe.[5]

Es war also bereits ein System formeller und informeller Interessengruppen-Beteiligung auf der Implementationsebene vorhanden, als der *Reichstag* die neue Umweltschutzgesetzgebung im Mai 1969 debattierte. Da dieses System jedoch außerhalb des formalen Rahmens des neuen Gesetzes entstanden war, mußten die Kabinettsvorlage und die parlamentarische Diskussion sich dennoch der Frage widmen, wer beteiligt werden sollte, wann und wo Partizipationsrechte ausgeübt werden dürften und welche Inhalte hiervon betroffen sein sollten.

Die Frage nach den zu Beteiligenden wurde zu keiner Zeit in Form einer Entscheidung zwischen „Bürger" oder „betroffener Partei" diskutiert. Strittig war vielmehr, wie umfassend letztere berücksichtigt werden sollte. Die „Königliche Kommission" von 1966 hatte eine sehr enge Definition vorgeschlagen. Nur Eigentümer oder Personen mit ähnlichen Rechtstiteln, deren Besitz durch die spezielle – unter behördlicher oder gerichtlicher Überprüfung stehende – Emissionsquelle geschädigt oder beeinträchtigt würden, sollten Zugang zum Implementationsprozeß erhalten. Justizminister Kling hielt dagegen, daß nicht nur Eigentümer durch luftverschmutzende Aktivitäten belastet würden. Besonders starke Verschmutzungen beeinträchtigten eine so große Anzahl von Menschen, daß ihre Kontrolle in den meisten Fällen im öffentlichen Interesse liege. Dennoch sollte nicht jede Störung einen Rechtsanspruch schaffen, den Vollzugsprozeß in Gang zu setzen oder an ihm teilzunehmen. Auch die Beeinträchtigung des traditionellen Rechts auf freien Landschaftszugang konstituierte nach Ansicht des Ministers kein solches Recht. Hiermit wurde offensichtlich, daß das „Bürger"-Modell der Partizipation nicht zur Debatte stand. Einzelpersonen hatten keine Möglichkeit, den zum Schutze eines öffentlichen Interesses notwendigen Durchführungsprozeß in

Gang zu setzen. Sie konnten lediglich den Schutz ihrer eigenen Interessen betreiben. Schließlich wies der Minister darauf hin, daß die Rechtspraxis, die sich in den „Wasser-Gerichten" herausgebildet habe, zur Klärung herangezogen werden könne, wer „betroffene Partei" mit dem Recht auf Partizipation sei.

Der Rat für Rechtsfragen des Kabinetts reagierte heftig auf die Ausführungen des Ministers. Die herrschende Rechtsauffassung definiere die „betroffenen Parteien" in derselben Weise, wie es die 1966er Königliche Kommission empfohlen habe! Dadurch würden die Eigentümer in nicht vertretbarer Weise bevorteilt werden. Stattdessen sollten all jene, die durch umweltverschmutzende Aktivitäten einen Schaden erlitten oder sonstwie beeinträchtigt würden, den Status einer „betroffenen Partei" mit dem Recht erhalten, ihre Interessen im Implementationsprozeß zu verteidigen. Einzige Voraussetzung hierfür sollte der Nachweis einer kausalen Beziehung zwischen der umweltverschmutzenden Aktivität und dem Schaden sein. Der Minister akzeptierte diese Argumentation des Rates. Um als „betroffene Partei" anerkannt zu werden, sollte der Nachweis ausreichen, daß man durch eine spezielle umweltverschmutzende Aktivität erkennbaren Schaden erlitten habe; ein Eigentumstitel sollte nicht notwendig sein.

Minister Kling war vor allem deshalb für eine Begrenzung der öffentlichen Partizipation, weil er meinte, eine breite Bürgerbeteiligung bei der Verwirklichung von Umweltpolitik wäre schlichtweg nicht nötig. Da von der Umweltverschmutzung in modernen Industriegesellschaften allgemein eine große Bevölkerungszahl betroffen werde, sei es – so die Folgerung des Ministers – primär ein öffentliches Interesse, diese Verschmutzung zu kontrollieren. Die staatlichen Maßnahmen in den letzten Jahren – Gründung des Staatlichen Naturschutzamtes 1967, die Stärkung der Umweltschutzabteilungen in den 24 Regional-Verwaltungen – hätten die administrative Kapazität auf dem Gebiet des Umweltschutzes erhöht. Das anstehende Gesetz schaffe ein Genehmigungssystem und Meldepflichten, wodurch dann fast jede verschmutzende Aktivität erfaßt sei. Das bedeute, daß durch die Verwaltung nicht nur das öffentliche Interesse an einer sauberen und gesunden Umwelt gesichert würde, sondern auch das persönliche Interesse an einer Schadensvermeidung und an der Beseitigung sonstiger Beeinträchtigungen. Die Funktionen, die vormals durch die „betroffenen Parteien" erfüllt worden seien, könnten jetzt viel effektiver durch die staatlichen Agenturen wahrgenommen werden. In des Ministers eigenen Worten:

"Je mehr wir die Anstrengungen der Regierung auf dem Gebiet des Umweltschutzes intensivieren, desto besser wird das persönliche Interesse an einer unzerstörten Umwelt berücksichtigt werden!"[6]
Dem entsprachen die Vorschläge des Ministers zur Kontrolle von luftverschmutzenden Einzelquellen: Genehmigungsverfahren im „Konzessionsamt für Umweltschutz"; Befreiungsverfahren im „Staatlichen Naturschutzamt" und Gerichtsverhandlungen vor den Grund-Gerichten, wobei diese sowohl die Zulässigkeit der umweltverschmutzenden Aktivität als auch individuelle Schadensersatzfragen klären könnten.

In diesem System hat der Umweltverschmutzer zwei Wahlmöglichkeiten. Er kann sich erstens direkt an das Konzessionsamt wenden und eine Genehmigung beantragen; diese Genehmigung ist dann für zehn Jahre rechtskräftig. Er kann zweitens beim Naturschutzamt eine Befreiung von der Genehmigungspflicht beantragen. In beiden Fällen werden die Bedingungen und Auflagen einer Fortsetzung der umweltbeeinträchtigenden Aktivität festgelegt. Die Genehmigung schützt den Antragsteller für zehn Jahre vor neuen Anforderungen, die Befreiung dagegen kann vom Naturschutzamt jederzeit widerrufen werden.

Der Minister bezeichnete die Befreiungsverfahren als „freie Verhandlungen zwischen dem Naturschutzamt, dem Antragsteller und anderen interessierten Parteien." Das Naturschutzamt solle „betroffene Parteien" durch Anzeigen in Lokalzeitungen von den bevorstehenden Befreiungsverhandlungen in Kenntnis setzen. Betriebskontrollen und Anhörungen der betroffenen Parteien sollten aber nur dann stattfinden, wenn das Naturschutzamt dies zu seiner Entscheidungsfindung für notwendig hielte. Der Begriff der „Lokalität" ließ erkennen, daß unter einer „betroffenen Partei" nur jene verstanden würden, die in der unmittelbaren Umgebung lebten. Da die aus diesen „freien Verhandlungen" resultierenden Entscheidungen nicht rechtlich bindend sein würden, sollte es auch kein Appellationsrecht geben. Der Verschmutzer konnte also jederzeit beim Konzessionsamt eine Genehmigung beantragen, während der „betroffenen Partei" nur die Möglichkeit offenstand, ein Verfahren vor dem Grund-Gericht in Gang zu bringen, um die umweltverschmutzende Aktivität verbieten und einschränken zu lassen.

Sollte aber nicht auch die „betroffene Partei" die Möglichkeit haben, die Befreiungsentscheidung vor das Konzessionsamt zu bringen? Der Minister verneinte. Naturschutzamt und Konzessionsamt sollten

öffentliche Interessen bei ihren Entscheidungen berücksichtigen. Da beide Institutionen nun grundlegend gestärkt wären, würde ihre Aktivität in steigendem Maße individuelle Interessen schützen und ihnen zugute kommen. Verbleibende Differenzen zwischen Verschmutzern und „betroffenen Parteien" sollten in den Grund-Gerichten geregelt werden. Auch Behörden, die vom Naturschutzamt in Befreiungsfällen zu konsultieren wären, sollten nicht das Recht haben, den Fall vor das Konzessionsamt zu bringen. Weshalb? Weil das Naturschutzamt bereits alle Aspekte des öffentlichen Interesses bei seiner Entscheidung berücksichtigt haben würde!
Am Ende votierte der Minister dann schließlich doch für ein individuelles Einspruchsrecht gegen Genehmigungsentscheide, meinte aber, daß aufgrund der sehr „sachverständigen und umfassenden Prozeduren im Konzessionsamt" kaum hiervon Gebrauch gemacht werden würde. Nur in sehr wenigen Ausnahmefällen würde ein privater Einspruch die Grundlage zu einem Widerruf oder zu einer Veränderung der Genehmigung abgeben.[7]
Der Rechtsberatungsausschuß des Kabinetts akzeptierte offensichtlich das Prinzip, daß die Umweltbehörden das öffentliche Interesse repräsentieren, während Private nur ihre eigenen Interessen in Umweltschutzangelegenheiten verfolgen können. Der Rat übernahm jedoch nicht die Auffassung des Ministers, daß eine Stärkung der Umweltbehörden automatisch den „betroffenen Parteien" Vorteil bringe. Auch diese Parteien hätten ein Interesse daran, die Entscheidungen zum frühest möglichen Zeitpunkt zu beeinflussen, d.h. bereits während der Genehmigungsverfahren. Der Minister-Vorschlag brachte hier aber neue Schwierigkeiten. Die Rechtspraxis in den bestehenden Wassergerichten garantiert fast immer, daß die interessierten Parteien eine Entschädigung für ihre Prozeßkosten erhalten. Eine solche Möglichkeit war im vorgeschlagenen Gesetz nicht vorgesehen. Dadurch war die Position der „betroffenen Parteien" schwächer als nach dem Wassergesetz. Der Rat empfahl daher nachdrücklich, den Entwurf so zu ändern, daß Betroffene für ihr Erscheinen vor dem Konzessionsamt entschädigt würden. Der Minister konnte sich für die Argumente des Rats nicht erwärmen und betonte wiederum sein Vertrauen in die Objektivität und Kompetenz der Behörden. In den meisten Fällen würden die vom Konzessionsamt zu berücksichtigenden öffentlichen und privaten Interessen zusammenfallen, so daß die „betroffenen Parteien" von den Behördenaktivitäten und -entscheidungen profitieren würden.[8]

Abb. 1:
Verfahrensweisen und Beteiligungsmöglichkeiten im schwedischen Umweltschutz

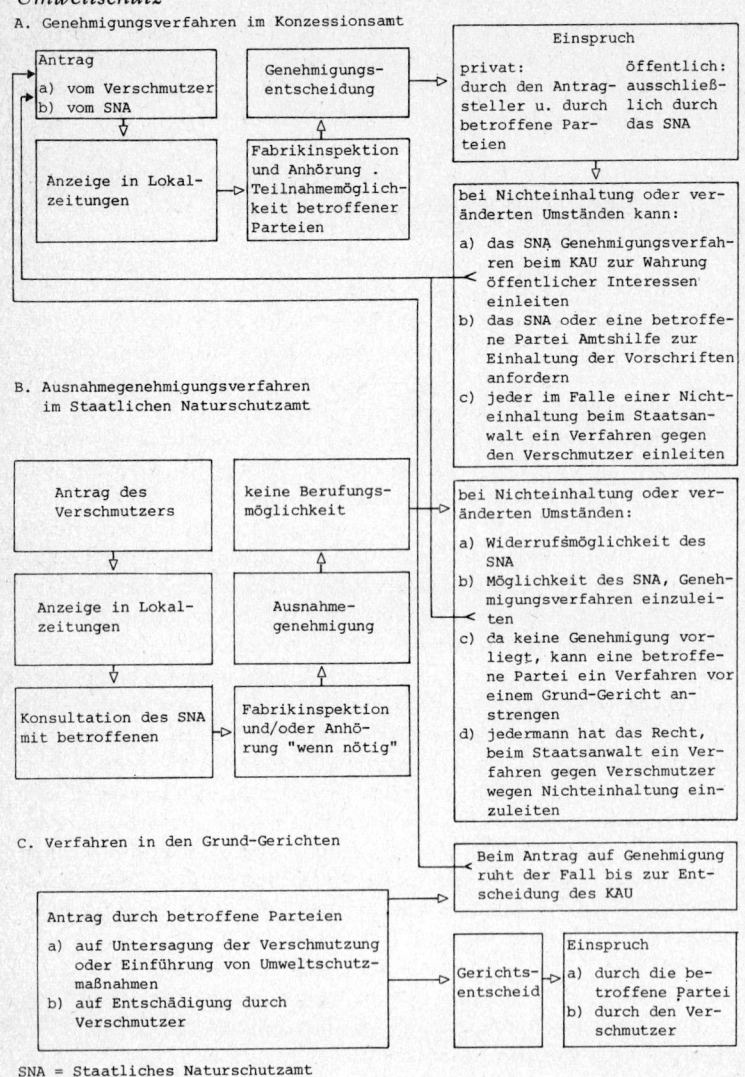

A. Genehmigungsverfahren im Konzessionsamt

```
┌─────────────────┐    ┌─────────────────┐         Einspruch
│ Antrag          │    │ Genehmigungs-   │    ┌──────────────┬──────────────┐
│ a) vom Verschmutzer │─→│ entscheidung    │─→  │ privat:      │ öffentlich:  │
│ b) vom SNA      │    │                 │    │ durch den    │ ausschließ-  │
└─────────────────┘    └─────────────────┘    │ Antrag-      │ lich durch   │
         ↓                      ↑              │ steller u.   │ das SNA      │
┌─────────────────┐    ┌─────────────────┐    │ durch        │              │
│ Anzeige in Lokal-│──→│ Fabrikinspektion│    │ betroffene   │              │
│ zeitungen       │    │ und Anhörung.   │    │ Par-         │              │
│                 │    │ Teilnahmemöglich-│   │ teien        │              │
│                 │    │ keit betroffener│    └──────────────┴──────────────┘
│                 │    │ Parteien        │                    ↓
└─────────────────┘    └─────────────────┘    ┌─────────────────────────────┐
                                              │ bei Nichteinhaltung oder ver-│
                                              │ änderten Umständen kann:     │
                                              │                              │
                                              │ a) das SNA Genehmigungsverfah-│
                                              │    ren beim KAU zur Wahrung  │
                                              │    öffentlicher Interessen   │
                                              │    einleiten                 │
                                              │ b) das SNA oder eine betroffe-│
                                              │    ne Partei Amtshilfe zur   │
                                              │    Einhaltung der Vorschriften│
                                              │    anfordern                 │
                                              │ c) jeder im Falle einer Nicht-│
                                              │    einhaltung beim Staatsan- │
                                              │    walt ein Verfahren gegen  │
                                              │    den Verschmutzer einleiten│
                                              └─────────────────────────────┘
```

B. Ausnahmegenehmigungsverfahren im Staatlichen Naturschutzamt

```
┌─────────────────┐    ┌─────────────────┐
│ Antrag des      │    │ keine Berufungs-│    ┌─────────────────────────────┐
│ Verschmutzers   │    │ möglichkeit     │──→ │ bei Nichteinhaltung oder ver-│
└─────────────────┘    └─────────────────┘    │ änderten Umständen:          │
         ↓                      ↑              │                              │
┌─────────────────┐    ┌─────────────────┐    │ a) Widerrufsmöglichkeit des  │
│ Anzeige in Lokal-│   │ Ausnahme-       │    │    SNA                       │
│ zeitungen       │    │ genehmigung     │    │ b) Möglichkeit des SNA, Geneh-│
└─────────────────┘    └─────────────────┘    │    migungsverfahren einzulei-│
         ↓                      ↑              │    ten                       │
┌─────────────────┐    ┌─────────────────┐    │ c) da keine Genehmigung vor- │
│ Konsultation des│──→│ Fabrikinspektion │    │    liegt, kann eine betroffe-│
│ SNA mit         │    │ und/oder Anhö-  │    │    ne Partei ein Verfahren vor│
│ betroffenen     │    │ rung "wenn nötig"│    │    einem Grund-Gericht an-  │
└─────────────────┘    └─────────────────┘    │    strengen                  │
                                              │ d) jedermann hat das Recht,  │
                                              │    beim Staatsanwalt ein Ver-│
                                              │    fahren gegen Verschmutzer │
                                              │    wegen Nichteinhaltung ein-│
                                              │    zuleiten                  │
                                              └─────────────────────────────┘
```

C. Verfahren in den Grund-Gerichten

```
                                              ┌─────────────────────────────┐
                                              │ Beim Antrag auf Genehmigung │
                                              │ ruht der Fall bis zur Ent-  │
                                              │ scheidung des KAU           │
                                              └─────────────────────────────┘

┌───────────────────────────────────────┐
│ Antrag durch betroffene Parteien      │                        Einspruch
│ a) auf Untersagung der Verschmutzung  │    ┌──────────┐    ┌──────────────┐
│    oder Einführung von Umweltschutz-  │──→ │ Gerichts-│──→ │ a) durch die │
│    maßnahmen                          │    │ entscheid│    │    betroffene│
│ b) auf Entschädigung durch            │    └──────────┘    │    Partei    │
│    Verschmutzer                       │                    │ b) durch den │
└───────────────────────────────────────┘                    │    Ver-      │
                                                             │    schmutzer │
                                                             └──────────────┘
```

SNA = Staatliches Naturschutzamt
KAU = Konzessionsamt für Umweltschutz

Die Oppositionsparteien unterstützten die vom Rechtsberatungsausschuß vorgebrachten Gesichtspunkte. Die Zentrumspartei und die Konservativen forderten bessere Möglichkeiten für individuelle Betroffene, ihre Interessen wahrzunehmen. Der Kabinettsentwurf untergrabe diese, indem er ihnen keine Entschädigung für ihre Beweis- und Rechtsberatungskosten einräume. Sie befänden sich dadurch in einer sehr nachteiligen Position, da Streitfragen im Bereich der Umweltverschmutzung allgemein sehr kompliziert seien, sowohl von ihrer technischen als auch von ihrer rechtlichen Seite her. Erschwerend käme hinzu, daß kleine Gruppen und Einzelpersonen sich oft im Gegensatz zum Naturschutzamt, „dem Vertreter des öffentlichen Interesses", befänden. Beide Parteien traten dafür ein, den Entwurf in puncto Entschädigungsrecht entsprechend zu ändern. Die Zentrumspartei schlug ferner vor, daß nicht nur der Verschmutzer, sondern auch die „betroffene Partei" das Recht haben solle, Verhandlungen vor dem Konzessionsamt in Gang zu setzen.[9]

Die Liberale Partei kritisierte den Entwurf noch grundsätzlicher. Sie behauptete, daß der Kabinettsentwurf mit seiner Negierung der Rechte der „betroffenen Parteien" eine „sehr voreingenommene Haltung zur Bewältigung des gesamten Umweltschutzproblems" offenbare. Konsum- und Anliegerinteressen litten am stärksten unter umweltverschmutzenden Tätigkeiten. Im vorliegenden Kabinettsentwurf seien sie jedoch diejenigen, die die geringsten Partizipationsmöglichkeiten bei der Bekämpfung der Umweltverschmutzung hätten! Entscheidende Informationen würden so die Behörden nicht erreichen, und schwere Fälle von Umweltverschmutzung würden geringere und zu späte Aufmerksamkeit erlangen, als es sonst der Fall wäre. Die „betroffenen Parteien" sollten weitestgehende Kompensationsmöglichkeiten haben, auch die Kommunen sollten ein Einspruchsrecht gegen solche Genehmigungsentscheidungen erhalten, die das öffentliche Interesse vor Ort beeinträchtigen.[10]

In der *Reichstagsdebatte* wurden all die früheren Argumente noch einmal vorgebracht. Ein Abgeordneter der Liberalen Partei meinte: „Der einzelne, dessen Augen, Ohren und Nase (die Verschmutzung) wahrnehmen, hat keinen Grund, sich auf den Großen Bruder in Stockholm zu verlassen..., aber das Komitee beruhigt jeden damit, daß die Umweltschutzinteressen am besten vom Naturschutzamt gehütet würden. *Big Brother denkt an alles!*" Alle Anstrengungen zur Erweiterung der Partizipationsmöglichkeiten scheiterten jedoch. Der Entwurf des Ministers wurde Gesetz.[11]

3. Die USA: Mehr Partizipation oder: Die Bürger dürfen den Vollzugsmechanismus auslösen.

Man übersieht leicht, daß die Zusatzartikel (Amendments) von 1970 zum Clean Air Act Ergänzungen zu bestehenden Gesetzen waren. Die 1963 und 1967 verabschiedeten Gesetze enthielten verschiedene Möglichkeiten öffentlicher Partizipation, z.B. Konferenzen, öffentliche Anhörungen und die gerichtliche Überprüfung von Behördenentscheidungen. In den Zusatzartikeln von 1970 ging es dann um neue Umweltschutzkonzepte wie *nationale* Luftgütestandards, Betriebsvorschriften für neue stationäre Quellen und Standards für gefährliche Schadstoffe. Neu war ebenfalls der Gedanke, die einzelstaatlichen Durchführungspläne an die nationalen Luftgütestandards zu koppeln. Beide Gesetzesvorlagen behielten bestehende öffentliche Partizipationsrechte bei und dehnten sie zudem auf die Interpretation und Durchführung der neuen Regelung aus.

Zwei aus älteren Gesetzen übernommene Grundzüge gleichen weitgehend den schwedischen Regelungen für die Vertretung von Interessengruppen bei der Politikformulierung und -implementation. Innerhalb der EPA wird ein Sachverständigenrat für Luftqualität, bestehend aus 15 Mitgliedern eingerichtet, dem der EPA-Leiter vorsitzt. Diese Mitglieder repräsentieren Verwaltungsbehörden auf der einzelstaatlichen, zwischenstaatlichen und der kommunalen Ebene. Öffentliche und private Interessen — die von Verschmutzern ebenso wie von Betroffenen — und Belange „anderer, die ein aktives Interesse auf dem Gebiet der Luftreinhaltung zeigen", werden ebenfalls vertreten. Der Ausschuß hat den EPA-Leiter zu beraten und soll Empfehlungen an den Präsidenten geben. Fallweise kann der EPA-Leiter auch besondere Beratungsausschüsse einsetzen. Diese Experten sollen bei speziellen Luftverschmutzungsproblemen Aspekte der Gesundheit, Wohlfahrt, Ökonomie und Technologie berücksichtigen helfen.

Beide Gesetzesvorschläge sahen öffentliche Anhörungen vor der Annahme von Gütestandards, einzelstaatlichen Durchführungsplänen und von Standards für gefährliche Schadstoffe vor. Interessierten Personen stand eine gewiße Zeit zur Verfügung, um schriftliche Stellungnahmen zu EPA-Vorschlägen für neue Emissions- und Luftgütestandards abzugeben. Diese Regelungen erregten während der Debatte im Repräsentantenhaus im Juni 1970 nur wenig Aufmerksamkeit. Über Vorzüge oder mögliche Nachteile von Partizipationsmöglichkeiten wurde nicht debattiert.[12]

Es war dann der Senat, und hier besonders der Muskie-Unterausschuß, der einige weitergehende Konzepte für die öffentliche Partizipation vorlegte. Auf einen Schlag erweiterten der Muskie-Unterausschuß und das Komitee für öffentliche Aufgaben die Beteiligungsmöglichkeiten bei der Festsetzung von Kfz-Abgasstandards, dehnten den Bereich der gerichtlichen Überprüfbarkeit von Verwaltungsentscheidungen aus und legten das höchst innovative Konzept der „Bürgerklage" als Mittel der Politikimplementation vor. (Ein vollständiges Bild der Partizipationsmöglichkeiten in der schließlich verabschiedeten Gesetzesfassung gibt Abb. 2.)

Die Betonung der Rechte der Öffentlichkeit wurde auch in der Argumentation zugunsten der Akteneinsicht deutlich. Partizipation bei der Entwicklung von einzelstaatlichen Durchführungsplänen könne „nur dann sinnvoll sein, wenn eine angemessene Bekanntmachung und vollständige Offenlegung der Informationen vor den öffentlichen Anhörungen stattfände." Alle Informationen, die für die Verschmutzung durch neue stationäre Quellen, durch gefährliche Stoffe und durch Kfz-Abgase relevant seien, sollten der Öffentlichkeit verfügbar sein. Alle über die Emissionswerte hinausgehenden Informationen sollten nur dann als vertraulich behandelt werden, wenn dadurch nachweislich Betriebsgeheimnisse preisgegeben würden. Das öffentliche Informationsbedürfnis über Emissionen sollte gegenüber dem privaten Interesse an Betriebsdaten Vorrang besitzen: „... es ist nicht im öffentlichen Interesse, daß Daten über die Quantität und Qualität von Emissionen als vertraulich behandelt werden. Die Öffentlichkeit hat das Recht zu wissen, wer die Atmosphäre verschmutzt und in welchen Mengen dies geschieht."[13]

Aber was sollte der Bürger nun mit solchen Informationen anfangen können? Der Ausschuß hatte selbstverständlich nicht das schwedische System im Auge. Seit Beginn des 19. Jahrhunderts haben schwedische Bürger ein verfassungsmäßig garantiertes Recht auf Einsicht in Regierungs- und Behördenakten.

Aber wie oben dargestellt, sind solche privat erlangten Informationen nutzlos für den Schweden, wenn er nicht nachweisen kann, daß er den Status einer „betroffenen Partei" in dem speziellen Fall von Umweltverschmutzung hat. Bei dem Vorschlag des US-Senatsausschusses war dies anders. Der Ausschuß wollte, daß Amerikaner als „Bürger" an Behörden-Entscheidungen teilnehmen und sie beeinflussen können. Anträge zur gerichtlichen Überprüfung von Verwaltungsentscheidungen wären für den Bürger der eine Weg, die verfügbaren Informationen zu nutzen. Der Ausschuß erwähnte die gerichtliche Überprüfungsmöglichkeit für jene, „die das öffentliche Interesse durch die ordnungsgemäße Durchsetzung eines Regelungssystems zu schützen suchen, das zu ihren Gunsten geschaffen wurde". Die bisherige Rechtsunsicherheit hinsichtlich gerichtlicher Überprüfungen wurde als unerwünscht bezeichnet. Daher schuf der Ausschuß besondere Vorkehrungen hierfür. Jede Person oder Klasse von Personen, die meint, daß festgesetzte Luftgütewerte, Emissionsstandards, Durchführungspläne oder andere Verwaltungsentscheidungen geändert werden sollten, erhielt das Recht, eine gerichtliche Überprüfung beim US-Appellationsgericht zu beantragen. Anträge sollten innerhalb von 30 Tagen nach der Verwaltungsentscheidung erfolgen. Danach würde dem Überprüfungsbegehren nur stattgegeben werden, wenn signifikante neue Informationen zum Entscheidungsfall bekannt werden. Es war abzusehen, daß das Recht zur Akteneinsicht zum Vehikel für interessierte Bürger werden würde, mit dem sie die nötigen Informationen erhielten, um dann gegebenenfalls durch gerichtliche Überprüfung eine Verwaltungskontrolle einzuleiten.[14]

Kontrolle und Effizienz waren eindeutig die Hauptargumente, die zugunsten des innovativen Konzeptes von „Bürgerklagen" vorgebracht wurden. Während öffentliche Anhörungen und gerichtliche Überprüfungen die Mittel des Bürgers waren, die Erstellung von Ausführungsbestimmungen und -richtlinien zu beeinflussen und anzufechten, ging es bei den Bürgerklagen um die Anwendung und um die Erfüllung dieser Richtlinien im individuellen Fall. Der Ausschuß schlug vor, Zivilklagen vor den Distriktgerichten auf Einhaltung von Durchsetzungsfristen, Emissionsstandards und anderer Ge- und Verbote gesetzlich zuzulassen. Jeder Bürger oder jede „Klasse von Bürgern" solle solche Maßnahmen gegen jeden Verschmutzer, der diese Erfordernisse verletzt, einleiten können — aber auch gegen den EPA-Leiter, wenn er es versäumt, seine Pflichten nach diesem Gesetz zu erfüllen.

Der Ausschuß erklärte, daß „die Klagebefugnis für Bürger in Fällen von Standard-Verletzungen die verantwortlichen Behörden dazu veranlassen soll, Vollzugs- bzw. Verhinderungsmaßnahmen einzuleiten. Um Maßnahmen zusätzlich zu forcieren, hat der Ausschuß die Bestimmung hinzugefügt, daß vor der Einleitung gerichtlicher Schritte der Bürger bzw. die Gruppe von Bürgern hiervon zuerst die zuständige Bundes- oder Landesbehörde und den beschuldigten Verschmutzer in Kenntnis setzen muß." Auf diese Weise hätten die

Abbildung 2: Schema der öffentlichen Beteiligungsrechte beim Vollzug der US-Luftreinhaltungspolitik

VERWALTUNGSBEHÖRDEN	
Durchführungsbestimmungen	Anwendung auf individuelle Fälle
I. VERTRETUNG IN BERATUNGSGREMIEN A) <u>Air Quality Advisory Board beim Präsidenten</u> (15 Mitgl.) B) <u>Beratungsausschüsse der EPA</u>. Experten, die der EPA-Leiter fallweise zusammenruft II. RECHT AUF SCHRIFTLICHE EINWÄNDE A) <u>Primäre und sekundäre Immissionsstandards</u>. 90-Tage-Frist für Einwände gegen vorgeschlagene Standards B) <u>Betriebsvorschriften für neue stationäre Anlagen:</u> gleiche Vorschriften	I. ÖFFENTLICHE HEARINGS A) Bei <u>inter-staatlichen Verschmutzungsproblemen</u> kann die EPA <u>Konferenzen</u> zu Problemen bestimmter Gebiete einberufen. Jeder Interessierte ist als Zuhörer zugelassen. Folgen keine Maßnahmen, muß die EPA öfftl. Hearings am Ort der Verschmutzung veranstalten. B) <u>Mobile Emissionsquellen, die nicht den KFZ-Standards entsprechen</u>. Öfftl. Hearings, wenn der Produzent der EPA-Entscheidung nicht zustimmt. Produzent und Interessierte sind hierbei zugelassen. C) <u>Brennstoff-Vorschriften</u>. Hearings bei EPA-Regelungsvorschlägen, wenn betroffene Unternehmen dies wünschen.

VERWALTUNGSBEHÖRDEN	
Durchführungs-bestimmungen	Anwendung auf individuelle Fälle
III. ÖFFENTLICHE HEARINGS	
A) <u>Annahme einzelstaatl. Durchführungspläne</u>. Annahme durch d. Einzelstaat nach angemessener Bekanntmachung und öfftl. Hearings	
B) <u>Revisionen einzelstaatl. Durchführungspläne:</u> gleiche Vorschriften	
C) <u>EPA-Genehmigung des einzelstaatl. Durchführungsplans</u>. Öffentl. Hearings, wenn der Einzelstaat sie versäumt hat	
D) <u>Nationale Emissionsstandards für gefährliche Schadstoffe</u>. Öfftl. Hearings innerhalb von 30 Tagen nach Vorlage des Entwurfs	
E) <u>Aufhebung von KFZ-Standard-Zeitplänen</u>. Verpflichtung zu öfftl. Anhörungen	

VERWALTUNGSBEHÖRDEN	
Durchführungs-bestimmungen	Anwendung auf individuelle Fälle
F) <u>Flugzeug-Emissions-standards</u>. Anhörungen in den meistbetroffenen Gebieten	

RECHT AUF AKTENEINSICHT

Unterlagen von Verschmutzern und Behörden über stationäre Anlagen, Durchführungspläne, neue Emissionsquellen, gefährliche Schadstoffe, Herstellerunterlagen und -berichte über mobile Emissionsquellen sind öffentlich, sofern kein Geschäfts- oder Betriebsgeheimnis verletzt wird. Alle Ergebnisse der EPA-Automotor-Tests sind ebenfalls öffentlich zugänglich.

GERICHTE	
Durchführungs-bestimmungen	Anwendung auf individuelle Fälle
I. GERICHTLICHE ÜBERPRÜFUNG	I. BÜRGERKLAGE
A) <u>Einzelstaatliche Durchführungspläne</u>. Alle Bestimmungen sind der rechtlichen Überprüfung zugänglich. Anträge hierzu sind von interessierten Personen schriftlich innerhalb von 30 Tagen zu stellen. Appellationsgerichte haben das Recht, Bestimmungen teilweise oder insgesamt auszusetzen.	<u>Jede Person</u> kann eine Bürgerklage im eigenen Interesse (a) gegen Personen und Behörden, die vorgeblich einen Emissionsstandard oder eine Vorschrift der EPA oder eines Einzelstaates nach dem Gesetz verletzten, (b) gegen den EPA-Leiter, wenn er vorgeblich seine Pflichten verletzt, anstrengen.
B) <u>EPA-Entscheidungen über Emissionsstandards; Betriebsvorschriften für neue stationäre Anlagen; nationale Emissionsstandards für gefährliche Schadstoffe; KFZ-Standards und Aufhebungen entsprechender Zeitpläne; Brennstoffvorschriften und Flug-</u>	Die Gerichtszuständigkeit wird durch die Citizenship des Klägers nicht berührt. Die beabsichtigte Klage ist den Bundes- oder Einzelstaatsbehörden innerhalb von 60 Tagen schriftlich mitzuteilen, um administrative Besei-

GERICHTE	
Durchführungs-bestimmungen	Anwendung auf individuelle Fälle
zeug-Emissionsstandards können gerichtlich überprüft werden. Solche Verfahren kann jede interessierte Person einleiten.	tigungsmaßnahmen zu ermöglichen.

Behörden Zeit, fällige Maßnahmen einzuleiten. Wenn das Gericht sie für angemessen hielt, könnte der Fall abgewiesen werden.
Aber könnten Bürgerklagen nicht zur Inkonsistenz und Ineffizienz führen? Der Ausschuß hielt dies für unwahrscheinlich. Die Gerichte hätten nur die Frage der Einhaltung von Standards zu klären, nicht aber neue Standards festzulegen. Die Verfahren und Gerichtsentscheidungen würden keine Bestimmungen über Entschädigung enthalten. Leichtfertige und absichtlich störende Klagen würden selten

sein; die Bestimmung, daß die Gerichte die Prozeßkosten entsprechend anlasten könnten, wirke hier als Abschreckungsmittel. Die Gerichte sollten „anerkennen, daß bei legitimen Klagen aufgrund dieser Paragraphen die Bürger eine öffentliche Dienstleistung erbrächten." In solchen Fällen sollten die Gerichte dem Kläger die Prozeßkosten erstatten.[15]

Gleich nach der Veröffentlichung der Vorschläge des Muskie-Unterausschusses Ende August 1970 wurde Druck auf den gesamten Ausschuß mit dem Ziel ausgeübt, die Bestimmung über Bürgerklagen zu streichen. Stellungnahmen der Industrie stellten sowohl die Kontroll- als auch die Effizienzbegründungen, die dem Vorschlag zugrunde lagen, in Frage. Es gäbe keinen Anlaß für die Vermutung, daß Regierungsbehörden nicht ihre Pflichten wahrnehmen. Dementsprechend seien keine Bürgerklagen notwendig, um die Bestimmungen durchzusetzen. Außerdem mache der Vorschlag eine effiziente und zuverlässige Implementation „faktisch unmöglich". Die Bestimmungen seien „einfach teuer, strittig und verwirrend — aber nicht sehr effektiv" und sollten daher fallengelassen werden.

Aber der Ausschuß für öffentliche Aufgaben blieb standhaft und behielt die Bestimmung bei. Bei Einbringung der Gesetzesvorlage im Senat stellte Muskie fest, das Gesetz dehne „den Begriff der Bürgerbeteiligung auf den Gesetzesvollzug aus. Die hier gesetzlich verankerten Bürgerklagen werden einen heilsamen Druck ausüben, ... sie dürften ein wirksames Mittel sein." Der republikanische Senator Hruska meinte, Bürgerklagen sollten nicht Ersatz für entsprechende Verwaltungsbemühungen sein. Sie seien eher „eine Ergänzung und Ermutigung für Umweltschutzmaßnahmen der Behörden."

Der republikanische Senator Griffin, strengster Kritiker des Gesetzes, sagte eine Überlastung der Rechtsprechung als Folge des Gesetzes voraus. Leichtfertige Klagen würden wegen der Art der Zuweisung der Prozeßkosten die Regel werden. Umweltschützer würden klagen in der Hoffnung, daß der Verschmutzer zahlen müsse. Die Behörden würden in endlose Prozesse verstrickt, ihre Wirksamkeit dadurch beeinträchtigt. Darüber hinaus gingen die Argumentationen zugunsten einer verstärkten Bürgerkontrolle von der falschen Annahme aus, daß die EPA oder andere Behörden ihre Pflicht nicht erfüllten. Kurz, die vorgeschlagene Regelung würde „den Fortschritt behindern, indem sie zuviel Zeit, Ressourcen und Arbeitskraft der Behörden in Anspruch nähme."[17]

In seiner Erwiderung betonte Muskie, daß die Bestimmung nicht vom mangelnden guten Willen oder der Verwaltung ausginge. Doch die Durchsetzung nationaler Luftgütestandards schaffe möglicherweise riesige Vollzugsprobleme. Es wäre eine überzogene Annahme, daß die Vollzugsbehörden alle potentiellen Verletzungen berücksichtigen könnten. Die Bürger seien daher ein „nützliches Hilfsmittel, um Verstöße aufzudecken und sie den Vollzugsbehörden wie auch den Gerichten zur Kenntnis zu bringen." Durch die vorhergehende Meldung an die Behörden könnten die Bürger den Vollzug in Gang setzen. Muskie ging davon aus, daß die Mehrzahl hiermit zufrieden wäre und daher nicht noch die Gerichte in Anspruch nehmen und damit das Gerichtssystem überlasten würde. Die Bestimmung, daß die Behörden 30 Tage vor einem Verfahren informiert werden müssen, werde diese auf Vergehen aufmerksam machen, die sonst unbemerkt blieben. Außerdem sollte das Recht auf saubere Luft nicht auf solche Fälle beschränkt bleiben, die die Gerichte bequem regeln können, und dieses Recht sollte auch nicht durch die Versperrung des Gerichtsweges für Bürger beschränkt werden; „... in einer Gesellschaft des ‚Government of and by the people' ist der Ausschluß von Bürgerbeteiligung gefährlich."[18]

Meinungsverschiedenheiten gab es um die Frage, ob Bürgerklagen auch als „class action" (Klagen zugunsten kollektiv Anspruchsberechtigter) möglich sein sollten. Der Ausschuß stellte in seinem Bericht ausdrücklich fest, daß dies nicht der Fall sein solle. Es bestünde für Bürger zwar das Recht, beim EPA-Leiter einen Unterlassungsbefehl gegen einen Umweltverschmutzer zu erwirken, nicht aber auch das Recht, auf Schadenersatz zu klagen. Dieser Gesetzesabschnitt bewahre jedoch alle Rechte der Bürger nach dem Landes- oder Bundesrecht auf anschließende Schadensersatzklagen, einschließlich „class actions" und herkömmlicher Möglichkeiten nach dem Common Law. Außerdem sprach der Ausschuß gleichzeitig von „Verfahren, die von jedem Bürger oder einer Gruppe von Bürgern in Gang gesetzt würden." Obwohl solche Verfahren nur den Zweck haben sollten, „bestimmte Vorschriften des Clean Air Act durchzusetzen", erregte diese Formulierung die Aufmerksamkeit bestimmter Senatoren.[19] Sie sahen in einer derartigen Regelung die „Legalisierung bestimmter class actions". Senator Muskie bestritt dies wiederholt. Die Rechtsmittel der Bürger seien viel begrenzter als z.B. im bevorstehenden Konsumentenrecht. Der Rechtsweg sei Bürgern vorbehalten, die im eigenen Interesse die Einhaltung administrativer Standards auf der Grundlage der Zusatzartikel zum Luftreinhaltungsgesetz forderten. *„Unsere Intention ist* *mit anderen Worten, die Bürger als Auslöser der Vollzugsmechanismen zu benutzen.*"[20]

Das Gesetz wurde verabschiedet. Da es Differenzen zwischen den Fassungen des Repräsentantenhauses und des Senats gab, war ein Vermittlungsverfahren notwendig. Während dieses Verfahrens sandte der Gesundheitsminister einen Brief an den Senior der Senatsmehrheit im Vermittlungsausschuß, in dem er um verschiedene Änderungen der Fassungen des Senats und des Repräsentantenhauses bat. Hinsichtlich der Bürgerklagen erkannte der Minister, daß sie zu einem effektiven Vollzug der Umweltschutzmaßnahmen beitragen könnten. Die Bürgerklagen gegen den EPA-Leiter zur Durchsetzung von Einzelmaßnahmen sollten jedoch aus Effektivitätsgründen abgelehnt werden. Andernfalls „wäre das unbeabsichtigte Ergebnis eine Minderung der Wirksamkeit unserer Luftreinhaltungsbemühungen insgesamt, weil die für eine effektive bundesweite Umweltschutzstrategie wesentlichen Prioritäten verschoben würden."

Der Vermittlungsausschuß war zu einer so weitgehenden Änderung nicht bereit. Der Kompromißentwurf sah stattdessen vor, daß „jede Person im eigenen Interesse" eine Bürgerklage gegen jede Person anstrengen kann, die als Folge des Gesetzes erlassene Standards, Beschränkungen oder Anordnungen vorgeblich verletzt. Klagen gegen den EPA-Leiter wurden auf etwaige Versäumnisse bei der Erfüllung der ihm übertragenen Aufgaben beschränkt. Der Kompromißentwurf erweiterte die Frist zwischen Klage und vorheriger Meldung an den Übertreter einer Vorschrift, den EPA-Leiter und die Behörde des Einzelstaates von 30 auf 60 Tage. Klagen gegen unzulässige Verschmutzung durch stationäre Quellen sollten in dem Distrikt erhoben werden, in dem der Betrieb seinen Sitz hat. Der Entwurf verbot ausdrücklich Bürgerklagen in Fällen, in denen der EPA-Leiter oder der Einzelstaat gewissenhaft eigene Maßnahmen ergriffen, um die Bestimmungen des Gesetzes zu verwirklichen.[22]

4. Zusammenfassung der Merkmale der beiden Regelungskonzepte

Die schwedische Grundentscheidung war darauf ausgerichtet, die Anzahl der Teilnehmer im Implementationsprozeß niedrig zu halten. Legitime Teilnehmer sollten jene „betroffenen Parteien" sein, die eine Kausalität zwischen einem bestimmten Verschmutzungsfall und dem erlittenen Schaden nachweisen können. Nirgendwo war bei der

Reichstagsmehrheit eine Bereitschaft vorhanden, die „Bürger" partizipieren zu lassen. Die „betroffene Partei" wurde nur dann beteiligt, wenn das eigene private Interesse berührt war; Möglichkeiten für Einzelne, Maßnahmen zum Schutze des öffentlichen Interesses einzuleiten, sollten ausgeschlossen bleiben. Bei der Ausarbeitung von Vollzugsrichtlinien war keine öffentliche Partizipation vorgesehen, dafür aber die Beteiligung einer kleinen Anzahl spezieller Interessengruppen. Es gab nur wenige Kanäle für „betroffene Parteien", und die Möglichkeiten, Maßnahmen in Gang zu setzen, waren begrenzt.

Die amerikanische Grundsatzentscheidung bestand darin, die Möglichkeiten der Bürgerbeteiligung im Implementationsprozeß auszuweiten. Alle Bürger sollten legitime Beteiligte sein, um sowohl ihre eigenen als auch die Interessen der Allgemeinheit wahrnehmen zu können. Der Partizipationsbereich umfaßt die Festlegung von Durchführungsbestimmungen und Standards wie auch den Vollzug solcher Standards in Einzelfällen. Sowohl über Verwaltungsprozeduren als auch über Gerichtsverfahren sollen die Bürger ihren Einfluß geltend machen können. Die Auslösung von Durchsetzungsmechanismen zum Schutze eines öffentlichen Interesses mindert im übrigen nicht das Recht auf Kompensation und Unterstützung für persönlichen Schaden durch Umweltverschmutzung.

Die schwedische Regelung folgt der Devise: Begrenzung der öffentlichen Partizipation im Interesse eines konsistenten und effizienten Vollzugs staatlicher Politiken durch die Verwaltung. Performanz ist wichtiger als Partizipation. Eine gute Verwaltung macht Partizipation im Grunde fast überflüssig. Die U.S. Entscheidung folgt der Linie: Partizipation und Performanz sind gleichwertig; im Grunde gibt es ohne Bürgerbeteiligung keine wirksame Verwaltung.

5. Zur Erklärung der Unterschiede beider Modelle:
Der politische Kontext bewirkt mehr als die Umweltsituation.

Wie lassen sich diese Unterschiede erklären? Haben sie etwas mit der unterschiedlichen Luftverschmutzung in beiden Ländern zu tun, die sich in differierenden Perzeptionen, Motivationen und Entscheidungen niederschlägt? Oder ist der politische Kontext entscheidender als die Umweltproblematik in dem Sinne, daß politische Charakteristika beider Länder — Verfassung und institutioneller Aufbau, rechtliche und kulturelle Traditionen und die augenblickliche politische „Situation"

— entscheidend im Bewußtsein der Politiker sind, wenn sie ihre Auswahl zwischen bestehenden politischen Alternativen treffen?
Um die Unterschiede angemessen erklären zu können, benutze ich eine von Charles W. Anderson empfohlene Methode. Die Ansichten der Politiker stehen — mehr als die Systemmerkmale — im Mittelpunkt. Es wird angenommen, daß Politiker rationale Akteure und dadurch in der Lage sind, die Kosten und Nutzen von Alternativen zu beurteilen, ihre Ergebnisse und deren Wahrscheinlichkeiten — wenn auch nur annähernd — einzuschätzen. Wir nehmen weiterhin an, daß Politiker imstande sind, die Ergebnisse in ein politisches Präferenzsystem einzuordnen und ihre Entscheidung für oder gegen politische Alternativen in Übereinstimmung hiermit zu begründen. Durch die Analyse der Bedeutung, die Politiker verschiedenen Aspekten ihrer physischen und politischen Umwelt beimessen, durch Berücksichtigung ihrer Argumente wie auch dadurch, daß der Analytiker hin und wieder als „Ersatz"-Politiker auftritt, wird versucht, die vorgefundenen Differenzen zwischen Grundentscheidungen der schwedischen und der amerikanischen Innenpolitik zu erklären.[23]

Zuerst ein Blick auf die Luftverschmutzungssituation in den beiden Ländern. Für 1969 gibt es einige provisorische Zahlen über die Luftqualität in Schweden. Die jährliche Belastung durch Luftverschmutzung Ende der 60er Jahre betrug ungefähr 3 Mio. Tonnen, d.h. daß der Durchschnittsschwede 1969 mit 1 Kilogramm luftverunreinigenden Stoffen pro Tag belastet war. 55 Prozent der Verunreinigungen stammten aus stationären Quellen. Wegen des schwedischen Klimas war Schwefeldioxid aus Öl, das zu Heiz- und Energieerzeugungszwecken verwendet wurde, das größte Luftverschmutzungsproblem. Im Winter lagen die Schwefeldioxidwerte in Stockholm und Göteborg über den empfohlenen Grenzwerten. Durch die herrschenden Windverhältnisse ging außerdem eine große Menge „ausländischen" Schwefeldioxids über schwedischem Gebiet nieder.[24]
Insgesamt war die Lage in den USA schlechter. 60 Prozent der Luftverschmutzung stammten aus mobilen Quellen. Die wichtigsten Schadstoffe waren Kohlenmonoxid, Kohlenwasserstoff und Stickoxide. In verschiedenen Gebieten verursachte photochemischer Smog ernste Gesundheitsprobleme. Jeder Amerikaner war 1969 3,25 kg luftverunreinigenden Schadstoffen ausgesetzt. Ein Wirtschaftsbericht wies nach, daß die Schadenskosten 1969 8,2 Mrd. Dollar betrugen. Nach diesem Bericht lagen die durchschnittlichen Schadenskosten im Jahre

1968 bei 41 Dollar pro Kopf, in Schweden betrugen sie 1969 34 Dollar.[25]
Dort, wo die Verschmutzung schlimmer war, d.h. in den USA, gab es auch wesentlich detailliertere und weiterreichende Regelungen für öffentliche Partizipation. Andererseits veränderte sich die Belastungssituation nicht dramatisch; die durchschnittliche Belastungsquote jedes Amerikaners war 1970 in etwa die gleiche wie 1967, als die vorhergehenden Politiken etabliert wurden. Auch für Schweden gibt es kein Anzeichen für eine dramatische Änderung. Die Belastungssituation hatte sich zwischen Dezember 1969 — als Senator Muskie offenbar mit marginalen Veränderungen der US-Gesetzgebung von 1967 zufrieden war — und März 1970, als er seine weitreichenden Vorschläge zur Bürgerklage machte, nicht radikal verändert. In Schweden wurden trotz der Hinweise der Liberalen auf den besonderen Charakter von Umweltschutzproblemen die Partizipationsregelungen stark nach den vorherrschenden Mustern in anderen Politikbereichen entworfen. Die Belastung der physischen Umwelt allein kann keine entscheidende Rolle bei der Wahl zwischen alternativen Partizipationsmodellen in beiden Ländern gespielt haben.
Nach meiner Meinung ist die Erklärung für die Unterschiede zwischen beiden Ländern im Bereich des Politischen zu finden. Unterschiede des verfassungsmäßigen und institutionellen Aufbaus und der Präferenzen in der politischen Kultur und der öffentlichen Meinung schaffen unterschiedliche Restriktionen und Möglichkeiten für Politiker. Als rational Entscheidende werden sie Kosten und Nutzen von Alternativen unter solchen Umständen ganz verschieden betrachten. Meine These ist, daß in Zeiten starker Erregung der Öffentlichkeit der verfassungsmäßig eingebaute Konflikt im amerikanischen Balance-of-Power-System die Politiker veranlaßt, die Eskalation oder die drastische Veränderung der Politik als die attraktivste Alternative zu betrachten. Das Kongreßmitglied, seiner Wählerschaft wohl sichtbar, doch ohne Verantwortung für die tatsächliche Implementation gesetzgeberischer Entscheidungen, wird Vorteile darin sehen, eher das „Wünschenswerte" als das „Machbare" zu verfolgen. Der schwedische Reichstagsabgeordnete, der eher eine potentielle Regierungspartei als seinen Wahlkreis vertritt und außerdem von so vielen starken und artikulationsfähigen Interessenorganisationen umgeben ist, die ihm sagen, was getan und was *nicht* getan werden kann, wird größere Vorzüge in „praktikablen" Alternativen sehen.
Die USA erlebten 1970 eine starke Erregung der Öffentlichkeit über

den Zustand der Umwelt. Eine Meinungsumfrage vom Juni 1970 zeigte, daß beinahe 70 Prozent die Luftverschmutzung für ein ernstes Problem in ihrer Gegend hielten. 50 Prozent vermuteten, daß die Situation sich sogar noch verschlechtert hat. Meinungsumfragen von 1969 und 1970 zeigten, daß eine Mehrheit von 54 — 56 Prozent eine Erhöhung der Bundesmittel für Umweltschutzmaßnahmen befürwortete, selbst wenn dies zusätzliche persönliche Steuerbelastungen von 15 Dollar zur Folge hätte. Eine kurz nach den Wahlen durchgeführte Meinungsumfrage im Oktober 1970 ergab, daß 58 Prozent die Einstellung eines Kandidaten zum Umweltschutz als zentrales Kriterium für die Wahlentscheidungen ansahen. In Washington wuchs der Druck auf die Politiker. Die Zahl der umweltorientierten Organisationen, die Büros in Washington hatten, wuchs 1969 und 1970 um 50 Prozent und die Zahl registrierter „Conservation-lobbyists" stieg von 2 auf 13. Der *Earth Day*, der im April 1970 in Washington stattfand, war vermutlich die eindruckvollste Umweltschutzdemonstration, die je stattgefunden hat.[26]

Diese öffentliche Erregung verstärkte eindeutig den Konkurrenzcharakter der Umweltpolitik in Washington. Vom amerikanischen Präsidenten, als dem einzigen auf nationaler Ebene gewählten Politiker erwartet man, daß er feinfühlig auf Meinungstrends reagiert und besonders hellhörig auf die Aktivitäten potentieller Opponenten reagiert. Für Richard Nixon war das gestiegene Umweltbewußtsein ein nützliches Thema für seine Botschaft zur Lage der Nation von 1970. Hier lag ein brisantes Thema vor mit dem man die Öffentlichkeit vom Vietnamkrieg ablenken konnte. Meinungsumfragen zeigten, daß Mittelklasseangehörige, Vorstadtbewohner mittleren Alters und die Jugend am stärksten am Umweltschutz interessiert waren. Für einen Vollblutpolitiker wie Nixon war dies eine günstige Gelegenheit. Wenn er die Initiative im Umweltschutz ergriff, konnte er zugleich einen Schlag gegen Muskies maßgebliche Rolle auf diesem Gebiet führen. Der ehemalige Vizepräsidentschaftskandidat der Demokraten von 1968 galt als Spitzenkandidat der Demokraten für die Präsidentschaft im Jahre 1972. Die anstehende Wiederwahl Muskies im Jahre 1970 und die steigende Beschäftigung des Repräsentantenhauses mit Umweltproblemen erhöhten den kompetitiven Charakter der Angelegenheit.

Mit seinen Vorschlägen vom Februar 1970 ergriff der Präsident die Initiative. Muskies strategische Position wurde aber noch mehr durch die sofortige Unterstützung des Nixon-Vorschlags durch beide Parteien des Repräsentantenhauses in Frage gestellt. Eine solch mißliche Lage ließ keine andere Wahl als das Spiel der politischen Eskalation. Wollte Senator Muskie seine Führungsposition zurückgewinnen und sein Image als „Mister Umwelt" verbessern, so mußte seine politische Entscheidung eindeutig zugunsten des rapide wachsenden Umweltbewußtseins ausfallen. Radikalere Vorschläge als jene des Präsidenten und des Repräsentantenhauses mußten Muskie in der anstehenden Wahl zweifellos dienlich sein.

Um jedoch zu verstehen, weshalb Eskalation und dramatische Änderungen solch anziehende Strategie für amerikanische Politiker werden können, muß man die strategischen Restriktionen und Möglichkeiten berücksichtigen, denen der Politiker im amerikanischen Verfassungs- und Parteiensystem unterworfen ist.

Das „Balance-of-Power"-System gibt dem Parlamentarier über die bloße Ratifikation hinaus große Möglichkeiten bei der tatsächlichen Politik*gestaltung*. Die Anhörungen bieten einen wichtigen Informationskanal, der die Kongreßmitglieder von der Administration unabhängig macht und den Ausschußmitgliedern eine zentrale Stellung in politischen Streitfragen einräumt. Daher ermöglicht dieses System in Zeiten wachsender öffentlicher Besorgnis die rasche Eskalation anstelle des Inkrementalismus, zumal der Kongreß niemals für die Implementation seiner Gesetzgebung verantwortlich gemacht werden wird. Wenn sich zeigt, daß eine radikale Gesetzgebung keine Wirkung gehabt hat, kann man die Exekutive wegen schlechter Amtsführung beschuldigen.[27]

Der Eskalation stehen in Amerika aber auch große Hindernisse gegenüber. Anthony King hat darauf aufmerksam gemacht, daß die amerikanische politische Kultur in den meisten Fällen gegen eine starke Ausweitung der Staatstätigkeiten ist: „... Die Verwaltungsmaschinerie ist kein anerkannter Teil des Institutionengefüges, das bei Bedarf jederzeit eingesetzt werden kann; sie ist mehr eine Art Notbehelf, den man nur in Ausnahmesituationen einsetzt und von dem man – wenn irgend möglich – nach gebannter Gefahr sofort wieder abläßt."[28]
Diese Vorstellungen stehen im Einklang mit der Verfassungs- und Rechtstradition; die verfassungsmäßig vorgeschriebene Balance zwischen staatlicher Herrschaft und persönlicher Freiheit und die vielen rechtlichen Möglichkeiten des Bürgers, Regierungsmaßnahmen zu überprüfen, sind beide Ausdruck dafür – und bewirken es auch –, daß es eine starke Präferenz zugunsten des Rechts der Öffentlichkeit

gibt, an der Staatstätigkeit zu partizipieren und diese kontrollieren zu dürfen.

Die Aktivitäten und Argumente der amerikanischen Politiker scheinen meine These zu erhärten. Im Wahljahr 1970, in dem das öffentliche Umweltinteresse lawinenartig anwuchs und die Umweltschutzgruppen jeden umweltpolitischen Vorgang veröffentlichten, konnten es sich die Politiker in Washington nicht leisten, als Umweltschutzgegner gebrandmarkt zu werden. Hieraus erklärt sich Nixons plötzliches Interesse an diesem Thema wie auch die umgehende Unterstützung seiner Vorschläge durch beide Parteien im Kongreß. Als Muskie sich nun in der Defensive fand, griff er geschickt zuerst das Thema Bürgerklage aus einer Reihe weiterer offensiver Maßnahmen auf, und zwar weil „er wußte, daß auf eine starke öffentliche Forderung eine kräftige Antwort nötig war." Und obwohl die Sprecher der Mehrheit des Repräsentantenhauses im Juni vorgaben, daß sie „die schärfste überhaupt mögliche Gesetzesvorlage geschaffen hätten", waren sie im Dezember mit der Mehrzahl der weitergehenden Regelungen des Senats zur Bürgerbeteiligung einverstanden. Die Opponenten konnten keine Argumente benutzen, die sich direkt gegen die erweiterte Bürgerbeteiligung *per se* richteten. „. . . Diese Regelung baut auf dem Trend des bestehenden Rechts auf, und wir werden uns ihrem Erlaß nicht widersetzen", schrieb Elliot Richardson, Minister für Gesundheit, Erziehung und Wohlfahrt, in seinem berühmten Brief von November 1970 an die Senatsmitglieder. Stattdessen stellten die Opponenten die verheißenen Wohltaten der Reform in Frage.[29] Die meisten Kongreß-Politiker hielten jedoch an den dominierenden Präferenzen, Partizipation versus Effizienz, fest. Wie Jones feststellt, „erwartete 1970 eine Mehrheit offensichtlich irgendwelche durchschlagenden Akte. ... Vieles davon trat ein, als im Kongreß die Vorschläge der verschiedenen Akteure eskalierten, je nach ihrer Vorstellung darüber, wie die öffentlichen Forderungen zu befriedigen seien."[30]

Warum befürwortete nicht auch eine Mehrheit schwedischer Politiker die Bürgerbeteiligung als nützlichen Beitrag zu einem effektiveren Verwaltungsvollzug? Lag es daran, daß es kein öffentliches Interesse an Umweltqualität gab? Offensichtlich nicht; das öffentliche Interesse am Umweltschutz stieg Ende 1960. Eine Meinungsumfrage vom Frühjahr 1969 ergab, daß 69 Prozent bis 80 Prozent in städtischen Gebieten erhöhte Kommunalsteuern für Umweltschutzzwecke befürworteten. 61 Prozent waren dafür, die Verwendung von stark schwefelhaltigem Öl zu Heizzwecken und zur Energieerzeugung zu verbieten.

Etwa 54 Prozent sahen es für Schweden als *wünschenswert* an, zum Schutze der Umwelt das ökonomische Wachstum zu verringern. Es sollte jedoch berücksichtigt werden, daß ein Großteil der Aufmerksamkeit und der Medienberichterstattung in dieser Zeit sich mehr mit speziellen Zwischenfällen und Schreckensmeldungen — z.B. über Quecksilber in Fischen — befaßte als mit anderen politischen Themen. Selbstverständlich schuf dieses steigende öffentliche Interesse Anreize für eine Erhöhung der öffentlichen Partizipation im Bereich des Verwaltungsvollzuges. Will man verstehen, weshalb die Entscheidung hierfür in Schweden nicht leichtfällt, muß man den politischen, administrativen und kulturellen Kontext der schwedischen Politik genauer betrachten.

Schweden ist eine parlamentarische Demokratie. Das Kabinett ist die entscheidende Institution bei der Politikgestaltung. Da es durch die Mehrheit im *Reichstag* getragen wird, kann es immer darauf zählen, daß seine Vorschläge durch die Legislative *ratifiziert* werden. Der *Reichstag* stellt nur sehr begrenzte Möglichkeiten zur Informationssammlung zur Verfügung. Anhörungen spielen eine untergeordnete Rolle, und Ausschüsse sind nicht in dem Maße Gestalter von Politik wie in den USA. Das Wahl- und Parteiensystem schafft ein Anreizsystem, das von dem der USA völlig verschieden ist. Der Parlamentarier ist einer von mehreren Repräsentanten eines Wahlbezirks. Er wird von der Parteiorganisation des betreffenden Wahlbezirkes aufgestellt und vertritt im Wahlkampf die Standpunkte seiner Partei. Außerdem wird er eher aufgrund seiner Parteizugehörigkeit als aufgrund seiner Persönlichkeit gewählt. Im strategischen Sinne hat er daher mehr zu gewinnen, wenn er mit seiner Partei konform geht, als wenn er versucht, sich zum Sprecher einer bestimmten Gruppe oder Angelegenheit zu machen. Er ist dadurch gewissermaßen mehr von der öffentlichen Meinung isoliert als sein amerikanischer Kollege. Hier ist es also die Partei, die auf Veränderungen in der öffentlichen Meinung achten muß. Wegen der parlamentarischen Regierungsform muß sich die Parteiführung jedoch allzeit bewußt sein, daß sie einmal das Kabinett bilden könnte. Dann wäre sie für die Durchführung von Gesetzen verantwortlich — und das für jedermann sichtbar. Dies schafft Anreize dafür, eher durchführbare Alternativen als den Weg der Eskalation zu wählen. Wo das US-Kongreßmitglied unbehindert Politikkonzepte vorschlagen kann, die über die Verarbeitungsfähigkeit der Administration hinausgehen, sofern das öffentliche Bedürfnis danach groß genug ist — wie Muskie kann es jederzeit die Administration beschuldigen, sie tue nicht ihr Äußerstes –, sind die schwedischen Politiker in ihrer Entscheidungsfreiheit durch die Möglichkeit eingeschränkt, daß sie eines Tages dafür verantwortlich sein könnten, ihre Visionen in die Praxis umzusetzen.[32]

Es ist vor allem das Kabinett, das durch seine politischen Richtlinienvorgaben an die Königlichen Kommissionen und die Staatsbürokratie die Kapazität zur Politikgestaltung besitzt. Die Königlichen Kommissionen sind das wichtigste Instrument zur Untersuchung verschiedener Politikalternativen. Sind erst einmal die Richtlinien für eine Kommission festgelegt, ist die Anzahl möglicher Alternativen auf eine oder sehr wenige beschränkt. Man könnte vielleicht sogar sagen, daß die Aufgabe der Königlichen Kommissionen darin besteht, das Machbare herauszufinden. Verwaltungsexperten und Vertreter „betroffener" Interessenorganisationen stellen traditionell die Mehrheit der Kommissionsmitglieder. Außerdem haben Vertreter von Interessenorganisationen einen Sitz in den Gremien der staatlichen Behörden, die für den Vollzug politischer Entscheidungen verantwortlich sind. Daraus kann man sicherlich den Schluß ziehen, daß in dieser gleichermaßen kommunikativen, rationalen und konsensorientierten Atmosphäre die meisten Politiker eher für inkrementale Politikalternativen als für eskalatorische optieren werden.[33]

Weiterhin mögen vorherrschende Präferenzen der politischen Kultur Schwedens Politiker davon abhalten, Alternativen in Form erweiterter individueller Partizipation bei der Politikimplementation zu erwägen. Die liberale Idee von der Freiheit des Individuums vom Staat und die Furcht vor dem Big Government hat in Schweden nie geherrscht. Dem vordemokratischen Patriarchalstaat folgte rasch die moderne Dienstleistungsdemokratie. Der relative Erfolg in der Bereitstellung von Wohlfahrt und anderen Dienstleistungen hat zur Entwicklung eines gewissen Vertrauens in die administrative Effektivität, Rechtschaffenheit und Unvoreingenommenheit beigetragen. In Schweden gibt es den Ombudsmann, aber es hat niemals eine mehrheitliche Vorliebe für die gerichtliche Überprüfung der Verwaltungstätigkeit gegeben. Man kann den Staat auf Schadenersatz verklagen, aber man verklagt nun einmal nicht Behörden mit dem Ziel, ihre Maßnahmen zu ändern. Außerdem ist in Schweden die Vorstellung einer unmittelbaren Verbindung zwischen Staat und Bürgern weniger verbreitet. Auf die Zünfte und Stände folgten Interessenorganisationen, die die meisten Gruppen und Aktivitäten im schwedischen Alltagsleben erfassen. Im Unterschied zu den USA wird es in Schweden allgemein akzeptiert, daß Interessenverbände nicht nur als „Pressure Groups" bei der Politik*gestaltung* auftreten, sondern auch als aktive Teilnehmer bei der Politik*implementation* mitwirken. Im Grunde wird die Partizipation von Verbänden derjenigen von Individuen vorgezogen.

Die Argumente, die die Sozialdemokraten zugunsten einer begrenzten Partizipation der „betroffenen Partei" und gegen eine weitreichende Bürgerbeteiligung vorgebracht haben, entsprechen daher seit langem bestehenden politischen Präferenzen. Es ist ebenfalls typisch, daß nur die Liberalen sich aktiv für eine erweiterte Bürgerbeteiligung im Implementationsprozeß einsetzen, die über die Regelung von Schadenersatzfällen hinausging. Für die Mehrheit der Politiker im parlamentarischen Schweden blieb die Vorstellung einer politischen Aktivität über den politisch-administrativen Bereich hinaus eine unakzeptable Alternative.

Diese Analyse kommt also zu dem Ergebnis, daß die politische Struktur (umweltpolitisch) mehr bewirkt als die Umweltproblematik. Die Vorstellung, daß der Inhalt der Umweltpolitik als Ergebnis von Überlegungen über die Sache selbst – Berücksichtigung der Umweltbelastung und der technischen Vorzüge von Umweltschutzalternativen – erklärt werden könnte, ist nicht haltbar. Auf jeder Ebene ist festzustellen, daß politische Präferenzen und die Berücksichtigung der *politischen* Kosten und Nutzen verschiedener Alternativen eine ausschlaggebende Rolle bei der Entscheidungsfindung der Politiker spielen. Sogar in Zeiten, in denen die Öffentlichkeit weitreichende politische Maßnahmen fordert, können in das je spezifische politische Repertoire, das einem bestimmten Lande zur Bewältigung eines speziellen Problems zur Verfügung steht, nur solche Mittel aufgenommen werden, die die Gesellschaft nach Meinung der meisten Politiker für legitim hält.[34] Auch im Falle von öffentlicher Partizipation sind politische Präferenzen, die durch Ideologie, Tradition und Verfassungskonventionen gestützt und geformt werden, für die Politiker wahrscheinlich wichtiger als ihre Einschätzung der substantiellen und strategischen Resultate von Entscheidungsalternativen.

Anmerkungen

Die Übersetzung dieses Beitrages besorgte Helmut Weidner.

1 Die Literatur über Formen der Bürgerbeteiligung ist sehr umfangreich. Für den Bereich der Umwelt- und Ressourcenpolitik vgl. Albert E. Utton et al. (eds.), *Natural Resources for a Democratic Society. Public Participation in Decision-Making* (Boulder: Westview Press 1976).
2 Die klassischen Argumente für Bürgerbeteiligung sind aufgeführt bei Herbert McClosky, „Political Participation", *International Encyclopedia of the Social Sciences* (1968), Vol. 12, S. 252 ff.
3 Regierungsvorlage 1976: 59, S. 57 ff.; Anträge 1967 I: 770 und II: 958 (Zentrumspartei); Ausschußbericht JoU 1967: 17, S. 8 f., 22 f. Der Luftqualitätsrat bestand 1974 aus 10 Mitgliedern in folgender Zusammensetzung: 3 Vertreter des Bereichs Wissenschaft, zwei aus dem Bereich Wirtschaft, zwei Vertreter der Gemeinden und drei Vertreter der Bereiche Meteorologie, Architektur und Recht; cf. *Naturvårdsverkets årsbok* 1974 (Stockholm: ALLf 1975), S. 116 f. Zwischen 1969 und 1975 bestand das Direktorium des Naturschutzamtes aus dem Generaldirektor, einem Parlamentarier (Zentrumspartei), einem Vertreter der Gemeinden, einem Vertreter der Wirtschaft, zwei Vertretern von Konsumentengruppen und einem Rechtsexperten.
4 SOU 1966: 65, *Luftförorening, buller och andra emissioner* (Stockholm: Justizministerium 1966), S. 225 ff.
5 Vgl. Lennart J. Lundqvist, *Miljövårdsförvaltning och politisk struktur* (Lund: Prisma/Verdandidebatt 1971), S. 192 ff.
6 SOU 1966: 65, *op. cit.,* S. 299, 307 f.: Regierungsvorlage 1969: 28, S. 189 ff. (Minister), 375 ff. (Rechtsberatungsausschuß); 205 f., 219, 395 f. (Minister).
7 Regierungsvorlage 1969: 28, S. 203 ff., 285 f.
8 Ibid., S. 370 f. (Rechtsberatungsausschuß); 394 ff. (Minister).
9 Anträge I: 947 und II: 1083 (Zentrumspartei); I: 945 und II: 1085 (Konservative Partei).
10 Anträge I: 946 und II: 1086 (Liberale Partei).
11 Die drei Oppositionsparteien traten für folgende Modifikationen ein: a) Erstattung der Kosten der „betroffenen Parteien" für ihre Teilnahme an Anhörungen beim Konzessionsamt, b) Erstattung der Kosten der „betroffenen Parteien" für ihre Teilnahme an Verfahren vor dem Grund-Gericht; cf. Ausschußbericht LU[3] 1969: 37, S. 166 ff.; die Liberale und die Zentrumspartei votierten für eine Zusatzregelung, die den Gemeinden das Recht einräumen sollte, Entscheidungen des Konzessionsamtes anzufechten; cf. ibid., S 169. Zur Debatte vgl. *Riksdag*-Akten, AK 1969 28:89 f. (Herr Hugosson, Sozialdemokrat), und 28:83 (Frau Anér, Liberale Partei); (Hervorhebung von mir).
12 U.S. Senate Committee on Public Works, *A Legislative History of the Clean Air Act Amendments of 1970,* (mit Index) erarbeitet von der umweltpolitischen Abteilung des Kongreß-Forschungsdienstes der Library of Congress für das Committee on Public Works, U.S. Senate, 93d Congress. 2nd Sess. (Washington, D.C.:U.S. Govt. Printing Office, 1974), *Vol. 2,* 1474 ff. (Ad-

Bürgerbeteiligung und Luftreinhaltung

ministration bill, S. 3466); S. 910 (House bill, H. R. 17255), S. 891 ff. House report).
13 Ibid., *Vol. 1*, S. 412, 419, 431 f. (Senate report).
14 Ibid., S. 441 f., 465 f., 525 (Senate report).
15 Ibid., S. 704 ff. (Senate Committee on Public Works, Print No. 1 August 25, 1970); S. 436 ff., 464 f., 522 f. (Senate report, September 17, 1970).
16 Ibid., S. 717 (American Mining Congress); 724 f. (Automobile Manufacturers Association); 748 (Ford Motor Company); 754 (Manufacturers Chemists Association); 782 (Standard Oil of Indiana); 788 (Union Carbide Corporation). Eine Veränderung des Gesetzes ist bemerkenswert: Während die erste Vorlage vom 25. August nur gestattete, daß Klage von „einer oder mehreren Personen" erhoben werden könne, konnte nach der Schlußversion Klage von „einer oder mehreren Personen in eigener Sache" erhoben werden. Diese Formulierung war auch zu finden auf S. 4358. Cf. ibid., S. 704 (Committee Print No. 1); 613 (S. 4358); 522 (Senate report).
17 Ibid., S. 230 (Senator Muskie); 263 (Senator Spong); 273 ff. (Senator Hruskas Kritik).
18 Ibid., S. 280, 351 ff. (Muskie).
19 Bei einer „class action" geht es vor allem um Klagen auf Schadenersatz für eine identifizierbare Gruppe von Bürgern und nicht so sehr darum, die Durchsetzung einer konkreten Gesetzesbestimmung zu veranlassen. Im Bericht des Senatsausschusses heißt es hierzu: „Bei den üblichen ‚class actions' sind oft folgende Fragen zu beantworten: (1) Identifikation einer Personengruppe, deren Interessen beeinträchtigt wurden; (2) Feststellung des Gesamtschadensbetrages ... ; und (3) Zuweisung der Schadenersatzleistungen. Keiner dieser Punkte trifft für solche Bürgerklagen zu, in denen es um die Einhaltung der Luftqualitätsstandards geht." ibid., S, 438. Vgl. auch cf. S. 464. Eine gründliche Erörterung der Bestimmung zur Bürgerklage findet man bei Richard E. Ayres und James F. Miller, *Citizen Suits Under the Clean Air Act*. (Washington, D.C.: U.S. Environmental Protection Agency, o.J.).
20 *A Legislative History, Vol. 1*, S. 349 (Senator Griffin); 354 (Senator Cook); 351, 353 (Muskie; Hervorhebungen von mir).
21 Ibid., S. 211 ff. (Schreiben der Administration an das Konferenzkommitee, in dem bestimmte Regelungen empfohlen werden). Vgl. besonders S. 214 f.
22 Ibid., S. 182 ff., 205 f. (Conference report); 112, 117 (House debate, Messrs. Staggers and Springer); 138 (Senate debate, Senators Eagleton and Muskie). Nach Ayres und Miller, *op. cit.,* gibt es im verabschiedeten Gesetz noch eine andere Einschränkung: Ein Bürger darf in keinem Einzelstaat Klage erheben, in dem er nicht wohnt.
23 Charles W. Anderson, „System and Strategy in Comparative Policy Analysis: A Plan for Contextual and Experimental Knowledge", in William B. Gwyn und George C. Edwards, III (eds.), *Perspectives on Public Policy-Making* (New Orleans: Tulane University; Tulane Studies in Political Science XV, 1975), S. 219-241.
24 SOU 1967: 43, *Miljövårdsforskning, Del I: Forsknigsområdet* (Stockholm: Landwirtschaftsministerium 1967), S. 28 ff.; SOU 1970: 13, *Sveriges energiförsörjning, Energipolitik och organisation* (Stockholm: Industrieministerium 1970), S. 66; Außenministerium et al.,*Sweden's national report to the United Nations on the Human Environment* (Stockholm 1971), S. 34 ff.; ibid., *Air*

pollution across national boundaries. The impact on the environment of sulfur in air and precipitation. Sweden's case study for the United Nations conference von the human enviromment (Stockholm 1971), passim.

25 Schätzungen über Schadstoffarten und -menge in der Luft in Council on Environmental Quality, *Environmental Quality — 1970. The First annual Report of the Council on Environmental Quality* (Washington, D.C.: U.S. Govt. Printing Office 1970), S. 63; ibid., *1971*, S. 212; ibid., *1972*, S. 6. Vgl. weiterhin Paul H. Gerhardt, „An Approach to the Estimation of Economic Losses Due to Air Pollution" (Washington, D.C.: National Air Pollution Control Administration, 1968), und SOU 1970: 13, *op.cit.*, S. 67. Die schwedischen Kostenangaben waren bereits 1968 veröffentlicht worden.

26 Die Ergebnisse der Meinungsumfragen in den USA zwischen 1965 und 1970 findet man als Zusammenfassung in den beiden Aufsätzen von Hazel G. Erskine, „The Polls: Pollution and Its Costs", *Public Opinion Quarterly* 36 (Spring 1972), S. 120-135, und „The Polls: *Pollution and Industry",* ibid., (Summer 1972), S. 263-280; Jamie Heard, „Washington Pressures/Friends of the Earth give environment interests an activist voice", *Nationale Journal* 2 (1970) S. 1711 ff. Zur Bewertung der Aktivitäten im Zusammenhang mit dem „Earth Day" vom 22. April 1970 s. *ibid.,* S. 408 ff. Der Einfluß der öffentlichen Meinung auf die amerikanische Umweltpolitik — 1970 wie auch später — wird anschaulich dargestellt von John Quarles, einem langjährigen Spitzenbeamten der EPA, in seinem Buch *Cleaning Up America. An Insider's View of the Environmental Protection Agency* (Boston: Houghton-Mifflin, 1976).

27 Vg. die Argumentation in Arnold Heidenheimer et al., *Comparative Public Policy. The Politics of Social Choice in Europe and America* (New York: St. Martin's 1975), S. 262.

28 Anthony King, „Ideas, Institutions, and the Policies of Governments: a Comparative Analysis, Part III", *British Journal of Political Science* 3 (October 1973), S. 419.

29 *A Legislative History, Vol. 1,* S. 214 f. (Secretary of HEW, Mr. Richardson).

30 Charles O. Jones, *Clean Air, The Policies and Politics of Pollution Control* (Pittsburgh: Univ. of Pittsburgh Press 1975), S. 176.

31 Vgl. Lennart J. Lundqvist, Miljövårdsförvaltning och politisk struktur (Lund: PRISMA/Verdandidebatt 1971), S. 105 ff. *The case of Mercury Pollution in Sweden — Scientific Information and Public Response* (Stockholm: Natural Science Research Council/FEK Report No. 4, 1974).

32 Vgl. zur Analyse der strukturellen und prozessualen Charakteristika des politischen Prozesses in Schweden Donald M. Hancock, *Sweden. The Politics of Postindustrial Change* (Hinsdale, Ill.: The Dryden Press 1972), Kapitel 7 und 8. Vgl. besonders S. 198 ff.

33 Vgl. Thomas J. Anton, „Policy-Making and Political Culture in Sweden", *Scandinavian Political Studies* 4 (1969), S. 82-102.

34 Vgl. Charles W. Anderson, „Comparative Policy Analysis: The Design of Measures", *Comparative Politics* 4 (October 1971), S. 130 f.

Umweltschutz und Rüstung

Ulrich Albrecht

1. Fragestellung

Umweltschutz und -erhaltung als ein Aspekt von „Lebensqualität" ist erst in neuester Zeit neben andere staatliche Leistungen, etwa „Sicherheit" vermittelt über militärische Rüstung, getreten. Nunmehr steht die Frage an, ob die neue Problemsphäre Umwelt mit ihren Ansprüchen an öffentliche Mittel künftige Militärausgaben ersetzt oder — so die Befürchtung der Militärs — beeinträchtigt. Diese bilaterale Beziehung soll möglichst exemplarisch (für andere Bereiche öffentlicher Ausgaben) untersucht werden.

Es mag als gewollt erscheinen, wenn die Probleme „Rüstung" und „Umwelt" in dieser Weise miteinander verbunden werden — produziert doch Sozialwissenschaft in der Sicht ihrer Kritiker einen guten Teil ihrer Probleme selbst, indem sie augenscheinlich beziehungslose Themen miteinander verknüpft. Nachdem die Forschung so eine „ökologische Nische" ausgemacht und gebührend nach öffentlichen Mitteln für ihre Untersuchung gerufen hat, wird dann — so die kritische Vermutung weiter — gekünstelt nach Problemlösungen gefahndet, die als solche gar nicht gefragt sind.

Mehr und mehr setzt sich die Einsicht durch, daß ein solcher Zugang falsch, ja gefährlich ist. Experten behaupten, daß sehr verschiedenartige Einzelprobleme, deren man heute gewahr wird, nicht nur dadurch wesentlich charakterisiert sind, daß sie miteinander verbunden sind, sondern daß durchgreifende Lösungen nur im Zusammenhang der Probleme möglich sind. Der österreichische Naturwissenschaftler Broda legte der 1977er Pugwash-Konferenz zum Beispiel die folgenden Thesen vor:

„Zwei der großen Probleme unserer Zeit, der Schrecken eines Atomkrieges (unser bei weitem größtes Problem) und das Energieproblem, werden allgemein nebeneinander her behandelt, als ob sie voneinander unabhängig wären... Tatsächlich sind die beiden Probleme sehr eng miteinander verwoben, und es ist für jede Lösung der Probleme wichtig, daß dieses verstanden wird."[1]

Broda meint, daß auch eine direkte Verbindung zwischen beiden Problemen besteht (er fährt fort: „Es ist klar, daß die Jagd nach billiger Energie auch zum Krieg führen kann."[2]) — Die Bezüge zwischen der Umweltproblematik und dem Militärwesen lassen sich vorrangig auf zwei Ebenen diskutieren. Da ist zum einen die Schädigung von Umwelt durch militärische Aktivitäten, sicherlich am gravierendsten durch Kriege. Der Vietnamkrieg („das erste Mal, daß die Biosphäre systematisch mit militärischen Zielsetzungen angegriffen wurde", so das schwedische Friedensforschungsinstitut SIPRI[3]) bietet dafür das bislang eindrucksvollste Beispiel. Schäden in „Friedenszeiten" und Kriegsfolgen scheinen nicht weit auseinander zu liegen, wenn man erfährt, daß das die Katastrophe von Seweso auslösende Dioxin — allerdings in wesentlich geringerer Konzentration — gelegentlich auch in Vietnam verwendet worden ist.[4] Diese Sparte der Rüstungstechnologie steht in eindrucksvoller Entfaltung: ein kanadischer Bericht zählt von der Anregung tektonischer Beben bis zur Störung der Schichten der Atmosphäre allein 19 Kategorien auf, wie mit Umwelttechnologien Krieg geführt werden kann.[5] Denn jede neue Technologie zur Erhaltung und Förderung der Umwelt läßt sich mit militärischer Absicht umkehren zur Zerstörung von Umwelt zwecks Beeinträchtigung eines Gegners. In der Erdkruste, auf der Erdoberfläche und in der Atmosphäre herrschen meist erheblich labile Gleichgewichtszustände, die durch die gezielte Einbringung geringer Energiemengen nicht nur stabilisiert, sondern umgekehrt auch benutzt werden können, große Energiemengen freizusetzen oder die Umwelt eines Feindes in fürchterlicher Weise zu derangieren. Die militärisch besonders empfindliche Ozon-Schicht ist zum Beispiel zu Recht 1977 im Umweltprogramm der Vereinten Nationen in den Mittelpunkt gerückt worden — ihre regionale Zerstörung würde ein ausgewähltes Territorium schutzlos harter Gammastrahlung aus dem Weltall aussetzen, ohne daß auch nur eine einzige Kernwaffe eingesetzt worden wäre.[6]

Diese Ebene soll in diesem Beitrag außer Betracht bleiben, so wichtig die Information darüber wäre. Militäraufwendungen konkurrieren andererseits in den öffentlichen Haushalten mit anderen Ausgabezwecken, unter anderem mit Aufwendungen für Umweltaufgaben. Die enorme Bedeutung der Haushaltsausgaben für militärische Zwecke besonders in den USA hat vor allem Seymour Melman beredt hervorgehoben. Die zentrale Rolle dieses Zeugen hat das Pentagon (zumindest dessen Haushaltsabteilung) durch Gegenpublikationen eingeräumt („Mr. Melman ist der Erfinder und führende Exponent der Aussage, daß die Verteidigung Forschung hortet, Infrastrukturen plündert, und weite Bereiche der amerikanischen Industrie korrumpiert hat")[7]. Nach Ansicht dieses Opponenten sind die Ansichten von Melman „weitverbreitet und akzeptiert".[8] Für die USA hat Melman die Kritik an den Militärausgaben wie folgt zusammengefaßt:

„Seitdem wir mehr als die Hälfte all unseres Potentials in der Forschung, im Ingenieurwesen und in der Wissenschaft im Bereich der Rüstungsindustrie konzentriert haben, ist die Folge gewesen, daß dieser begrenzte Vorrat an Talenten nunmehr in vielen zivilen Bereichen knapp geworden ist. Dies ist die Ursache für die nunmehr epidemischen technologischen und inzwischen ökonomischen Kompetenzmängel in vielen amerikanischen Industriezweigen."[9]

Später faßt Melman seine Kritik noch pointierter zusammen:

„Militärpolitik und Rüstungsausgaben sollten nicht der Qualität des Lebens abträglich sein ... Ein wachsendes Verbundsystem amerikanischer Industriezweige wird mehr und mehr technisch und ökonomisch ausgezehrt — nicht nur auf den Weltmärkten unterlegen, sondern auch zu schwach, um Binnenmärkte zu halten ... Die von mir vorgeschlagene Neufestsetzung der Stärke der Streitkräfte der USA und die daraus folgenden Haushaltskürzungen werden jene großen Beträge freisetzen, welche für die ökonomische und sonstige Rehabilitation der Vereinigten Staaten dringend erforderlich sind."[10]

Mit dem erwachenden öffentlichen Empfinden für die Bedeutung der Erhaltung der Umwelt richtet sich der Blick derjenigen, die diese Aufgabe mit öffentlichen Mitteln lösen wollen, folgerichtig auf die Militärausgaben. Häufig wird die Vermutung geäußert, daß durch eine Kürzung von Rüstungsaufwendungen bedeutende Mittel für den Umweltschutz frei würden. Eine direkte Substitutionalität dieser Art wird auch in sowjetischen Untersuchungen gesehen. Alexander Rjabchikov von der Moskauer Universität stellt einen — für amerikanische Zuhörer bestimmten — Vergleich auf:

„In den Vereinigten Staaten wird der erforderliche Ansatz für Umweltschutz und -erneuerung auf 27,5 Milliarden Dollar im Jahr geschätzt, oder 2,5 Prozent des Bruttosozialproduktes. Tatsächlich wird nur 1 Prozent des Bruttosozialproduktes dafür aufgewendet (37 Prozent durch die Regierung und 63 Prozent durch Privatunternehmen). Das Problem liegt darin, daß wenn die erforderlichen Mittel in den Schutz und die Erneuerung der Umwelt investiert würden, die Produktionskosten um 3,5 Prozent ansteigen und den Inflationstrend verstärken würden. Und die 80 Milliarden Dollar für Verteidigung (ein Viertel des Bundeshaushaltes) werden als ein ‚traditioneller' Teil der Verteidigung gerechtfertigt, um die Politik der Abschreckung aufrecht zu erhalten ...

Das 1975er Budget der Sowjetunion stellt 10 Milliarden Rubel (13 Milliarden Dollar) für den Umweltschutz und Landerschließung zur Verfügung ... Die Beträge für Umwelterneuerung in den Titeln für verschiedene Ministerien können grob ... auf 20 Milliarden Rubel geschätzt werden. Die Gesamtansätze für den Schutz, die Erneuerung und die Verbesserung von Umwelt machen somit in der UdSSR 15 Prozent des Regierungsbudgets aus. Die Ansätze für

Verteidigung betragen 17,4 Milliarden Rubel oder 8,4 Prozent des 1975er Haushaltes."[11]

Die Strukturen der öffentlichen Haushalte der USA und der UdSSR sind zwar schwer miteinander vergleichbar, und die Regierungsangaben über die sowjetischen Verteidigungsausgaben stoßen im Westen auf beträchtliche Skepsis. Einige Experten meinen, man müsse die amtlich angegebenen sowjetischen Militärausgaben verdoppeln, um den wahren Betrag zu erhalten,[12] andere schlagen sogar eine Vervierfachung der Regierungsangaben vor.[13] Andererseits betrugen die Investitionen der Sowjetunion für den Umweltschutz im engeren Sinne nach sowjetischen Angaben 1975 lediglich 1,8 Mrd. Rubel (hinzuzurechnen wären die Betriebskosten). In den USA wurden 1975 reichlich 2 Prozent des BSP (über 30 Mrd. Dollar) für den Umweltschutz aufgewendet. In jedem Fall betragen die Verteidigungskosten in beiden Ländern ein Mehrfaches der Umweltschutzaufwendungen. In Japan hingegen sind sie bereits unter die — stark steigenden — Umweltschutzaufwendungen abgesunken.[13a]

In die gleiche Richtung zielen auch die Vorschläge Rjabchikows:

„Um die Krise der Wechselbeziehungen zwischen Mensch und Umwelt auf der ganzen Erde, auf der Völker mit unterschiedlicher sozialökonomischer Struktur leben, zu bewältigen, gibt es keinen anderen vernüftigen Ausweg, als das Wettrüsten einzustellen. Eine Verminderung der Rüstung und insbesondere eine strategische Abrüstung würden es beispielsweise ermöglichen, die Umweltverschmutzung um ein Fünftel zu reduzieren. Vor allem würde dies aber eine jährliche Einsparung von mindestens 100-150 Mrd. Dollar — und das ist nur die Hälfte aller militärischer Ausgaben auf der Erde — mit sich bringen."[14]

Der Vorschlag scheint plausibel. Die beiden Güter „Umwelt" und „Sicherheit" sind beide kollektiver Natur,[15] so daß es logisch erscheint, wenn beide mit öffentlichen Aufwendungen beschafft werden. Umweltkosten und Sicherheitskosten sind weiter für die produzierende Industrie externe Kosten. Dem Konzept der Internalisierung dieser Kosten stehen eine Reihe von Bedenken gegenüber, die nicht nur aus dem Interesse an der Optimierung privater Kapitalverwertung erklärbar sind. Umweltkosten und Militärkosten sind ferner kapitalintensiv. Dies begründet die Vermutung, daß beide Kostenarten direkt einander substitutionalisierbar sind, ohne komplizierte Verletzungen wirtschaftlicher Gleichgewichte auszulösen.

Um diese Vermutungen zu stützen, ist freilich eine genauere Kenntnis von Transfermechanismen zwischen Haushaltstiteln nötig, als sie die zitierten Äußerungen erkennen lassen. Diese nähere Prüfung soll auf den folgenden Seiten vorgenommen werden.

Zuvor ist allerdings einem Einwand zu begegnen. Im Gegensatz zu vielen westlichen Ländern (Großbritannien, Schweden, Schweiz) wird in der Bundesrepublik Deutschland und in den USA der größere Teil der Umweltschutzaufwendungen privatwirtschaftlich finanziert.[16] Dem steht in der allgemeinen Perzeption entgegen, daß die Ausgaben für Verteidigung zu 100 Prozent aus öffentlichen Mitteln getätigt werden. Zudem nimmt das Verursachungsprinzip in der Diskussion des Umweltschutzes einen hohen Rang ein, demzufolge die externen Kosten von Schäden am Entstehungsort durch den Verursacher internalisiert werden sollen. Wenn im folgenden Rüstungsausgaben und Umweltschutzausgaben in öffentlichen Haushalten miteinander in Bezug gesetzt werden, so geschieht dies nicht in Unkenntnis dieser Aspekte. Da gegenüber der strikten Anwendung des Verursachungsprinzips Zweifel angemessen bleiben, dürfte die Berechtigung der Konzentration auf den Anteil an öffentlichen Mitteln für beide Zwecke berechtigt bleiben.

2. Die Entwicklung der Rüstungsausgaben in Westeuropa

Da bekanntermaßen die Staatsquote in den kapitalistischen Volkswirtschaften Westeuropas im säkularen Trend wächst,[17] könnte man meinen, auch die Militäraufwendungen zeigen im wesentlichen einen ungebrochenen Anstieg. Der beobachtbare Anstieg von Staatsausgaben bedeutet jedoch nicht, daß jede Aktivität der Regierungen in gleichem Maße an diesem Wachstum partizipierte, und die verschiedenen Ressorts sich gleichmäßig die Budgetzuwächse teilten. Im Gegenteil fanden bedeutende Verlagerungen von Schwerpunkten in den Staatsausgaben statt. Während einige Ausgabenkategorien überproportional anwuchsen, verloren andere an Bedeutung. Im Sektor Rüstungsausgaben lassen sich, bringt man die Zahlenreihen auf ihre Grundmuster, zwei dominante Erscheinungen beobachten.
Trennt man nicht künstlich zwischen kriegerischen Phasen und Friedensperioden in der Geschichte der Staaten, sondern begreift man deren Wechsel als systematischen, einander bedingenden Ablauf, so folgen auf Kriege, in denen kapitalistische Staaten bis zur Hälfte des Sozialproduktes für Rüstung aufwenden, Rekonstruktionsperioden, in denen die Militäraufwendungen drastisch sinken.[18] Dieser Wechsel findet nicht etwa gleichförmig statt, indem — wie man annehmen könnte — ähnlich große Rüstungsanstrengungen in Kriegen von unter-

Militärausgaben
in Millionen Franken

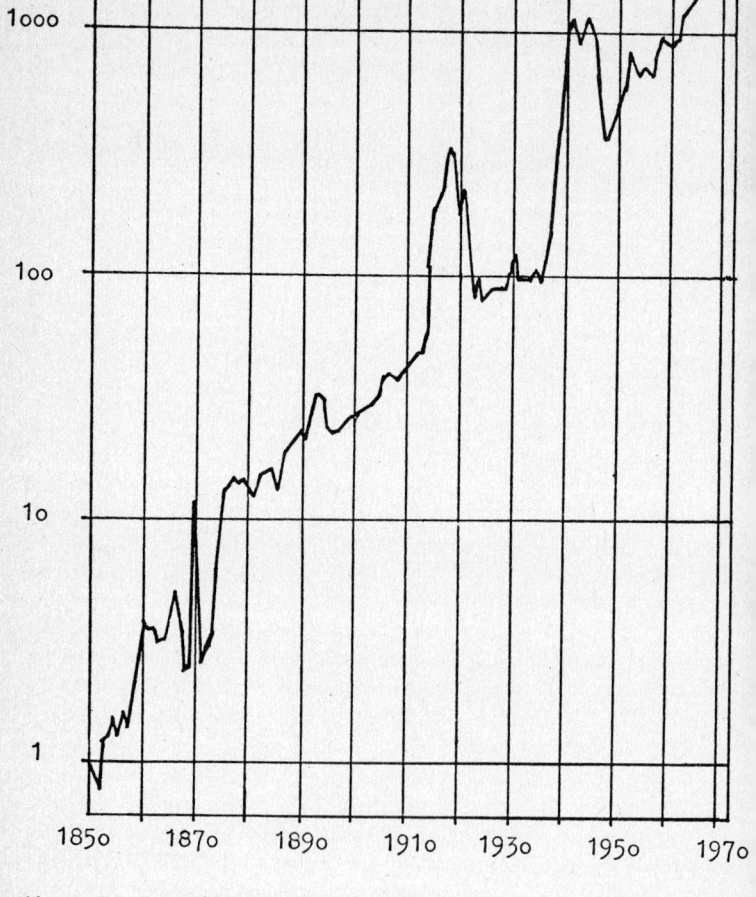

Abb. 1: Die Entwicklung der Militärausgaben der Schweiz von 1850 bis 1970 in laufenden Preisen

Quelle: Neue Züricher Zeitung (Fernausg. Nr. 41) v. 11.2.1972, S. 37

einander vergleichbaren Tiefpunkten in der „zivilen" Wiederaufbauphase abgelöst werden. Mit fortschreitender Entwicklung werden vielmehr die Kriege immer heftiger und absorbieren einen noch höheren Anteil am Sozialprodukt, als im vorangegangenen Konflikt. Zudem sinken die Rüstungskosten im Sozialprodukt in der Regel nicht auf das Vorkriegsniveau zurück, sondern neue Rüstungssteigerungen am Vorabend neuer Kriege setzen auf höherer Stufe als zuvor ein.

Ein plastisches Beispiel für diese Entwicklung bieten die Militärausgaben der Schweiz (wegen der Diskontinuität anderer Währungen und dem Ausbleiben von Kriegen eignet sich dieses Beispiel besser als andere). Von einem Niveau um 10 Millionen Franken im Jahre 1870 (vergl. Abb. 1) stiegen die Rüstungsausgaben in diesem Lande auf ein Plafond von 100 Millionen Franken in den 30er Jahren und überschreiten in den 60er Jahren die Milliardengrenze. Diese Entwicklung kann mitnichten aus der Entwertung des Franken erklärt werden: der Kaufkraftschwund von 1939 bis 1973 (1939 = 100) wird mit 327 Punkten angegeben[19] (ein Franken von 1939 war 1973 noch 30 Rappen wert), während sich das Niveau der Militärausgaben (1939 ebenfalls = 100) selbst gegenüber dieser kriegsbedingten Aufrüstungsphase im gleichen Zeitraum mehr als vervierfachten (nimmt man das Niveau von 1935 vor der Aufrüstung, beträgt die Steigerung mehr als den Faktor 20).

Bezogen auf das Sozialprodukt, sind auch Vergleichsdaten für andere Länder zugänglich. Um den historischen Längsschnitt für Deutschland nachzuzeichnen, sei der Münsteraner Wirtschaftswissenschaftler Hoffmann zitiert:

„Nach dem Deutsch-Französischen Kriege beträgt im Jahre 1872 der Anteil der Verteidigungslasten am Bruttosozialprodukt 8,3%, im Friedensjahr 1881 macht er nur 2,5% aus und erhöht sich langsam bis 1913 auf 3,8% ... 1925 beträgt die Quote fast 6% und hält sich etwa auf demselben Niveau bis 1932 ... Die Quote steigt von 1932 (1,5%) bis auf 18,1% im Jahre 1938 ... Nach dem Zweiten Weltkrieg beträgt das Niveau anfangs etwa 11,0% (1950 – 1958)."[20]

Die Entwicklung der Militärausgaben in den letztenbeiden Jahren in Westeuropa führt zu sehr unterschiedlichen Bewertungen bei den Anhängern der verschiedenen Positionen. Während einige marxistisch orientierte Analytiker darin nur eine nichtcharakteristische Zwischenphase sehen oder gar das Phänomen nicht wahrhaben wollen, erblicken andere Autoren in dem Tatbestand, daß die ausgewiesenen Rüstungsausgaben (legt man die von der NATO und der OECD gegebenen Definitionen zugrunde) in fast allen Ländern relativ zu den sonstigen Staatsausgaben gesunken sind, ein systematisches Geschehen. Mit

Rüstungsausgaben
als Anteil des
Sozialproduktes
(%)

Frankreich
England
Bundes-
republik

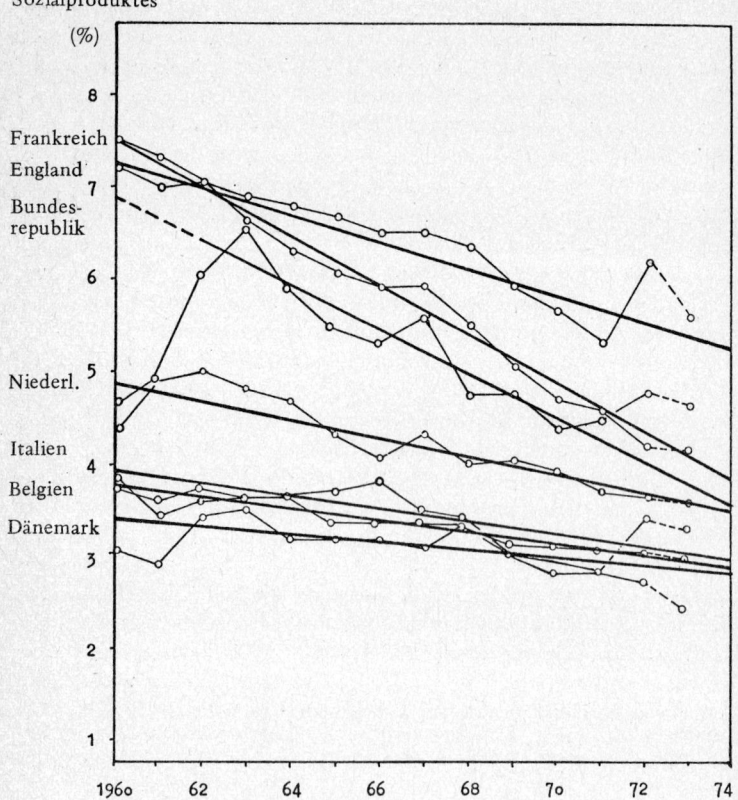

Niederl.

Italien
Belgien
Dänemark

Abb. 2: Rüstungsausgaben nach NATO-Kriterien in Prozent der Bruttosozial-
produkte zu Faktorkosten

Quelle: Weißbuch 1973/1974 Zur Sicherheit der Bundesrepublik Deutschland
und zur Entwicklung der Bundeswehr, S. 220; Weißbuch 1970 Zur Sicherheit
der Bundesrepublik Deutschland und zur Lage der Bundeswehr, S. 203

Anmerkung: 1972 vorläufige Zahlen, 1973 Schätzung des Bundesministeriums
der Verteidigung.

Ausnahme der Bundesrepublik Deutschland, wo die Wiederaufrüstung erst 1955 voll einsetzte, sind die Rüstungshaushaltsanteile in den öffentlichen Budgets seit 1960 ziemlich stetig gesunken und liegen heute niedriger als ein Jahrzehnt zuvor. Die gleiche Entwicklung läßt sich beobachten, wenn man die Rüstungsausgaben in Beziehung zu den Sozialprodukten setzt (Abb. 2). Auffällig ist, wie die unterschiedlichen Anteile der Militärausgaben an den westeuropäischen Sozialprodukten im vergangenen Jahrzehnt konvergieren — ein Hinweis auf integrationale Phänomene kapitalistischer Entwicklung?
Es ist zu beobachten, daß nur von sinkenden Ressourcenanteilen der Militärausgaben in Westeuropa die Rede ist, in absoluten Zahlen sind die Rüstungsaufwendungen kräftig gestiegen und erreichen von Jahr zu Jahr Rekordhöhen. Da die meisten westeuropäischen Volkswirtschaften, zumindest im Vergleich mit den Vereinigten Staaten, signifikant wachsen, steigt auch die Bedeutung der Rüstung der Europäer im NATO-Bündnis trotz sinkender Anteile an den Sozialprodukten.[21] Besonders eindrucksvoll ist die Entwicklung im Falle der wirtschaftlich potentesten Macht Westeuropas, der Bundesrepublik Deutschland. Seit der Übernahme der Regierungsgewalt durch die sozial-liberale Koalition im Jahre 1969 bestreiten die Westdeutschen den viertgrößten Militäretat der Erde — hinter den beiden Supermächten USA und UdSSR, sowie hinter der Volksrepublik China, dem volkreichsten Staat auf dem Globus. 1970 überflügelte der westdeutsche Wehretat den der Mini-Nuklearmächte England und Frankreich. Setzt man konstante Wachstumsraten der verschiedenen Rüstungsbudgets voraus, so haben die Westdeutschen gar Aussicht, einen höheren Wehretat als die Volksrepublik China zu erreichen, und auf Platz drei dieser Weltrangliste zu gelangen. Natürlich sind solche Berechnungen recht fragwürdig, auch wenn die Daten einheitlich erstellt wurden, schon aufgrund der problematischen Wechselkurse. Grobe Rückschlüsse auf die Größenordnung der Militärausgaben dürften sie dennoch erlauben. Wie ist nun die auf hohem Niveau geminderte Steigerung der Rüstungsausgaben in den Sozialprodukten zu erklären? Gibt es Hinweise grundsätzlicher Art dafür, warum die ausgewiesenen Rüstungsetats im hochentwickelten Kapitalismus zwar steigen, nicht aber den Wachstumsfortschritt der gesamten Staatstätigkeit erreichen? Welche anderen Bereiche staatlicher Tätigkeit sind so stark expandiert, daß die Rüstungsausgaben zurückfielen? Und schließlich: gibt es Anhaltspunkte, die den Schluß erlauben, daß die fortschreitende Akkumulation von Zerstörungspotential eines Tages nicht mehr in Krieg endet?

Die Ursachen für die sinkende Tendenz der Ressourcenanteile der Militärausgaben in Westeuropa, welche der Entwicklung in Japan und der Mehrzahl der abhängigen Länder der Dritten Welt entgegenläuft, liegen offensichtlich nicht in einer grundsätzlichen Änderung der Rüstungspolitik der westeuropäischen Regierungen, wie es etwa Abrüstungsschritte, Massenentlassungen von Militärpersonal und ähnliches wären. Auch die Feststellung, daß „Sicherheit" im Katalog der Ziele staatlichen Handelns eine geringere Priorität erhalten habe, wäre nur eine völlig leere Rationalisierung der Entwicklung.

Eine nähere analytische Untersuchung, warum die Wachstumsraten der Militärausgaben in Westeuropa in der Nachkriegszeit gesunken sind, ist nicht die Aufgabe dieses Beitrages.[22] Statt einer solchen Fragestellung soll hier verfolgt werden, ob diese Entwicklung Raum für verstärkte Infrastrukturleistungen des Staates in anderen Bereichen, besonders dem Umweltschutz, gegeben hat oder geben kann.

3. Die Substitution von Militärausgaben

Der sinkenden Wachstumsrate der Rüstungsaufwendungen in den öffentlichen Ausgaben in Westeuropa lassen sich recht eindeutig bestimmte überproportionale Zuwächse in anderen Haushaltstiteln zuordnen. Erhebungen der OECD verdeutlichen, daß der Gesamtanteil der Aufwendungen für Güter und Dienstleistungen in westeuropäischen Budgets, zu denen das Gros der Rüstungsausgaben wie auch der Umweltaufwendungen zählt, praktisch konstant geblieben ist.[23]

Der Gesamtaufwand des Staates für Güter und Dienstleistungen ist trotz nachlassenden Wachstums der Rüstung kontinuierlich mit dem Gesamthaushalt angewachsen. Dies würde den Schluß nahelegen, daß man alternative Prioritäten für Militärausgaben und Wachstumschancen für Umweltaktivitäten lediglich in dieser Ausgabenklasse zu bestimmen brauchte.

Gründliche Untersuchungen der Haushaltsentwicklungen lassen einen derart einfachen Schluß nicht zu. Die Substitutionsbeziehungen zwischen verschiedenen Haushaltstiteln sind nicht so simpel, daß einer Minderausgabe in einem Bereich direkt Mehraufwendungen in einem anderen Sektor zugeordnet werden können, schon gar nicht über längere Zeiträume.

Die Ergebnisse empirischer Untersuchungen fallen recht unterschiedlich aus. Anhand von Regressionsanalysen stellte Pryor für die Bundesrepublik Deutschland und Frankreich fest, daß zwischen Rüstungsausgaben und Verbrauchsausgaben eine hohe Austauschkorrelation nachweisbar ist.[24] Weiter liegen für die gleichen beiden Länder nach Ansicht Pryors Anzeichen vor, daß Rüstungsausgaben und Auslandsinvestitionen invers einander gegenüberstehen. Beide Aussagen erscheinen als plausibel: bei (im Vergleich) gemindertem privaten Verbrauch dürften staatliche Verbrauchsausgaben für Militärzwecke durchaus wachsen. Und Kapitaleigner dürften ihr Geld weniger im Ausland anlegen, wenn zu Hause ein Rüstungsboom einsetzt.

Pryor meint sogar, ganz allgemein für Westeuropa eine enge Beziehung zwischen der Rüstungsrate im Bruttosozialprodukt und dem Anteil (überwiegend ziviler) Investitionen ausmachen zu können. Beide Größen seien hochgradig invers korreliert: steigt der Rüstungsanteil, mindert sich das Wachstum der zivilen Produktion.[25]

Auch diese zunächst lediglich statistische Beobachtung ist nicht so tautologisch, wie dies zunächst klingen mag. Veränderungen im Wachstum der Rüstungsausgaben hätten ja zum Beispiel auch durch Transferausgaben an Rentner und Waisen kompensiert werden können. Zum Verständnis der Funktionsweise der modernen kapitalistischen Gesellschaft ist jedoch der Befund wichtig, daß geringeren Rüstungswachstumsraten nicht etwa entsprechend höhere Verteilungsleistungen für den Verbrauch benachteiligter Bevölkerungsschichten gegenüberstehen. Es findet lediglich eine Umverteilung öffentlicher Mittel innerhalb der Privatwirtschaft statt; anstelle der Rüstungsunternehmen erhalten andere Investitionsbereiche nunmehr vermehrte staatliche Zuwendungen.

Mit diesen Aspekten sind die wesentlichen Positionen für die Klärung der Frage benannt, wie gesteigerte Wachstumsraten für Umweltausgaben erzielbar sein können. Ist die angegebene Substitutionsbeziehung, die Kompensation von geringerem Rüstungswachstum oder gar Rüstungsminderung durch zivile Investitionsausgaben bei konstantem Haushaltsanteil für Transferausgaben, über die Zeit stabil, so ist vom öffentlichen Haushalt recht einfach unter alternativen Investitionsbereichen, darunter der Umwelttechnologie, zu wählen.

Aus zwei Gründen ist es jedoch voreilig, aus diesen Aussagen prognostische Schlüsse zu ziehen. Zum einen ist keineswegs sicher, daß der Bereich der Transferausgaben, die Ansprüche von Rentnern und anderen Einkommensbeziehern dieser Art, von den staatlichen Akteuren künftig so restriktiv behandelt werden können, wie dies in der Vergangenheit der Fall gewesen ist. Zum anderen sind trotz ihrer ausführlichen mathematischen Stützung die Aussagen über die Natur der Austauschbeziehungen der Wachstumsraten im öffentlichen Haushalt hochgradig hypothetisch. Es lassen sich mit hinreichender Deutlichkeit längerfristig einige wenige Trendaussagen machen. Diese stützen im allgemeinen die These von der zunehmenden Bedeutung des Staates für die Wirtschaftstätigkeit in weiteren Bereichen. Pryor berechnet zum Beispiel für die Mitte der fünziger Jahre eine stärkere Korrelation zwischen Rüstungsausgaben und zivilen Staatsausgaben ganz allgemein, während für die sechziger Jahre eine ausgeprägtere Beziehung zwischen Rüstungsinvestitionen und nichtmilitärischen Investitionen zu bestehen scheint.[26] Da das Volumen dieser Substitutionsvorgänge allerdings nach wie vor bescheiden bleibt und die Aufbereitung von Haushaltsdaten mit modernen Untersuchungsmethoden hierzulande noch in den Anfängen steckt, sind weitergehende Aussagen besonders auch in Bezug auf Umweltausgaben zur Zeit nicht möglich. Festzuhalten bleibt jedoch, daß den relativen Wachstumseinbußen der Rüstungsausgaben in Westeuropa klar überdurchschnittliche Steigerungen der Aufwendungen für bestimmte und separierbare andere Zwecke zugeordnet werden können. Sollen die Ausgaben für den Schutz der Umwelt gezielt und massiv ausgeweitet werden, und sollen dafür Mittel durch Rüstungseinsparungen gewonnen werden, so sind zumindest hypothetisch die Bedingungen der gesamtwirtschaftlichen Verträglichkeit und die verteilungspolitischen Erfordernisse angebbar.

Anmerkungen

1 E. Broda, The Threat of War and the Energy Problem, paper for the XXVII. Pugwash-Konferenz, München 1977, vervielf. Man., S. 1
2 Ebd.
3 World Armaments and Disarmament, SIPRI (Stockholm International Peace Research Institute) Yearbook 1976, London u.a. 1976, S. 72 (im folgenden zit. als „SIPRI-Yearbook")
4 SIPRI-Yearbook 1977, S. 86 - 89
5 SIPRI-Yearbook 1976, S. 315, das Disarmament Conference Document CCD/463 referierend
6 Vergl. United Nations (Hrsg.), Development, vol. V no. 4 (May 1977), S. 1: World Environment Day, 5 June.
7 Department of Defense (Comptroller), The Economics of Defense Spending. A Look at the Realities, o.O. (Washington, D.C.), 1972, S. 41
8 Ebd.

9 Industrial College of the Armed Forces, Perspectives in Defense Management, Spring 1972, S. 9. Aufführlicher hat Melman sein Argument in dem Buch Our depleted Society vorgestellt.
10 US Senate Committee on Appropriations, Hearings on The Budget of the United States, Fiscal Year 1973, Washington, D.C., 1972, S. 292.
11 A.M. Rjabchikov, Problems of the Natural Environment in their Global Aspect, in: Soviet Geography, vol. XVI, H. 6/1975, S. 410.
12 So etwa SIPRI bis 1974, vergl. SIPRI Yearbook 1968-1974.
13 So aufgrund neuerer Schätzungen der CIA etwa das International Institute for Strategic Studies, The Military Balance 1976-77, London 1976, oder die amerikanische Abrüstungsbehörde.
13a Die Zahlenangaben für die USA, die UdSSR und Japan stammen aus Unterlagen des Projekts „Politik und Ökologie der entwickelten Industriegesellschaften" an der FU. Vgl. Anm 16.
14 A.M. Rjabchikov, Mensch und Umwelt, in: Petermanns Geographische Rundschau, 118. Jg., Nr. 1/1970, S. 6 f.
15 Zur Verwendung der finanzwissenschaftlichen Theorie der öffentlichen Güter vergl. etwa meinen Versuch in: Leviathan 1/1973.
16 Vgl. J. Gerau: Umweltschutzkosten im internationalen Vergleich. Forschungsbericht Nr. 13/1977 des Projekts „Politik und Ökologie der entwikkelten Industriegesellschaften" an der FU. In der Bundesrepublik Deutschland betrugen die Umweltschutzaufwendungen nach offiziellen Angaben 1970-1974: 66,7 Mrd. DM, davon 28,6 Mrd. Aufwendungen der öffentlichen Hand. Umweltbericht '76. Stuttgart etc. 1976, S. 91.
17 Als sozialwissenschaftlichen Text zu dieser Diskussion vergl. etwa V. Ronge und G. Schmieg, Restriktionen politischer Planung, Frankfurt 1973.
18 In der amerikanischen Literatur unter der Bezeichnung „ratchet"-Effekt („Sperrklinkeneffekt") bekanntgewordene Phänomen wird von Dieter Senghaas mit der Benennung „Schumpetereffekt" (Rüstung und Militarismus, Frankfurt 1972, S. 47/48) rezipiert. Schumpeter ist aber nur einer, und nicht einmal einer der ersten, Beobachter dieses empirischen Effektes; Senghaas scheint ihn in den Vordergrund zu stellen, weil ihn Schumpeters sozialpathologische Generalerklärung interessiert.
Längerfristige Datenreihen im internationalen Vergleich bringt W. Wittmann, Militärausgaben und wirtschaftliche Entwicklung, in: Zeitschrift für die gesamte Staatswissenschaft, 122. Jg. (1966), S. 109-129). Die Interpretation dort (etwa S. 125) ist jedoch recht morphologisch und widersprüchlich.
19 Vergl. „Der Indexfranken 1966 auf zwei Dritteln seiner Kaufkraft", in: Neue Zürcher Zeitung, v. 21.3.1974.
20 Walter G. Hoffmann, Der Anteil der Verteidigungsausgaben am Bruttosozialprodukt — ein internationaler und intertemporaler Vergleich, in: Kyklos, vol. 3/1970, S. 89. Die Angabe von Hoffmann über die Rüstungsausgaben zur Zeit der Nationalsozialistischen Herrschaft hatte ich schon in einer früheren Fassung des Textes ausgelassen (was mir heftige Kritik einbrachte) — weil Hoffmann hier Daten auf anderer Berechnungsgrundlage verwendet („Die Quote steigt von 1932 (1,5%) bis auf 18,1% im Jahre 1938, das heißt auf mehr als das Zehnfache", ebd.).
21 „Während 1962 die USA 19 Mrd. Dollar und die europäischen Staaten 17,4 Mrd. Dollar im Rahmen ihrer Allianzverpflichtungen ausgaben, werden 1972

die USA nur noch 14 Mrd. Dollar, die europäischen NATO-Alliierten dagegen 28 Mrd. Dollar für militärische Zwecke ausgeben" (R. Rilling und H. Sychla, Zur Rüstungs- und Militärpolitik der Regierung Brandt/Scheel, in: Blätter für deutsche und internationale Politik, H. 6/1972, S. 603).

22 Vergl. dazu ansatzweise meinen in Anm. 15 angegebenen Versuch.
23 Vergl. M. Garin-Painter, Public Expenditure Trends in OECD Countries, in: OECD Economic Outlook, Occasional Studies, July 1970, S. 47 ff.
24 F.L. Pryor, Public Expenditures in Communist and Capitalist Nations, London 1968, hier S. 124.
25 Ebd.
26 Im Gesamtbefund verneint Pryor, daß es so etwas wie einen generellen Transfermechanismus für den Wachstumsschwund der Rüstungsausgaben und den Anstieg anderer Haushaltsteile gebe. Seiner Auffassung nach reagieren die westeuropäischen Volkswirtschaften nicht in einem generellen Schema auf Veränderungen in den Militärausgaben. Die Substitutionsmechanismen für die Austauschprozesse der Wachstumsraten seien vielmehr von Land zu Land verschieden, ebenso wie die Wirtschaftsstrukturen voneinander abweichen. Dieses bei Makrountersuchungen häufige Ergebnis spricht prinzipiell allerdings nicht gegen die These, da- diese Haushaltsentwicklungen ein generelles Grundmuster haben. Daß dieses Grundmuster statistischer Analyse nicht zugänglich sein mag, ist eine Frage der Untersuchungsmethode, nicht aber seiner Existenz. Substitutionsanalysen anderer Autoren, die jedoch nicht so detailliert wie Pryor auf die Bundesrepublik eingehen, finden sich in einem für die Deutsche Gesellschaft für Friedens- und Konfliktforschung erstellten Gutachten bewertet (U. Albrecht, Rüstungskonversionsforschung, i.E.).

Staats- und Politikkonzepte in der sozio-ökologischen Diskussion

Volker Ronge

Einleitung

Es besteht ein auffälliges Mißverhältnis zwischen dem Stellenwert, den bestimmte ökologische[1] Schriften – wie etwa die Berichte des bzw. an den Club of Rome, die Bestseller-Bücher von Gruhl, Harich oder Amery, der Essay von Enzensberger (1973) – in der öffentlich-politischen Diskussion erreichen, und der Zurückhaltung der Sozialwissenschaften, insbesondere der Politikwissenschaft (weniger, übrigens, der Ökonomie), gegenüber den in diesen Publikationen thematisierten Fragen (und Antworten). Der Eindruck der akademischen Arroganz der Politikwissenschaft ist schwerlich von der Hand zu weisen: sie ist sich zu schade, um im Sumpf der (jedenfalls, was die sozialen Probleme betrifft) populärwissenschaftlich angeleiteten ökologischen Diskussion mitzumischen.

Die politische Selbstzufriedenheit damit, daß die Argumente und Antworten der Ökologen als *nur populär*wissenschaftlich leicht erkennbar oder erweisbar seien, scheint mir angesichts ihres (an Auflagen ablesbaren) öffentlichen Einflusses nicht zu verantworten.[2] Es wird Zeit, daß sich die Politikwissenschaft in die politische Diskussion über ökologische Probleme einschaltet. Dieter Senghaas, einer der wenigen Politologen, die diesen Schritt unternommen haben, formulierte im Kontext der Diskussion des ersten Berichts des Club of Rome (Meadows et al. 1973) völlig zu Recht: Je mehr in der ökologischen Diskussion „von Menschheitsproblemen gesprochen wird, um so dringlicher wird eine wirklichkeitsnahe Analyse der Struktur und Entwicklung internationaler Gesellschaft. Eine solche Analyse ist auch um so mehr erforderlich, je publikumswirksamer sogenannte Weltmodelle sind, die nur wenig von jenen Informationen und Theoremen geprägt sind, die sich in heute schon vorliegenden Untersuchungen über die Struktur der internationalen Gesellschaft finden." (Senghaas 1976, 35)

Die Möglichkeiten der Politikwissenschaft, sich an der öffentlichen ökologischen Diskussion mit ihrem spezifischen Sachverstand in sinnvoller Weise zu beteiligen, sind erheblich gewachsen, nachdem diese Diskussion selbst — in sozusagen „zweiter Generation" (C. Schütze, in: SZ v. 15.9.76, Literaturbeilage, S.7) — ihren eher apokalyptischen und, was die Politik betrifft, idealistischen (vgl. Enzensberger 1973,28) Ausgangspunkt überwunden hat und zunehmend die praktisch-politischen Umsetzungsfragen ökologischer Alternativen mitthematisiert, wenn nicht sogar in den Vordergrund rückt. Jetzt lassen sich nämlich der *Konkretionsgrad* der entsprechenden Utopien und Strategien sowie ihre politischen *Implikationen* eruieren und evaluieren.

Der Erweiterung der ökologischen Diskussion in soziales Feld hinein korrespondiert eine bestimmte Entlastung für eine sich der ökologischen Thematik annehmenden Sozialwissenschaft: Es ist letzterer jetzt möglich, sich auf diejenigen Aspekte der Ökodebatte zu beschränken, von denen sie etwas versteht, für die sie speziell kompetent ist. Für die sozialwissenschaftliche Diskussion kommt es nun nämlich nicht (mehr) darauf an, ob die „materiellen" (d.h. sozio-ökonomische Fragen zunächst ausklammernden) Modelle und Prognosen der Ökologen richtig oder falsch sind. Gesetzt den Fall, sie stimmen — so lautet der sozialwissenschaftliche Ausgangspunkt (vgl. Enzensberger 1973,36).

Die neue Situation und die mit dieser eröffneten Möglichkeiten der Sozial- und Politikwissenschaft stellen sich systematisch folgendermaßen dar. Zu den „materiellen" Ressourcenschätzungen können Sozial- und Politikwissenschaft überhaupt nichts sagen. Hinsichtlich der Hochrechnungen dieser Schätzungen (bis hin zur „Katastrophe") lassen sich nur generelle (d.h. nicht spezifisch sozialwissenschaftliche) methodische Einwände erheben, z.B. daß die Annahme exponentieller Kurven problematisch sei, daß nach aller historischen Erfahrung technologischer Pessimismus unangebracht sei, daß die Bevölkerungsentwicklung einiges mit sozialen Verhältnissen zu tun habe usw. Gegen bestimmte Aspekte der ökologischen Vorträge lassen sich ferner ideologiekritische Anmerkungen machen, z.B. läßt sich die Computersimulation hinsichtlich der Auswahl an „zentralen" Variablen kritisieren oder kann das Malthusianische an der gesamten Öko-Argumentation herausgestellt werden.

Der eigentliche Ansatzpunkt für Sozial- und speziell Politikwissenschaft stellt sich aber erst dann, wenn (bzw. dort, wo) die Ökologen die Möglichkeiten und Zielmodelle einer *alternativen*, d.h. ökologisch vertretbaren oder wünschbaren *Sozialentwicklung* thematisieren. Die sach-

liche Notwendigkeit dazu folgt, wie Moscovici (1976,110) formuliert hat, daraus, „daß die Rückkehr zu einem früheren Zustand ebenso unmöglich ist wie die automatische Evolution zu einem künftigen Zustand". Hier bieten sich prinzipiell zwei genuin sozialwissenschaftliche Analysekomplexe: 1. das Zielmodell als solches, 2. die Realisierbarkeit des Übergangs vom Ist- zum Sollzustand.
Dadurch, daß bzw. insofern, als die Öko-Modelle die ganze Welt bzw. die Menschheit avisieren, ergibt sich für die Politikwissenschaft aufgrund ihrer internen Ausprägung ein differentieller Zugang: Man kann *internationale* Aspekte abtrennen von solchen, die üblicherweise (und mit guten Gründen) unter der Voraussetzung und im Kontext einer *Nation-Gesellschaft* (sozusagen *innenpolitisch*) behandelt werden. Aufgrund meiner Ausbildung werde ich hier nur den letzteren Aspekt thematisieren.
Ich möchte im einzelnen zwei Fragen verfolgen (vgl. auch Heilbroner 1976,41f.):
1. Unterstellt, daß die ökologische Diskussion nicht intendiert, zu einer „Bewegung" zu werden und dann Praxis selbst zu betreiben (daß derartige Ansätze existieren, sei nicht in Abrede gestellt; sie werden hier allerdings nicht berücksichtigt), so ist zu fragen, wie (im Hinblick auf die ökologischen Alternativen) erfolgsträchtige Praxis vorgestellt wird; im einzelnen: an welche Aktoren, welche Zeiträume, welches Ausmaß an Wandel etc. gedacht wird (sofern überhaupt daran gedacht wird). Vereinfacht handelt es sich um die Frage nach dem politischen *Realismus* der vorgeschlagenen Alternativstrategien.[3]
2. In der gegenwärtigen ökologischen Diskussion wird, extrem vereinfachend, gesagt, die derzeitige Entwicklung sei gefährlich und müsse mehr oder weniger radikal verändert werden. Gesetzt den Fall, diese Umorientierung würde praktisch gelingen(Frage 1), so ist zu fragen, welchen sozial-politischen Zustand[4] „die Menschheit" sich dann — nach den Vorstellungen der ökologischen Strategen — eingehandelt haben wird; mit anderen Worten: zu welchen sozialen Kosten eine ökologisch befriedigende Situation erreicht werden kann oder soll. (Für die politischen Verhältnisse des Übergangs selbst kann die gleiche Frage gestellt werden.) In spezifischer Weise eingeschränkt geht es um die Frage nach dem *Staat* (im weiten Sinne), den *politischen Verhältnissen,* unter dem (denen) das angestrebte ökologische Gleichgewicht für dauerhaft sicherbar angesehen wird.
Selbstverständlich werden die kritischen Fragen ihrerseits von einem bestimmten Konzept der Gesellschaft, des Staates und der Ökonomie

geleitet. Dieses kann und braucht hier nicht vorweg und im Detail vorgeführt zu werden. Zu Fragen abgekürzt geht es mir darum, inwieweit in den ökologischen Politikkonzepten

- der kapitalistische Charakter der Gesellschaft, d.h.
- die Determinationskraft der Privatökonomie (bzw. des Tauschwerts) und
- die (spezifische) Restringiertheit von Staat und Politik (im Kapitalismus)

berücksichtigt werden.

Das Objekt der Analyse, *„die* ökologische Diskussion", ist ein mixtum compositum. Die beiden genannten Fragen können nur exemplarisch angegangen werden.

Zum politischen Realismus des Club of Rome

Motto 1
„Kein einziger Politiker auf der Welt, keine einzige politische Organisation, keine Partei, kein wichtiges Industrieunternehmen hat sich bisher anders als vor der Veröffentlichung von ,Die Grenzen des Wachstums' verhalten. Es ist, als ob nichts geschehen wäre; als ob wir diese Studie in unseren Schreibtischen versteckt hätten: alles blieb beim alten!" (Meadows 1976, 156)

Für die hier verfolgte Fragestellung müssen die Berichte des bzw. an den Club of Rome ein besonderes Augenmerk finden, denn diese haben die Inhalte wie die Breite und Intensität der öffentlichen „ökologischen" Diskussion stärker als jede andere Publikation geprägt.[5]

Freilich bietet diese Materialquelle heute bereits eine erhebliche innere Komplexität. Dem Club of Rome selbst eindeutig zurechenbar ist eigentlich nur der 1972 publizierte erste große „Bericht zur Lage der Menschheit", der von einem MIT-Team unter Leitung des Forrester-Schülers D. Meadows verfaßt wurde (Meadows et al. 1973). Nur dieser erste Bericht firmiert als Bericht *des* Club of Rome; alle späteren sind als Berichte *an den* Club gekennzeichnet.

Der 1. Bericht (wie er hier bezeichnet werden soll) ist „auf Initiative und mit Unterstützung des Club of Rome" ausgearbeitet (Meadows et al. 1973, Vorwort) und von diesem sich selbst zugerechnet (vgl. ebd., 165 ff. – die „Kritische Würdigung" –, bes. 169 ff.) worden (vgl. Meadows/Meadows 1976, 10). Der 2. Bericht – von Mesarović und Pestel (1974) – ist nurmehr an den Club of Rome adressiert. Darin reflektiert sich ein gewisser Abstand zwischen der Publikation (und deren analytischen und strategischen Inhalten) und der Institution, obwohl dieser Bericht noch im Zentrum der Meadows-Nachfolgearbeiten des Clubs stand (ebd., 9) und von führenden Sprechern des Clubs „aufs wärmste" begrüßt worden ist (ebd., 179)[6]. Der 3. Bericht (Gabor et al. 1976), wiederum an den Club of Rome, ist noch von diesem initiiert worden (vgl. ebd., 8 — Geleitwort von Pestel —), und zwar um „nach Erarbeitung einer zuverlässigen Datenbasis auf den Grundlagen unserer heutigen Erkenntnisse die verschiedenen Möglichkeiten zur technischen Lösung unserer Probleme aufzuzeigen und die entsprechenden drängenden wissenschaftlichen und technischen Aufgaben zu formulieren" (ebd., 9). Der 4., mit dem Namen des Club of Rome verknüpfte, sog. RIO-Bericht (Tinbergen 1977) schließlich ist, ebenso, wie der 2. und 3. Bericht, an diesen adressiert; allerdings erscheint diese Bezugnahme eher wie eine bloße Widmung. Von seinem Inhalt her jedenfalls setzt dieser Bericht ganz anders an als die zuvor genannten; von daher kann man nur die ersten drei Berichte, unbeschadet ihrer erwähnten Unterschiede, als Programmatik *des* Club of Rome charakterisieren.

Im Folgenden wird (bei gleichwohl gewählter chronologischer Abhandlung) das Hauptaugenmerk auf den 2. Bericht gelegt werden; dies aus sehr einfachen Gründen. Der 1. Bericht versteht sich noch nicht als Handlungs-, sondern als bloßer Tatsachenbericht; die Fragen politischer Alternativen und Umsetzung spielen deshalb höchstens eine implizite Rolle. Der 3. Bericht behandelt eine spezielle Frage, nämlich die Möglichkeiten von technologischen Innovationen (zum Zwecke des „Überlebens der Menschheit"). Dabei stehen (forschungs-) politische Strategien nicht im Vordergrund; gleichwohl führt die dortige Argumentation in politisches Feld. Der RIO-Bericht schließlich wird deshalb nur gestreift, weil er, wie bereits angedeutet, nicht in den eigentlichen „Dunstkreis" des Club of Rome gehört. Vor allem aber ist er genuin (international-) politischer — und das heißt: nicht primär ökologischer — Natur und fällt von daher aus dem vorliegenden thematischen Spektrum heraus.

Der 1. Bericht

D. Meadows, der Leiter des MIT-Teams, das den 1. Bericht des Club of Rome (Meadows et al. 1973) verfaßt hat, hat die Absicht und Stoßrichtung der Studie einmal folgendermaßen charakterisiert:

„Unsere Studie war kein Versuch, die Zukunft vorherzusagen, vielmehr war sie ein Versuch, herauszufinden, was die Zukunft bringen könnte." (Diskussionsbeitrag in: Richter 1976, 127).

Daran ist vor allem die positive Beschreibung wichtig: in dieser zeigt sich die noch ganz un-praktische Absicht. Man könnte hinsichtlich des 1. Berichts von einer „vorsorglichen Diagnose" (Nußbaum 1976, 62) sprechen. Nicht nur wird vor Handlungs- und Politikfolgerungen haltgemacht und bestenfalls die Absicht verfolgt, „die politischen Entscheidungsträger in aller Welt zur Reflexion über die globale Problematik der Menscheit anzuregen" (Vorwort von Pestel in: Meadows et al. 1973); der 1. Bericht klammert die sozial-ökonomisch-politische, ja die gesamte Handlungsdimension bewußt aus und legt den Fokus auf die Prozesse „materiellen Wachstums", d.h. auf physische Ressour-

cen und demographische Entwicklung (vgl. Diskussionsbeitrag Meadows in: Richter 1976, 127).
Über die Handlungs- und Politikimplikationen der diagnostischen Projektion sollte und konnte von daher strenggenommen *nichts* ausgesagt werden; puristisch war man in dieser Hinsicht freilich nicht. Im Bericht sind die „eigentlichen", sozusagen tatbestandlichen, Aussagen mit der daraus gefolgerten, ihrerseits ziemlich undifferenziert und vage bleibenden, politischen Aufgabe des „Übergangs zum Gleichgewicht" (Meadows et al. 1973, 17) immerhin nur sehr locker miteinander verbunden. Die Diagnose ist, mit anderen Worten, im Hinblick auf praktisch-politische Konsequenzen „weicher" formuliert, als manche Kritiker unterstellt haben:[7]

„1. Wenn die gegenwärtige Zunahme der Weltbevölkerung, der Industrialisierung, der Umweltverschmutzung, der Nahrungsmittelproduktion und der Ausbeutung von natürlichen Rohstoffen unverändert anhält, werden die absoluten Wachstumsgrenzen auf der Erde im Laufe der nächsten hundert Jahre erreicht. Mit großer Wahrscheinlichkeit führt dies zu einem ziemlich raschen und nicht aufhaltbaren Absinken der Bevölkerungszahl und der industriellen Kapazität.
2. Es erscheint möglich, die Wachstumstendenzen zu ändern und einen ökologischen und wirtschaftlichen Gleichgewichtszustand herbeizuführen, der auch in weiterer Zukunft aufrechterhalten werden kann. Er könnte so erreicht werden, daß die materiellen Lebensgrundlagen für jeden Menschen auf der Erde sichergestellt sind und noch immer Spielraum bleibt, individuelle menschliche Fähigkeiten zu nutzen und persönliche Ziele zu erreichen.
3. Je eher die Menschheit sich entschließt, diesen Gleichgewichtszustand herzustellen, und je rascher sie damit beginnt, um so größer sind die Chancen, daß sie ihn auch erreicht." (Meadows et al. 1973, 17)

Derartige wenn-dann- und je-desto-Verknüpfungen sind in der Regel eher trivial denn falsch (vgl. Narr 1973, 276)[8]. Die einzige aus diesem Rahmen herausfallende — und dann problematische — Aussage (Satz 2), daß die Herstellung eines wirtschaftlichen Gleichgewichtszustands möglich sei, erscheint in einem günstigeren Licht, wenn man ihr Zustandekommen berücksichtigt: es handelt sich um einen (ausdrücklich als solchen gekennzeichneten) exemplarischen alternativen Computer-Durchlauf (vgl. Meadows et al. 1973, 147), der zudem auf einer völlig inakzeptablen konzeptionellen Basis beruht, nämlich der (Modell-)Behandlung der Industrieproduktion (pro Kopf) — also eines statistischen Ergebnisses! — als (sozialem) Faktor (vgl. Meadows/Meadows 1976, 275 ff.).

Entsprechend mußten die (nicht zahlreichen) sozialwissenschaftlich ausgerichteten Kritiken am 1. Bericht auf *angenommenen* Handlungskonsequenzen der Studie gründen (vgl. etwa Heilbroner 1973, 271).

Auf der Basis solcher Annahmen ließ sich freilich leicht und zu Recht der Vorwurf mangelnden Realismus' gegen den Bericht erheben (ebd., 272).
Andererseits hatte Meadows durchaus Vorstellungen über die Handlungs- und Politikkonsequenzen aus dem Modell und äußerte sie auch (siehe auch Meadows/Meadows 1976, 250 ff.); diese freilich sind in ihrer unvermittelten „Radikalität" typisch:

„Die Frage, welches der existierenden Systeme dies (die Herstellung des Gleichgewichts; VR) am besten vermag, ist irrelevant, da *ganz andere* Gesellschaftsformen, als in der modernen Welt anzutreffen, vonnöten sind." (Diskussionsbeitrag in: Richter 1976, 151; Hervorhebung von mir, VR).

Für den Politikwissenschaftler liegt es nahe, den 1. Bericht mit der Feststellung (oder auch dem Vorwurf) der „Ausklammerung der sozio-politischen Dimension" (Nußbaum 1976, 77) ad acta zu legen, zumal damit dem Selbstverständnis seiner Autoren entsprochen wird. Völlig zu Recht ging es in der Kritik an diesem Bericht — abgesehen von Ideologiekritik — in erster Linie um die Adäquanz der Abbildung der Realität im Computermodell (vgl. Hugger 1974; Nußbaum 1976, 59 f.) und, andererseits und vornehmlich, um die Richtigkeit der Entwicklungsannahmen, insbesondere der Annahme exponentieller Prozesse (vgl. Clark 1976). Zu diesen teils methodischen, teils genuin ökologischen Fragen hat die Politikwissenschaft nicht viel beizusteuern. Wenn deshalb der 1. Bericht hier nicht weiter untersucht wird, so soll damit nicht behauptet sein, daß er keine impliziten politischen Vorstellungen und Wertungen enthielte. Nußbaum (1976) hat ausführlich beschrieben, daß und wie mit der Ausklammerung der sozio-politischen Dimension Determinismus, Irrealismus, Oberflächlichkeit, Zynismus — und politische Folgenlosigkeit zusammenhängen (vgl. auch Narr 1973, Enzensberger 1973, Senghaas 1976). *„Politisch"* ist an dem Weltmodell gerade, daß es *keine* sozialen und politischen Variablen enthält: „Es präsentiert die Welt... als sei sie ein ökologisches System..." (Galtung 1973, 89); und es suggeriert die Möglichkeit *technischer,* also unpolitischer Lösungen (ebd., 90).

Von der hier eingeführten Fragestellung her ließe sich resümieren: „Politisch" am 1. Bericht sind bestimmte ideologische Implikationen. Mangels eines ausgewiesenen Zukunfts- und Übergangskonzepts stellen sich aber die speziellen Fragen des Themas — politischer Realismus und Politikkonzept der Zukunft — bei ihm (noch) nicht. „Das Systemmodell läßt viel zuviel Wirklichkeit aus, um Aussagewert zu besitzen." (Myrdal 1973, 19)

Der 2. Bericht

Für die hier verfolgte Thematik muß der 2. Bericht an den Club of Rome (Mesarović/Pestel 1974) vorrangiges Interesse finden. Denn erstens steht er (noch) in engem sowohl institutionellen Zusammenhang mit dem Club of Rome als auch inhaltlichen Zusammenhang mit der ökologischen Argumentation (des 1.Berichts). Und zweitens setzt dieser Bericht explizit auf der Grundlage des 1. Berichts und mit der Absicht seiner Weiterführung in Richtung politischen Handelns an. Wollte der 1. Bericht „nur", jedenfalls in erster Linie, die *„Lage* der Menschheit", unter der Voraussetzung der Weiterentwicklung gegebener Verhältnisse, aufzeigen, so versteht sich der 2. Bericht ausdrücklich als *handlungsorientiert* und *politikadressiert.* Ihm geht es um eine (menschheitliche) *„Strategie* zum Überleben" (Mesarović/Pestel 1974, 8):

„Wir hofften, ... politischen und wirtschaftlichen Entscheidungsträgern in aller Welt ein umfassendes globales Planungswerkzeug an die Hand geben zu können, das ihnen helfen sollte, im Vorausbegreifen der in naher und fernerer Zukunft auf uns zukommenden Krisen frühzeitig genug zu handeln, anstatt im Geiste kurzfristigen Pragmatismus lediglich zu reagieren" (ebd.; siehe ferner ebd., 181).

Der 2. Bericht stellt sich dem zentralen Kritikaspekt, der von sozial- und politikwissenschaftlicher Seite gegen die *implizite* „Überlebensstrategie" des 1. Berichts vorgebracht worden ist und den etwa Heilbroner (1973, 272 f.) folgendermaßen formuliert hat:

„... offenkundig übersteigt die Durchführung eines solchen Programms unsere vorhandenen politischen und sozialen Organisationsformen. (...)
Die Frage, der die Schule der Wachstumsgegner tunlich ausweicht, lautet: Wie läßt sich der gesellschaftliche Wille mobilisieren, wie schafft man es, die vorhandenen technischen Verfahren gegen den Widerstand sowohl von wohlverschanzten Interessensgruppen wie von einfachen Leuten zum Einsatz zu bringen?"

Die wichtigen Fortschritte des 2. Berichts liegen (im Selbstverständnis seiner Autoren) *erstens* in der Erweiterung der ökologischen Argumentation auf soziale, ökonomische und politische Dimensionen, prototypisch in der Einführung eines – dem ökologischen Problem sogar vorgeschalteten (vgl. Mesarović/Pestel 1974, 58) – genuin sozialen Problems (auf Weltebene): dem des Nord-Süd-Gefälles bzw. -Konfliktes;[9] *zweitens* in der – wie immer problematischen – Regionalisierung der Welt bzw. Menschheit, die nicht nur (wenn auch viel zu stark[10]) auf geographischen, sondern zumindest auch auf sozialen, ökonomischen, demographischen etc. Kriterien beruht; *drittens* auf methodischem Gebiet, nämlich in der auf Entscheidungsträger zuge-

schnittenen Computer-Programmierung, dem sog. Dialogverfahren (ebd., 51).
Wenn man a) die im engeren Sinne ökologische Dimension – der „Kluft zwischen Mensch und Natur" (ebd., 8) – und b) die zwar sozial-politische, aber internationale Argumentation – der „Kluft zwischen ‚Nord' und ‚Süd', reich und arm" (ebd.) und der Konzeption von Weltregionen – beiseite läßt, so verbleibt als für die hier verfolgte Thematik relevant die „innenpolitische" Problematik des Übergangs „vom undifferenzierten zum organischen Wachstum" (ebd., 12). In dieser Hinsicht ist (genaugenommen auf der Ebene von Weltregionen, die aber *wie* Nation-Gesellschaften angesehen werden können) zu fragen, wie der Übergang sozial und politisch bewerkstelligt werden soll.
Der 2. Bericht rühmt sich der Interdisziplinarität und der Erfassung von (der Realität entnommenen) komplexen Interdependenzen (ebd., 24 ff.). Die wesentlichen objektiven evolutionären Beziehungen der Realität sollen, so die Intention, modellmäßig abgebildet werden (ebd., 38 f.). „Energie- und Nahrungsmittelkrisen, Bevölkerungswachstum und wirtschaftliche Entwicklung können nicht mehr isoliert voneinander gesehen werden." (ebd., 36) Für die hier verfolgte Fragestellung ist vornehmlich von Bedeutung, wie die (im weitesten Sinne) soziale Dimension Eingang ins Modell gefunden hat.
Von erheblicher *methodischer* Bedeutung ist zunächst die Unterscheidung und (methodisch) gesonderte Behandlung von „*objektiven*" und „*subjektiven*" Aspekten: „Nur einige größere Entwicklungslinien konnten in Form von Ursache-Wirkung-Beziehungen programmiert werden; der weitaus größere Anteil mußte über Szenarios eingegeben werden." (ebd., 47) Die objektiven Entwicklungslinien und Verknüpfungen, also von subjektiver Selektion und Interpretation (angeblich) freie Kausalketten, finden Eingang ins – eigentliche – Modell; die subjektiven Aspekte bleiben draußen und „finden in der Art und Weise ihren Ausdruck, in der das Computer-Modell des Weltsystems gehandhabt wird" (ebd., 39). Zusammengenommen ergibt das die Methode der „Szenario-Analyse" (ebd., 40): alternative zukünftige Entwicklungen werden durchgerechnet – und dem Entscheidungsträger, dem Adressaten und Partner der Computer-Analyse, zur Bewertung und (schließlich) zur Entscheidung vorgelegt.[11] Das Gesamt-„modell" zerfällt also in ein (eigentliches) „Kausalmodell" und ein „Modell für Entscheidungsfindung" (ebd., 52), d.h. eigentlich ein Interaktionssystem.

Ohne weitere Begründung korreliert diese Differenzierung objektiver und subjektiver Aspekte praktisch mit derjenigen von wirtschaftlichen und politischen Aspekten, was bedeutet, daß die Wirtschaft als politisch steuerbar unterstellt wird. Die Wirtschaft erscheint als (z.B. mit der Cobb-Douglas-Funktion beschreibbare; vgl. ebd., 50) *Entwicklung*; die Politik demgegenüber als *Entscheidung* (über Entwicklung). Die Wirtschaft läßt sich demgemäß *endogenisieren;* die Politik, genaugenommen *der* (oder *die*) Politiker als „Entscheidungsträger" (vgl. Enzensberger 1973, 34), erscheint als *Adressat* und interaktiver *Partner* des Modells und seiner Programmierer.

In der Sache geht es hier nicht um die Regionalisierung des Weltmodells, sondern um seine analytischen Ebenen und deren Verknüpfung, d.h. um die „systemaren Eigenschaften" (Mesarović/Pestel 1974, 48) der Regionen. Dazu wird ausgeführt:

„Die regionalen Entwicklungssysteme werden in Form einer vollständigen Menge von Beschreibungen aller wesentlichen Prozesse dargestellt, die ihre Evolution maßgebend bestimmen, also in der Form von physikalischen, ökologischen, technologischen, ökonomischen, demographischen, sozialen Submodellen. Diese werden dann in einer hierarchischen Mehrebenen-Struktur geordnet." (ebd., 41)

Im einzelnen werden folgende Ebenen unterschieden und zu Subsystemen des Modells stilisiert (wobei ihre Unabhängigkeit unterstellt ist!): Umwelt-Ebene, Technologie-Ebene, demo-ökonomische Ebene, Gesellschafts-Ebene, Individual-Ebene. Das „Verhalten" des Weltsystems bzw. der Regionen wird auf diesen fünf Ebenen beschrieben; und diese Ebenen werden dann hierarchisch (in der genannten Reihenfolge von unten nach oben) miteinander verknüpft. Was hier „hierarchische Verknüpfung" heißt, bleibt (auch in der Modelldarstellung ebd., 49 f.) unklar. Man erfährt nur die Intention, die reale Hierarchität abzubilden (und d.h. festzuschreiben): „Die hierarchische Struktur, die wir unserem Modell zugrundegelegt haben, ist nicht von irgendwelchen Weltanschauungen und Ideologien in irgendeiner Region vorbestimmt. Im Gegenteil, es war und ist unsere Absicht, ein Modell zu entwickeln, das der in der realen Welt vorhandenen Mannigfaltigkeit Ausdruck zu geben vermag." (ebd., 47) Damit ist man freilich nicht viel klüger.

Hervorzuheben ist wiederum ein bestimmter Zusammenhang der Hierarchisierung der Modellebenen bzw. Subsysteme mit der Grenzziehung zwischen objektiven und subjektiven Aspekten oder Variablen: nicht „objektivisch" abgebildet, sondern der „subjektivischen" Szenario-Variation überlassen werden insbesondere „die ‚höheren' Ebenen,

oberhalb der demo-ökonomischen Ebene" (ebd.), also die Gesellschafts- und die Individual-Ebene.
Hier zeigt sich, daß das eigentliche Modell auf Variablen beschränkt bleibt, die sozialwissenschaftlich eher uninteressant sind. Darüber hinaus resultiert aus dem Schnitt zwischen den Ebenen, daß deren mögliche Zusammenhänge, insbesondere Abhängigkeiten, undiskutiert bleiben. Man denke, um die Problematik dieses Vorgehens zu ermessen, nur an die sozialwissenschaftliche Diskussion um das Verhältnis von Individuum und Gesellschaft, das der 2. Bericht in der Weise „löst", daß er erst beide Bereiche trennt und zu Subsystemen erhebt und sie dann „hierarchisch" – was immer das beinhaltet – verknüpft. Schließlich könnte man sagen, daß das Problem der realistischen Erfassung des sozial, politisch und ökonomisch Möglichen sozusagen methodisch, in Szenario-Alternativen, „verschwindet" – nämlich in deren *willkürlicher Selektion*. Beispielsweise treten an die Stelle einer sozial-politischen Analyse Szenarios mit den Zielvorgaben „erwünschtes Wirtschaftswachstum" oder „beabsichtigte industrielle Entwicklung" (ebd., 84). Es ist ziemlich gleichgültig, ob die Selektion durch den Politiker oder durch den Programmierer vorgenommen wird. Sozial, politisch und ökonomisch käme es darauf an, welche Alternativen real wählbar sind und wodurch diese Selektivität gesteuert oder determiniert ist, welche (sozialen) *Alternativen der Selektion* vorhanden und wovon *diese* bestimmt sind usw. Pointiert: Die Berechnung einer *Menge von Szenarios* ergibt und ersetzt keine – Ursachen und Bewegkräfte entschlüsselnde und damit zur Basis realistischer Praxis werdende – *Theorie*.
Im Kontext der (kritisierten) Abtrennung subjektiver von objektiven Aspekten werden die (davon betroffenen) Individual- und Gesellschafts-Ebenen als „im wesentlichen zielsuchende Systeme" eingeführt (ebd., 47): „Hier sind fast keine mechanistischen Ursache-Wirkung-Prozesse angesiedelt" (ebd.). Das mag angehen; allerdings bleibt offen, in welchem Verhältnis die Ziele dieser Ebenen zu anderen sozialen „Kräften" stehen, die nicht unbedingt zielsuchende Systeme darstellen müssen. Eben hier liegt das Feld einer polit-ökonomischen Analyse, der es um (wenn auch nicht mechanistische, so doch) Gesetzmäßigkeiten gesellschaftlicher Entwicklung geht. Die Autoren des 2. Berichtes sehen zwar, daß es hier darauf ankäme, die für „Entscheidungsprozesse verfügbaren Wahlmöglichkeiten ebenso wie die den Spielraum einengenden Bedingungen" zu eruieren (ebd., 51); allerdings tragen sie zu dieser Analyse nichts bei. Damit aber nicht genug:

Dadurch, daß die zielsuchenden Systeme der Individual- und Gesellschafts-Ebene an die Spitze der Modell-Hierarchie gestellt werden, ist eine entsprechende Determinationskraft über die „unteren" Modellebenen, die Ökonomie eingeschlossen, — völlig zu Unrecht — *supponiert*.

Schließlich ist noch eine Bemerkung zum Wert des Modells des 2. Berichts als Planungs- und Entscheidungshilfeinstrument (vgl. ebd., 54 f.) angebracht. So schön das (das eigentliche, kausale, Systemmodell ergänzende) „Modell für Entscheidungsfindung" auch graphisch dargestellt ist (ebd., 52 f.), so sehr entbehrt es doch jeglichen sozialwissenschaftlichen Informationsgehalts. Angeblich enthält das Modell „gewisse Aspekte der Entscheidungs-Aktivitäten auf den beiden ‚obersten' Ebenen..., welche auf dem Rechner darstellbar sind" (ebd., 52). Die angeführten Modelldifferenzierungen — grob in: Normen und Entscheidungsprozesse; verfeinert in: Allgemeine Ziel- und Planungsschicht, Policy-Schicht, Strategie-Schicht, Ausführungs-Schicht (ebd., 52 f.) — enthalten freilich keine weiteren Informationen dazu. Implizit zeigt sich aber darin die — die gesellschaftliche Realität vollständig verfehlende — Vorstellung der Autoren von einer durch Politiker-Entscheidungen gesteuerten Gesellschaft.

Wachstumsprozesse spielen in der ökologischen Argumentation eine zentrale Rolle. Im 2. Bericht wird nach *Arten* und *Folgen* „des" Wachstums — in allen möglichen Bereichen —, gelegentlich auch nach den *Interdependenzen* verschiedener Wachstumsprozesse gefragt (vgl. ebd., 13), nicht jedoch nach *Gründen* und *Bewegkräften* von Wachstum. Entsprechend kann sich auch die Frage nach einer Art Hierarchie der Wachstumskräfte gar nicht stellen (zu deren Vorstellung eine polit-ökonomische Analyse gelangen würde).

Die vorfindlichen Andeutungen über Gründe und Bewegkräfte „des" Wachstums sind in ihrer Problematik, wenn nicht Falschheit, leicht zu kritisieren, z.B.:

„Der Fortschritt in den letzten drei Jahrhunderten wurde bisher danach bewertet, in welchem Maße der Mensch über die Natur triumphieren konnte." (ebd., 19)

Für den (m.E.) wichtigsten, weil dominierenden, Fortschritt bzw. Wachstumsprozeß, nämlich den *ökonomischen*, gilt dies keineswegs: Das Marktpreissystem, auf dessen Basis der Fortschrittsindikator „Sozialprodukt" erstellt wird, vernachlässigt anerkanntermaßen systematisch die Naturbeherrschung (bzw. -ausbeutung).

Wie wenig im 2. Bericht das ökonomische Wachstum verstanden wird, zeigt sich etwa in folgendem Zitat:

„Betrachten wir zum Beispiel unser Verhalten den natürlichen unersetzlichen Rohstoffen gegenüber. Im ungehemmten Streben nach wirtschaftlichem und materiellem Wachstum hatten wir so getan, als ob uns natürliche Rohstoffe unbeschränkt zur Verfügung ständen..." (ebd., 20)

Ein (bei allen Einschränkungen heute noch immer gültiges) Charakteristikum des ökonomischen Prozesses und seines Wachstums (im kapitalistischen System) ist freilich, daß quasi oberhalb des Verhaltens der (Markt-)Teilnehmer unpersönliche Mechanismen (der Konkurrenz und Preisbildung), die „unsichtbare Hand", walten und folglich keinem individuellen oder kollektiven „Verhalten" („Streben") der wirtschaftliche Fortschrittsprozeß und seine Ergebnisse einfach zugerechnet werden können (und vom Appell an dieses Verhalten Verhaltensänderungen erwartet werden können).

Die Öko-Debatte wird generell in starkem Maße durch normative Postulate und Appelle an *Einsicht* und *Moral* geprägt, worin sich zweifellos eine sozialwissenschaftliche Leerstelle äußert. Der 2. Bericht enthält diese Bezugnahme auf Einsicht, Moral und Willen zwar auch und recht exzessiv (vgl. insbesondere ebd., 135 f.); sie wird hier aber ergänzt durch — sozusagen tendenziell sozialwissenschaftliche — Hinweise auf *Krisen* und *Konflikte*. Dieser Ansatz bleibt allerdings frühzeitig stecken. Das ganz offensichtliche (kapitalistische) Strukturproblem antagonistischer Strategien zwischen Kapital und Politik etwa wird ideologisch überspielt. Die Autoren erleichtern sich diese Position dadurch, daß sie ökonomische Gesetzmäßigkeiten auf bloße Geisteshaltungen — die als relativ leicht modifizierbar erscheinen — zurückführen. Im Hinblick auf den Konflikt zwischen Rohstoff-Verbraucher vs. -Produzenten ist beispielsweise die Rede von „kurzfristigem Gewinn*denken*", der „*bedenkenlosen*" Erdölnutzung durch „die entwickelte Welt", verstanden als einer „Gewohnheit", die, wenn auch „schmerzhaft", „abgestreift" werden könne; zusammengefaßt handele es sich um „ein Musterbeispiel für die *uneinsichtige Arroganz des heutigen Menschen* gegenüber der Natur" (ebd., 82). Auf der anderen Seite ist man schnell bei der Hand mit undifferenzierten Konfliktphänomenen, z.B. „Umstürzen der herrschenden Gesellschaftsordnung mit unvorhersehbaren Folgen" (ebd., 92; vgl. auch 117, 119 f., 143). Abgesehen vom Mut und Willen der Politiker setzen die Autoren des 2. Berichts auch auf den motivierenden und bewegenden „Zwang der grimmigen Tatsachen": „die gegenwärtigen und zukünftigen Weltkrisen (können) den Menschen nicht nur die Augen öffnen, sie können auch die Anstöße zu tiefer greifenden Veränderungen geben und sich so schließlich als segensreich erweisen" (ebd., 17). Nun sind freilich Krisen wie alle sog. Tatsachen, und seien sie noch so „grimmig", selten eindeutig genug, um nicht der Interpretation zu bedürfen. Sie werden in aller Regel *verschieden* interpretiert – und nicht unbedingt im Sinne ökologischer Erwägungen oder im Hinblick auf soziale Gerechtigkeit. Außerdem ist die Betroffenheit von (und folglich das Interesse an) Krisen regelmäßig *sozial differentiell;* sie werden schon deshalb zu sehr verschiedenen Interpretationen und Verhaltensweisen anstoßen.

Die Analyse des 2. Berichts soll mit einem Beispiel abgeschlossen werden, an dem sich deutlich zeigt, wie wenig an sozialwissenschaftlichem Input in das Modell und die Ergebnisse des 2. Berichts eingeht. So zeigt z.B. ein Szenario, „wie sich die Kluft (zwischen ‚Nord' und ‚Süd'; VR) verändern würde, wenn es überall im bisher üblichen Stil weiterginge. Es wird dabei angenommen, daß die prozentuale Höhe der Entwicklungshilfe nicht wesentlich steigt und der Welthandel, ebenso wie die wirtschaftliche Zusammenarbeit zwischen ‚Nord' und ‚Süd', weiterhin nationalen und regionalen Interessen folgt" (ebd., 59). Es ergibt sich, daß die Kluft sich ausweitet[12]. Nach dieser, sozusagen noch auf dem Niveau des 1. Berichts stehenden Erkenntnis stellt sich nun die bedeutsame Frage nach Abhilfe: „Was kann man unternehmen, um die Kluft zu verringern; wieviel kann man tun; und wann sollte es geschehen?" (ebd., 61) Die Antworten lauten verkürzt: (zu 1) Man setze sich das Ziel der (genauer: einer nach Zeit und Resultat bestimmten) Verringerung der Kluft; (zu 2) die notwendigen Hilfeleistungen verlangen große Opfer der Industrieländer; (zu 3) man müsse sofort etwas tun, weil Abwarten das Ganze verteuere (vgl. ebd., 63 f.).

Überraschenderweise sehen die Autoren in der Antwort zu (3) zugleich eine zentrale Antwort auf die Frage, ob „man die Menschen in den Industrieländern überhaupt für eine solche Entwicklungspolitik gewinnen" könne (ebd., 64). Statt zu untersuchen, was wer wann (warum) tut und tun kann, wird in mehreren Computer-Durchläufen untersucht, was Abwarten kostet, und dabei das „wahrhaft erstaunliche Ergebnis" (ebd.) erzielt: „Abwarten kostet nahezu fünfmal so viel wie schnelles Handeln." (ebd.)[13] Anstatt die – selbst aufgeworfene und wirklich Antwort erheischende – Frage zu beantworten, ob und wie die politische Umkehr (hier: in Form einer radikal neuen Entwicklungspolitik) bewerkstelligt werden könne, wird eine ziemlich triviale Rechnung über die Kosten verzögerter Entscheidungen aufgemacht (vgl. einen weiteren Fall ebd., 104 f.). Von sozialwissenschaftlicher Analyse und Information ist in derartigen Szenarios und Politikvorschlägen nicht die Spur. Statt zu „berechnen", wie die Welt aussieht, „wenn es ... im bisher üblichen Stil weiterginge" (ebd., 59), wäre zu untersuchen, welchen Inhalts der „bisher übliche Stil" eigentlich ist, welche Gesetzmäßigkeiten er aufweist (was heißt denn „üblich"?), welche Interessenlagen ihm zugrundeliegen, welche Konfliktarten und -fronten er provoziert, nach welchen Mechanismen und aufgrund welcher Kräfte der Stil sich ändert (evolutionär) bzw. — von wem? — geändert werden kann (praktisch).

Wiederum kann man es bei der Konstatierung des Fehlens sozialwissenschaftlicher Analyse nicht bewenden lassen; denn bestimmte Sozialvorstellungen sind implizit vorhanden. Das dargestellte Beispiel enthüllt die Implikation des „entscheidungstheoretischen" Modellansatzes, die Annahme nämlich, daß soziale Steuerung (und Um-Steuerung) über eine rationale Zielwahl erfolge. Auf diese Rationalität beziehen sich die Berichtserwägungen und -berechnungen der Kosten alternativer (in diesem Falle: verzögerter) Strategien. Neben zwei andere, das Handeln motivierende und dirigierende Kräfte — die Moral (Unterstellung humanitärer Gesinnung)[14] und die Krisendrohung (Unterstellung einer Rationalität der Angst)[15] — tritt hier die rationale Zukunftsdiskontierung (Unterstellung ökonomischer Rationalität).[16] Kritisch zu fragen wäre nach der faktisch-sozialen Bedeutung dieser Rationalität und, grundsätzlicher, nach der Bedeutung von Zielrationalität überhaupt für die gesellschaftliche Evolution. Die „Sozialwissenschaftlichkeit" des 2. Berichts an den Club of Rome läßt sich, abschließend, vielleicht am besten durch zwei bereits für sich selber sprechende Aussagen verdeutlichen:

— „letzten Endes ist der Mensch die Ursache der Veränderungen (in der Welt; VR) und sollte gleichzeitig auch ihr Wächter sein, der dafür zu sorgen hat, daß sie nicht seiner Kontrolle entgleiten" (ebd., 139)
— „daß wir — grundsätzlich — den heutigen Krisen Einhalt gebieten können, eben weil sie der Mensch selbst ausgelöst hat" (ebd., 19).

Die Bezugnahme auf *den* oder *alle* Menschen — beides gleichermaßen abstrakt — steht an Stelle einer Analyse von Gesellschaft(en). Die abstrakte Kausalität menschlichen Handelns ersetzt hier die Frage nach den Möglichkeiten und Grenzen gesellschaftlichen Handelns und Fortschritts[17]. Moral und Ethos des bzw. (individuums-analog) der Menschen treten an die Stelle sozialer Gesetzmäßigkeiten. Was in diesen Zitaten vor allem zum Ausdruck kommt, ist die Vorstellung, daß Ideen und Bewußtsein „der Menschen" den evolutionären Sozialprozeß steuern, daß „wir unsere Geschichte (bereits) mit Willen und Bewußtsein machen". Der für möglich gehaltenen „ökologischen Umkehr" liegt diese, mit sozialwissenschaftlichen Mitteln als höchst zweifelhaft kritisierbare Annahme zugrunde. Als eine realistische sozial-politische Perspektive kann man das wohl kaum ansehen. „Im Verhältnis zur Natur stellt nicht das Individuum die Bedingungen her, sondern das Kollektiv." (Moscovici 1976, 111) *Bevor* ein menschheitliches „Wir-Gefühl" der Weltgesellschaft analytisch angemessen wäre, bedürfte es erst einer *sozialen* Revolution, die entsprechende Schranken – Klassen – aufhöbe; an diese denken die Ökologen allerdings nicht. „Gesellschaftliche Praxis" reduziert sich damit auf den Bekehrungs-Appell an den Leser bzw. Politiker (vgl. Enzensberger 1973, 33) und bleibt so „folgenlos wie das Wort zum Sonntag" (ebd.).

Der 3. Bericht

„Zum Unterschied zu den ersten beiden Berichten an den Club of Rome befaßt sich nun dieser Bericht nicht mit den Ergebnissen von Untersuchungen, die mit Hilfe von Weltmodellen erzielt wurden, sondern setzt sich mit den Möglichkeiten auseinander, die Wissenschaft und Technik zur Überwindung der in Zukunft zu erwartenden Engpässe auf dem Gebiet der Energieerzeugung, des Rohstoffangebots und der Versorgung mit Nahrungsmitteln bieten." (Gabor et al. 1976, 8 – Geleitwort von Pestel –)

Dieser Bericht stellt also den (auf drei Schwerpunkte – Energie, Rohstoffe, Nahrungsmittel – konzentrierten) Versuch dar, den im 1. Bericht vertretenen, vielfach kritisierten, technologischen Pessimismus differenziert zu rechtfertigen (und dabei auch abzuschwächen).

In erstaunlicher Klarheit heißt es am Schluß des Berichts, „daß nach unserer Überzeugung die wirklichen Grenzen des Wachstums weniger wissenschaftlicher oder technologischer, sondern politischer und sozialer Natur sind sowie auf dem Gebiet des Managements liegen" (ebd., 247). Dieser, einer radikalen Selbstkritik der Club-of-Rome-Programmatik gleichkommende Satz wird nur durch das (hinter den sozialwissenschaftlichen Ansatz des 2. Berichts zurückfallende) erneute Setzen auf „guten Willen" relativiert: „Diese Grenzen aber können durch Anstrengungen und mit gutem Willen überwunden werden". (ebd.) Problematisch daran ist nicht der Optimismus als solcher, sondern daß anstelle von realistischen Strategien zur Veränderung bloß Postulate vorgeführt werden. Beispielsweise „muß

dem Problem einer raschen und wirksamen Übertragung von Technologien in die Entwicklungsländer besondere Aufmerksamkeit geschenkt werden. Technologie muß derart transferiert werden, daß sie zu einheimischer Produktion führt und den lokalen Bedarf an Gütern und Beschäftigungsmöglichkeiten deckt". (ebd., 245) Auch „sollte die Verantwortung für Maßnahmen zum technologischen Transfer nicht nur Privatunternehmern überlassen bleiben" (ebd., 246).
Die sozialwissenschaftliche Naivität, die hinter derartigen Umkehr-Appellen steckt, zeigt sich in Passagen folgender Art:
„Fernerhin gibt es Grundprobleme hinsichtlich machtpolitischer Fragen und der ungleichen Einkommensverteilung unter den Nationen und Klassen sowie viele andere ungelöste Probleme auf internationaler Ebene. Dringend erforderlich ist deshalb ein integriertes Verfahren für wirtschaftliche, soziale und technologische langfristige Maßnahmen von globaler Bedeutung. Darüber hinaus ergibt sich die wichtige Frage, wie man lernt, komplexe Systeme zu handhaben, und dabei die Bildung leicht verwundbarer Systeme vermeidet. Wir müssen lernen, die soziale Bedeutung ökonomischer Kriterien in die Planung einzubeziehen und langfristig wirksame soziale Verbesserungen den kurzfristigen wirtschaftlichen vorzuziehen. Diese Frage ist von tiefgreifender politischer und institutioneller Tragweite." (ebd., 233)

Aber es ist nicht allein illusionäre Normativität, die dem 3. Bericht vorzuwerfen ist. Aus der (begrüßenswerten) Erkenntnis der sozial-politischen Einbettung von technologischen Innovationen ziehen die Autoren bestimmte Schlußfolgerungen politikwissenschaftlicher Art, deren Kritikbedürftigkeit hier allerdings nur angedeutet werden kann. Sie verfolgen eine Reformstrategie inhaltsgleich derjenigen, die sich im mainstream der westdeutschen Planungsdiskussion der letzten Jahre herausgebildet (vgl. pars pro toto, Mayntz/Scharpf 1973) und heftige Kritik erfahren hat. Drei Charakteristika definieren diesen Ansatz: 1. der Fokus auf Staat und Regierung (ohne Berücksichtigung von deren folgenreicher sozialer „Einbettung"), 2. ein entscheidungstheoretisches Planungskonzept (das immer einen kohärenten und „mächtigen" Aktor bereits unterstellt), 3. die Beschränkung der Reformstrategien auf die Überwindung (administrations-)„interner" Restriktionen (der Politikformulierung).

Statt die Parallelität der Reformstrategie des 3. Berichts mit der Planungsdebatte hier ausführlich darzustellen, will ich nur kurz zeigen, wie die genannten Charakteristika im 3. Bericht vorkommen. Das ökologische Überleben (um das es letztlich geht) via technologischer Innovationen (um die es im 3. Bericht speziell geht) wird zur Frage der staatlichen Politik und deren Reform: *Regierungen* werden sich ihrer mangelhaften Aufgabenerfüllung (im Hinblick auf die ökologischen

Probleme) bewußt (Gabor et al. 1976, 235) und müssen sich deshalb reformieren. Die Reformüberlegungen werden im *entscheidungstheoretischen* Konzept formuliert; als Reformebenen erscheinen: die Formulierung strategischer Ziele, die Bestimmung von Prioritäten und die Planung und Verwirklichung (ebd., 236). Ein typisches Problem in diesem Zusammenhang ist die Erkenntnis und Ausschaltung von Zielkonflikten. Die perzipierten Widerstände und Restriktionen einer geplanten Politik sind ebenso administrations-*interner* Natur wie die Reformstrategien; das eigentliche Reformziel ist deshalb die Erhöhung der politisch-administrativen Effizienz (bei *gegebenen* Strukturen und "externen" Restriktionen):

"Mit der zunehmenden Ausweitung und der erhöhten Komplexität der Aktivitäten von Regierungen nimmt der Ressourcenbedarf zu. Jedoch kann weder die Vergabe öffentlicher Mittel noch die öffentliche Administration unbeschränkt erweitert werden; deshalb stehen viele Regierungen vor der Frage, wie größere Wirtschaftlichkeit und Wirksamkeit bei der politischen Planung und beim Management sichergestellt werden könne. Die Regierungsstrukturen und -aktivitäten sind daher viele wichtige Sektoren, auf denen Verbesserungen vorgenommen werden müssen . . ." (ebd., 236 f.)

Diese sozial- bzw. politikwissenschaftliche Wendung der Öko-Argumentation ist genauso problematisch — illusionär — wie jene des 2. Berichts (vgl., wiederum pars pro toto, Ronge/Schmieg 1973, Ronge 1977). Dieser adressierte seine durch Szenarios beschriebenen Handlungsalternativen einfach an die abstrakte, nicht näher analysierte Politik. Der 3. Bericht schlüsselt diese politische Agentur nun selbst auf und erkennt in ihr "Modernitätsrückstände", die aufzuholen seien; insofern beinhaltet er wiederum einen "sozialwissenschaftlichen" Schritt vorwärts. Nicht zufällig steht am Ende des 3. Berichts nicht (wie im 2. Bericht) die Hoffnung auf direkte politische Entscheidungshilfe, sondern die bescheidenere Erkenntnis der "Notwendigkeit politischer Forschung" (Gabor et al. 1976, 243 f.). *Aber* die hier geforderte politische Forschung steht unter einem falschen Leitbild: Sie unterstellt, aufgrund fehlender polit-ökonomischer Verortung des Staates in der kapitalistischen Gesellschaft, einen (in diesem Maße) nicht vorhandenen politischen "Handlungsspielraum" (vgl. Grottian/Murswieck 1974); sie ist, mit anderen Worten, policy-scientistisch (vgl. den Hinweis auf Y. Dror: Gabor et al. 1976, 243).

Der 4. (RIO-) Bericht

Im Unterschied zu den bisher genannten Berichten setzt der 4., sog. RIO-Bericht an den Club of Rome überhaupt nicht ökologisch an. Weder steht bei ihm die ökologische Frage im Mittelpunkt der Analyse und Programmatik, noch wird in ihm das Handlungssubjekt „Menschheit" — wie immer disaggregiert — unterstellt und avisiert. Vielmehr erscheint im RIO-Bericht die ökologische Problematik als eine — und nicht einmal die wichtigste — unter anderen und gehen die Überlegungen für Veränderungen von gegebenen weltpolitischen Verhältnissen — Nationalstaaten, herrschende internationale Gruppierungen, bestehende internationale Abkommen und Institutionen usw. — aus. Mit anderen Worten: Der RIO-Bericht stellt eine (unmittelbare) Analyse der *internationalen politischen Lage* (und Zukunftsstrategie für diese) dar, welche die ökologische Thematik als ein Problemfeld u.a. mitbehandelt. Durch diesen — man könnte sagen: unmittelbar politik-wissenschaftlichen — „Ansatz" unterscheidet sich dieser Bericht von *primär ökologischen* Analysen und Prognosen mit speziell darauf abgestellten, „retrograd" konstruierten Politikkonzepten. Aus dieser Charakterisierung folgt, daß der RIO-Bericht aus der hier behandelten Thematik herausfällt. Denn diese befaßt sich mit Konzepten primär ökologischer Natur mit sozusagen aufgesetzter Behandlung der Fragen politischer „Umsetzung". Der RIO-Bericht stellt in gewisser Weise per se eine Kritik an den weltpolitischen Vorstellungen und Konzepten in der Ökodiskussion dar. Insofern ist seine allgemeine Stoßrichtung — allerdings gerichtet auf die „internationale Politik" — die gleiche wie die hier von mir verfolgte.

Ähnliches gilt für das sog. Bariloche-Modell (Herrera/Scolnik et al. 1977), das hier wenigstens Erwähnung finden soll, obwohl sein Zusammenhang mit dem Club of Rome bestenfalls ein *konkurrierender* ist (vgl. zur Genese ebd., 15; zum — konkurrierenden — Inhalt u.a. das Vorwort von P. Menke-Glückert, ebd., 10). Es ist nicht zufällig, daß dieses Modell durch das Ausgehen von einer konsequent politökonomischen Perspektive dazu gelangt, daß eine ökologisch vertretbare Gesellschaft zugleich eine sozialistische sein muß (ebd., 20 und passim).

Nur Erwähnung finden kann in diesem Kontext schließlich der von W. Leontief u.a. für die Vereinten Nationen erstellte Bericht „Die Zukunft der Weltwirtschaft" (Leontief et al. 1977), der die ökologischen und Umweltfragen quasi polit-ökonomisch aufhebt, d.h. einschließt, aber nicht verabsolutiert. Diese Studie stellt eine valide, sozialwissenschaftlich geleitete Kritik der gesamten ökologisch zentrierten Literatur dar. In ihr werden die meisten ökologischen Katastrophenannahmen verworfen und wird die Abhängigkeit der ökologischen Fragen von politisch-ökonomischen Gesetzmäßigkeiten und Entscheidungen herausgestellt.

Zwischenbemerkung

Die hier behandelte Sache selbst zwingt mich dazu, meine beiden Untersuchungsfragen an *verschiedenen* Beispielen aus der Öko-Literatur zu verfolgen. Die Untersuchung der im Dunstkreis des Club of Rome geführten Diskussion konnte nur für die Frage des politisch-sozialen Realismus' der Öko-Strategien fruchtbar gemacht werden. Als Motto 1 hatte ich die Verwunderung von Meadows darüber zitiert, daß sein „Bericht zur Lage der Menschheit" so politisch folgenlos geblieben ist. Die Antwort darauf habe ich zu geben versucht; die Gründe liegen in der ökologischen Argumentation selbst. Noch einmal zusammengefaßt:

„In der Tat, wenn man noch nicht einmal bis zur Frage nach der Gesellschaftsordnung vordringt, wenn man sich auf die Positon begibt, ‚der Mensch' sei mit ‚der Natur' in Konflikt geraten, kann man dann sehr weit über aufklärerische Appelle an ‚den Menschen', an seine *Einsicht* in die Notwendigkeit des ‚Gleichgewichtszustandes' (Meadows), an sein *‚Weltbewußtsein'* und seine *‚Konsum-Ethik'* (Mesarovič/Pestel), an seine *‚Gerechtigkeit'* (Tinbergen) hinauskommen? Und kann man sich von derart abstrakten Appellen eine durchgreifende Änderung erhoffen?" (Bauer/Paucke 1976, 797)

Die weitere Untersuchung fragt danach, welchen gesellschaftlichen und politischen Zustand „wir" uns einhandeln, wenn „wir" uns auf eine nach Meinung der Ökologen erfolgsträchtige ökologische Überlebens-Strategie einließen. Hier ist der Realismus der Strategie also vorausgesetzt. Zur Einführung mögen einige Fragen dienen, die G. Mydral (1973, 22) in dieser Hinsicht aufgeworfen hat:

„Wie bringt man die Öffentlichkeit und die in ihrem Namen handelnden Entscheidungsträger dazu, die Umweltgefahr nicht nur zu registrieren, sondern ihr mit der Bereitschaft zu den notwendigen Kontrollen zu begegnen? Die Konsequenz daraus wäre eine *zentrale Planung* und Verfügung über alle wirtschaftliche und natürlich jede menschliche Tätigkeit. Das wirft auch ernste *verwaltungstechnische* Schwierigkeiten auf: Wie muß Kontrolle beschaffen sein, damit die politischen Entscheidungen auch wirklich durchgesetzt werden? Und wie läßt sich das durchführen, ohne daß ein riesiger, unweigerlich politisierender Kontroll-Verwaltungsapparat entsteht, der das Volk teuer zu stehen käme und ihm unweigerlich verhaßt würde?"

Dreitzel (1976, 66) nimmt an, daß erst sinkende Wachstumsraten und (vor allem) psychisches Elend zur Neuinterpretation des menschlich-sozialen Verhältnisses gegenüber der Natur führen. Heilbroner (1973, 274) wie Myrdal (1973, 23) erwarten, daß Kontrolle und Schutz der (natürlichen) Umwelt nur um den Preis verschärfter sozialer Kontrolle zu haben seien. Damit sind zwei Stichworte gegeben für den sozialen Status, der „uns" erwartet, wenn die ökologischen Argumente zur sozialen Realität werden sollten: erst Elend ist (ökologisch) produktiv; und: ökologisches Gleichgewicht „kostet" (soziale) Freiheit.

Motto 2

„Der gesellschaftliche Preis für eine kontrollierte Umwelt ist eine erhebliche Erweiterung und Verschärfung der ausführenden Gewalt." (Heilbroner 1973, 274)

„Ökofaschismus": Die planetarische Wende von Gruhl

Mindestens ebenso stark wie auf die Berichte des Club of Rome war in der Bundesrepublik Deutschland die Resonanz auf den Bestseller von Gruhl (1975). Dies lag vermutlich einerseits daran, daß der Autor (als MdB) mit dieser Meinungsäußerung parlamentarisch-politische Fronten verunsicherte, andererseits gerade daran, daß mit dieser Schrift explizit ökologische und politische Fragen verknüpft wurden. Dieser Ansatz macht das Buch für den hier verfolgten Zusammenhang interessant.

In der ökologischen Alternative von Gruhl spielen *Ethik* und Handlungs*wille* zwar auch eine Rolle (1975, 274, 288 ff., 299, 310, 341 ff.) — ein neues, ökologisches Bewußtsein der menschlichen Lage; eine nicht-materialistische, tendenziell religiöse Ethik und Gesinnung des Verzichts und der Askese; eine mitreißende Idee; der Wille zum Überleben und Handeln; eine ökologische, d.h. natur-angepaßte, Haltung; eine neue Solidarität —; allerdings will Gruhl sich nicht auf diese verlassen: erforderlich für den (nach seiner Ansicht) notwendigen schnellen und radikalen sozialen Wandel sei darüber hinaus eine handlungsfähige „*Instanz* zur Reglementierung" (ebd., 287, 298 ff.). Diese sei aber als globale gänzlich unwahrscheinlich (ebd., 301 ff.). Damit sind zwei sehr realistische Ausgangspunkte in Gruhls Argumentation gesetzt: (1) die soziale Welt wird nicht durch Ideen (allein) „bewegt"; (2) eine globale Steuerungsinstanz (Weltstaat, Weltregierung) ist nicht zu erwarten.

Mit der Ausgangsannahme, daß „jedes Volk auf sein Staatswesen zurückgeworfen" sei (ebd., 303), daß, auch im Hinblick auf die ökologische Problematik, „heute nur eine Institution auf der Welt einen klaren Auftrag und eine wirksame Organisation (hat): der Nationalstaat" (ebd., 306), befindet sich Gruhl auf einer Realismus-Skala weit vor den meisten ökologischen Protagonisten, insbesondere auch vor dem Club of Rome[18]. Im vorliegenden Fall ist wichtig, daß damit eine Argumentationsebene erreicht ist, auf der die Abteilung „Internationale Politik" der Politikwissenschaft mitdiskutieren kann und sollte —

wobei nicht ausgeschlossen sei, daß sie zu ähnlichen Ergebnissen wie Gruhl kommen kann (vgl. etwa Heilbroner 1976, 58).

Die internationalen Vorstellungen von Gruhl müssen kurz geschildert werden, weil ohne diese die „innenpolitischen" Fragen (auf die es mir ankommt) unverständlich bleiben. Die eigentlichen Chancen für eine planetarisch-ökologische Wende folgen nach Gruhl nicht aus der (utopischen) Einsicht der Menschheit in ihre ökologischen Grenzen und daraus entstehendem solidarischen ökologischen Handeln, sondern — sozial vermittelt und damit sozusagen direkter — aus einer sich im Zuge der Verschärfung der ökologischen Situation entwickelnden *internationalen Lage*, welche *darwinistisches* Verhalten (der National- bzw. Territorialstaaten) hervorruft. Das „beginnende vierte Stadium der Menschheitsgeschichte" wird gemäß Gruhl (wie das erste, das Stadium der Stämme und Völker) „ein Kampf um Territorien" sein (Gruhl 1975, 319).

„Die Streitpunkte sind künftig nicht mehr die verschiedenen Gesellschaftssysteme und Ideen ..., sondern es geht um die nackten Lebensbedürfnisse: um fruchtbaren Boden, Düngemittel, Wasser und Grundstoffe. Wer im Besitz solcher Güter ist, wird damit politische Druckmittel in der Hand haben, oder er wird umgekehrt gerade die Begehrlichkeit stärkerer Mächte auf sich ziehen." (ebd., 319 f.)

Der Ausgang dieses weltweiten Kampfes bemißt sich nach den folgenden Gesichtspunkten:

„Angesichts der Knappheit auf der Welt haben jetzt die Völker einen Vorteil, die ihr Land noch nicht in dem Maße abgegrast haben, und sie haben einen weiteren Vorteil, wenn ihre Bevölkerungen noch nicht so verwöhnt sind. Für die Zukunft werden die Völker einen riesigen Vorsprung erreichen, denen es gelingt, ihren Rüstungsstandard auf der höchsten Spitze, ihren Lebensstandard jedoch niedrig zu halten. Dies wird das Feld sein, auf dem sich der internationale Wettkampf hinfort abspielt." (ebd., 322 f.)

Gruhl scheut sich nicht, von einem Primat der „Verteidigung des Lebensraums" und vom historischen Exempel der Spartaner zu sprechen (ebd., 323); das erfolgsträchtige Staatsmodell der Zukunft besteht demnach in der *Kombination von hoher Rüstung mit niedrigem (privaten) Wohlstand*. Vorausgesetzt, diese Gesichtspunkte würden tatsächlich zur Richtschnur politischen Handelns der Staaten avancieren, so würden sich internationale Rangordnung und (dieser entsprechend) ökologische Überlebenschance (bei gegebenen Rüstungsverhältnissen) vor allem nach zwei Variablen bemessen: dem Grad der (Ressourcen-)*Autarkie* und der *Bevölkerungsdichte* (ebd., 327).

Das (unter diesen Voraussetzungen) erwartbare Weltpolitikmodell sieht dann gemäß Gruhl (325 ff.) folgendermaßen aus. Aufgrund ihrer relativ starken Abgeschlossenheit, ihrer territorialen Größe (verbunden mit reichen Bodenschätzen) und ihrer erträglichen (bzw. erwartbarerweise erträglich gemachten) Bevölkerungszahl stehen vor allem die Sowjetunion und China gut da. Die USA können sich auf gleichem Rangniveau nur halten, wenn sie ihre Importbedürfnisse zu befriedigen in der Lage sind – dies macht ihre Situation im Vergleich zu derjenigen von China und der Sowjetunion prekär. Denn in der großen Arena der „westlichen Welt" und der mit den westlichen Industriestaaten in Abhängigkeitsverhältnissen stehenden meisten Entwicklungsländer gibt es natürlich starke Konkurrenz. Das Problem der USA wird also ihre fehlende Autarkie sein. Die europäischen Länder sieht Gruhl wegen ihrer nahezu totalen Rohstoffabhängigkeit nur noch am Rande der Weltpolitik. Viele Entwicklungsländer können nach seiner Meinung im Abseits der Weltpolitik, allerdings auf derzeitig niedrigem Wohlstandsniveau, weiterleben. Eine besonders günstige Prognose gibt Gruhl für Australien mit seiner geringen Bevölkerungszahl bei territorialer Größe, sofern es sich von den USA militärisch schützen lassen kann, ohne zugleich deren ausgebeutete Kolonie zu werden.

Diese von Gruhl angenommene Zukunft des Weltstaatensystems (vgl. dazu übrigens Enzensberger 1973, 39 ff.) vorausgesetzt, kann jetzt die „innenpolitische" Frage gestellt werden. Weniger auf spezielle policy-Vorschläge (z.B. Institutionalisierung des Verursacherprinzips; ökologische Filterung der Produktionsprozesse) und eher buchhalterische Aspekte der Politik (z.B. Bestandsaufnahme von Ressourcen) als vielmehr auf die Grundzüge von Gruhls (national-)staatlichem Alternativ- und Übergangsmodell soll hier abgestellt werden.

Einen ersten intuitiven (aber ganz und gar nicht irreführenden) Eindruck von Gruhls Vision der erfolgreich überlebenden Gesellschaft bieten seine en passant erwähnten Analogiemodelle, z.B. die Situation der Kriegsgefangenschaft, die den davon Betroffenen gezeigt habe, „was die Grundbedürfnisse eines Menschen sind: ein Mantel oder eine Decke und ein Napf für das Essen" (Gruhl 1975, 13). An anderer Stelle greift Gruhl sogar auf den Krieg selbst (d.h. also den Ausnahmefall) zurück, der an die Stelle des Normalfalls „Frieden" tritt: „Die Vorbereitung auf eine stabile Raumschiff-Wirtschaft erfordert die gleiche Intensität wie die Vorbereitung auf einen großen Krieg." (ebd. 290) Im Zusammenhang mit Überlegungen zum Problem der Arbeitslosigkeit, das nach Gruhl mit aus ökologischen Gründen schrumpfender Produktion auftaucht, findet auch der (nationalsozialistische) Arbeitsdienst Erwähnung, „dessen Mitglieder in Massenunterkünften bei Bereitstellung von höchst einfacher Nahrung und Kleidung für 25 Pfennig pro Tag (!) Straßenbauten, Entwässerungsprojekte und Forstarbeiten durchführten. Mit äußerst geringem Aufwand konnte man bei einem Projekt 100 oder 200 Männer ‚in Arbeit und Brot bringen', wie es damals hieß..." (ebd., 279). Schließlich fehlt auch der Hinweis auf die Spartaner, deren „harte, eben ‚spartanische' Lebensweise" (ebd., 323), nicht. Nicht, daß Gruhl diese Modelle direkt auf die heute ökologisch notwendigen Strukturen von Gesellschaften übertrüge; er führt sie nicht weiter aus und hält sie z.T. auch für heute nicht mehr realisierbar. Andererseits verbirgt sich in diesen Analogien doch Wesentliches an Strukturen und Ethos, das nach Gruhls Meinung für heutige Gesellschaften nottut – zusammengefaßt: *Zwang* und *Verzicht*.

Die auf immaterielle statt auf materielle Güter gerichtete (ebd., 282) „Ethik des Verzichts" (ebd., 284, 287) und der Naturadäquanz (ebd., 280, 283, 345) ist nach Gruhl heute so zwangsläufig wie ungenügend. Materieller Wohlstand und kontinuierliche Wohlstandsmehrung sollen zugunsten der Befriedigung von Grundbedürfnissen zurückgestellt und abgebaut werden: Versorgung mit Nahrung, Kleidung, Heizung, notwendiger Verkehr (ebd., 291).

„Was kann aber bewahrt werden? Das, was wenig kostet – wenig nicht im bisherigen, finanz-ökonomischen, sondern im ökologischen Sinne. Die Maxime der größtmöglichen Produktion zu den geringsten finanziellen Kosten ist nicht mehr gültig. An ihre Stelle tritt der Grundsatz: Nur lebensnotwendige Produktion zu geringsten ökologischen Kosten." (ebd., 293)

Die Ethik allein bringt freilich, so realistisch ist Gruhl, nicht die erforderliche Wende. Dazu bedarf es einer „*Instanz* zur Reglementierung" (ebd., 287), ausgestattet mit der Macht zu „Eingriffe(n) in die Außen- und Innenpolitik, die Wirtschaft und das Privatleben" (M. Himmelheber, zit. von Gruhl 1975, 292). Diese Instanz sei der *Staat*; und dessen Politik werde durch zunehmenden *Zwang* geprägt sein.

„Politisch und rechtlich hat heute nur eine Institution auf der Welt einen klaren Auftrag und eine wirksame Organisation: der Nationalstaat. Ihn trifft damit die ganze Last und die gesamte Verantwortung für die weitere Entwicklung. An ihn werden sich die enttäuschten Massen halten, denn eine andere verantwortliche Instanz ist einfach nicht vorhanden. (...) Die Verantwortung des Gemeinwesens, des Staates, umfaßt im Prinzip zweifellos die Zukunftsvorsorge mit. Das bedeutet, daß ein Staat nicht warten kann, bis einmal 150 Staaten Einstimmigkeit erzielt haben werden. Er muß handeln. Er wird aber auch innenpolitisch nicht auf die Selbsteinsicht seiner Bürger warten können. (...) ... existiert kein Staat allein

aufgrund der Einsicht aller seiner Bürger. Er muß einen mehr oder weniger großen Teil mit Zwang durchsetzen." (ebd., 306)
Gruhl zitiert zustimmend einen anderen Autor:
„Ein Gegeneinander-Aushandeln widerstreitender Interessen — ein Grundzug demokratischer Staatsverfassung und parlamentarischer Gesetzgebung — unter größtmöglicher Schonung aller Betroffenen, kann nicht beibehalten werden, wenn das Überleben der Menschheit auf dem Spiel steht." (M. Himmelheber, zit. von Gruhl 1975, 307)
„Jetzt kann er (der Staat; VR) nichts mehr verteilen ..., jetzt muß er wegnehmen, entziehen, rationieren — und das nicht nur einer Gruppe, sondern allen! Er müßte eine Überlebensstrategie nicht nur konzipieren, sondern auch rücksichtslos durchsetzen." (ebd.)
Dieses tendenziell diktatorische Maß an Zwang (vgl. Gruhl 1975, 308) vollführt der Staat unter dem (oben beschriebenen) Druck des internationalen Überlebens-Kampfes, unter dem Druck der Massen (s.o.) und aufgrund des in dieser Situation sich ausbildenden „Willens zum Überleben" (ebd., 310).
Gruhl spielt die von ihm vertretene Einschränkung persönlicher Freiheiten dadurch herunter, daß er diese als heute bereits eh weitgehend illusionär charakterisiert. Gleichwohl muß und wird nach seiner Auffassung die Freiheit noch weiter abnehmen müssen:
„Wollen wir die Lebensbedingungen auch nur der nächsten Generation auf dem Erdball erhalten, dann sind wir heute weniger frei denn jemals. Dann ist heute eine freie Wirtschaft, die alle Entscheidungen ins Belieben einzelner Menschen oder Gruppen stellt, nicht mehr möglich. (...) Jetzt muß die Zukunft geplant werden. Und es ist weit und breit niemand sichtbar, der das tun könnte, außer dem Staat. Wenn er es aber tut, dann muß er jetzt tatsächlich viele Freiheiten entschlossen aufheben, um das Chaos zu verhüten. Infolgedessen werden weitere Freiheiten nicht deshalb verlorengehen, weil alle immer besser leben wollen, sondern weil sie überleben wollen." (ebd., 290)
Und: „Im Kampf ums Überleben werden die Menschen auch zu allem bereit sein." (ebd.)

Zu fragen bleibt, wie Gruhl den sozusagen innenpolitischen Übergangskampf sieht: Welche Institutionen und Steuerungsmechanismen werden wie verändert oder abgeschafft? Wie realistisch — aus „innenpolitischer" Perspektive — ist seine Staats- und Politikvision?
Nachdem Gruhl in den „enttäuschten Massen" schon einen quasi natürlichen Verbündeten seiner ökologischen Strategie zu haben glaubt, auf deren Einstellung freilich noch ein bißchen Druck ausgeübt werden müsse (Gruhl 1975, 234), entschärft sich für ihn das Problem der institutionellen „Wende" natürlich erheblich; den eigentlichen Gegner bildet dann nicht ein handlungsfähiges gesellschaftliches „Sub-

jekt", sondern bloß ein „abstraktes" Prinzip: erforderlich wird die Abschaffung des Marktes und des Preismechanismus' (ebd., 235 ff.).
„Von den Kräften des Marktes ist aufgrund der ihnen innewohnenden Gesetzmäßigkeiten nicht zu erwarten, daß dort Zukunftsüberlegungen jemals eine Rolle spielen werden. Das heißt, daß die Probleme einer planetarischen Wirtschaft mit marktwirtschaftlichen Mitteln nicht mehr zu lösen sind. Hier müssen politische Instanzen die Verantwortung und die Entscheidung übernehmen. (...) Bisher haben die Regierungen die Ausbeutung (der Rohstoffe; VR) mit allen Mitteln gefördert. Jetzt müssen sie das Gegenteil tun! Sie müssen Mittel finden, den Verbrauch zu drosseln. (...) Wenn sich ein Volk seine Zukunft auch nur auf bestimmte Zeit sichern will, dann hilft nur die rigorose Einteilung durch Rationierung. Hier gilt das gleiche wie zu Kriegszeiten: Je früher man mit der Rationierung anfängt, um so länger reichen die Vorräte ..." (ebd., 237, 240).

Mir scheint hier der *innenpolitik-theoretische* Kern der Argumentation Gruhls zu liegen. An dieser Vorstellung müßte eine politikwissenschaftliche Kritik nach folgendem Muster ansetzen: 1. Gruhl erkennt die hinter den Steuerungsprinzipien „Markt" und „Preis" liegenden gesellschaftlichen Herrschaftsverhältnisse und -gruppen (-klassen) nicht; in analytischer Hinsicht bleibt er also oberflächlich. 2. Indem Gruhl, getreu dieser Oberflächlichkeit, eine politische Steuerung (Staat, Regierung) als Alternative zu Markt und Preis — statt zur Kapitalbewegung und -herrschaft — einführt, unterschlägt er die kapitalistische Restringiertheit von Staat und Politik. 3. Damit ist aber (Alternative a) Irrealismus verbunden: Die richtige Verortung und Einschätzung des Staates (in den kapitalistischen Verhältnissen) würde die Unmöglichkeit erweisen, daß dieser sich aus eigener Kraft gegen die Kapitalverhältnisse und -herrschaft erheben kann (vgl. etwa Grauhan/Hickel 1977). 4. Oder (Alternative b) das gesellschaftliche Modell von Gruhl ist das des Faschismus: Der Staat, bei dem die ökologische Bewegung am ehesten ansetzen kann, schafft erfolgreich den Markt, damit aber nicht zugleich die kapitalistischen Verhältnisse ab[19] (vgl. auch Heilbroner 1976, 64f.).

„In Wirklichkeit wird die zukünftige Umwelt-, Rohstoff-, Energie- und Bevölkerungspolitik des Kapitalismus den letzten liberalen Illusionen den Garaus machen. Ohne zunehmende Repression und Reglementierung ist sie nicht denkbar. Der Faschismus hat sich schon einmal als Retter in einer extremen Krisenlage und als Administrator des Mangels bewährt. In einer Atmosphäre der Panik und der unkontrollierbaren Emotionen, das heißt im Fall einer unmittelbar und massenhaft wahrnehmbaren ökologischen Katastrophe, wird die herrschende Klasse nicht zögern, auf ähnliche Lösungen zurückzugreifen." (Enzensberger 1973, 38)

Zusammengefaßt: An Gruhl interessiert weniger der Realismus seiner Strategie als vielmehr, was für einen sozialen Zustand er anstrebt bzw.

für unvermeidbar hält — oder richtiger: was für einen sozialen Zustand er sich/uns, weil aufgrund mangelnder Analyse auf einen „starken Staat" setzend, einhandelt. Gruhls Modell ist entweder *unrealistisch* (was die Abschaffung des Kapitalismus durch den Staat betrifft) oder das des *Faschismus*, bzw. es ist beides zugleich.

„Der Kapitalismus verwandelt sich nicht von alleine in den Staatskapitalismus ... Da eine bewußte Organisierung der gesellschaftlichen Produktion die Enteignung des privaten Kapitals voraussetzt, kann die Umwandlung des gemischten Wirtschaftssystems in den Staatskapitalismus nur auf revolutionärem Wege vonstatten gehen." (Mattick 1973, 293)

Von einer derartigen sozialen Revolution ist freilich bei Gruhl nirgends die Rede: Er will die Revolution (der Öko-Politik) bei Aufrechterhaltung des (kapitalistischen) Status quo.

Schlußbemerkung

In einem thematischen Kontext, für den der Titel „Wider das politische Defizit der Ökologie" gewählt wurde, hat A. Touraine vor kurzem geschrieben:

„Das Hauptproblem besteht nicht darin zu wissen, ob uns dieser oder jener Rohstoff in 20 oder 50 Jahren noch in ausreichender Menge zur Verfügung stehen wird. Die wichtigste Frage lautet vielmehr, ob die Nationen, die Verschwendung treiben und die Vorherrschaft innehaben, ebenso wie die Länder, die in Armut versunken und einer lähmenden Herrschaft unterworfen sind, in den kommenden Monaten und Jahren fähig sein werden, ihre ‚politische Produktion', ihre Handlungsfähigkeit massiv auszubauen, was die Verstärkung zugleich des Drucks von seiten des Volkes und der Initiative der Führungseliten und folglich eine Verschärfung der Konflikte voraussetzt." (Touraine 1976, 48 f.)

Mir scheinen in diesen Sätzen die Antworten auf verschiedene Aspekte der Ökologie zu liegen: 1. Die soziale Frage geht der ökologischen voraus. Moscovici (1976, 107) spricht von der „politischen Wurzel" der Probleme der Natur. Myrdal (1973, 19) hatte formuliert: „Das Ökosystem läßt sich nur als Teil des sozialen Systems verstehen und untersuchen." Und in gleicher Richtung schrieb Mattick (1976, 232, 240 f.):

„Die von der Natur gesteckten Grenzen sind auch jetzt noch nicht von erster Wichtigkeit. (...)
Die ‚ökologische Krise' ist zum großen Teil selbst ein Produkt der gesellschaftlichen Krisensituation, und die sich aus der letzteren ergebende herannahende Katastrophe geht der ökologischen Katastrophe voraus."

2. Die sozial-politische Evolution bedarf der gründlichen wissenschaftlichen Analyse; Touraine möchte politische Handlungsfähigkeit nicht

— wie der Club of Rome (insbesondere 2. Bericht) — unterstellen, sondern erst erfragen. 3. Politische Handlungsfähigkeit *soll* nicht nur nicht durch einen neuen Faschismus erreicht werden (wie ihn Gruhl für unvermeidlich hält); nach Touraine *wird* dies nicht geschehen, da sich schon allerorten Kampffronten nicht nur für eine ökologische Produktionsweise, sondern auch gegen autokratische, bürokratische und technokratische Herrschaftsstrukturen bilden. Derartige Konflikte begründen nach Touraine Optimismus, nicht das Gegenteil. Pointiert formuliert: (soziale) Uneinigkeit macht (ökologisch) stark. Dies ist wohl das volle Gegenteil zur bei Ökologen gängigen Vorstellung vom Boot, in dem wir alle sitzen, woraus das Erfordernis menschheitssolidarischen Handelns abgeleitet wird, das seinerseits nur mittels Prisenrechts des Kapitäns (Staat, Regierung) erreicht werden könnte.

Ich wollte nicht mehr als einen Anstoß dazu liefern, daß sich Sozial- und Politikwissenschaft stärker als bisher mit der die sozial-politische Diskussion nahezu beherrschenden Ökologie befassen. Die der Sozialwissenschaft davongelaufene, zur (allzusehr naturwissenschaftlich geprägten) Ökologie übergelaufene, soziale Diskussion sollte eingeholt werden. Je richtiger es ist — wozu soziologische Theorie führen kann und schon bei Marx geführt hat —, daß Ausbeutung und Zerstörung der Natur (wie auch der „natürlichen" Arbeitskraft) eine kapitalistische Produktivkraft darstellen können (vgl. Supek 1976, 162), umso notwendiger wird es, „wider das politische Defizit der Ökologie" (vgl. Touraine et al. 1976) mit kapitalismustheoretischen Mitteln zu denken, die Ökologie zu repolitisieren (vgl. Enzensberger 1973, 34).

Motto 3
„Leicht ist es, eine Eschatologie zu schreiben, schwerer schon, eine säkulare Analyse anzustellen." (Birnbaum 1976, 194)
„Denn im Falle des Menschen ist die Vermittlung zwischen dem Ganzen und dem Teil, zwischen Subsystem und Gesamtsystem, ... gesellschaftlich, und ihre Explikation erfordert eine elaborierte Sozialtheorie und zumindest einige Grundannahmen über den historischen Prozeß." (Enzensberger 1973, 20)

Mein voranstehendes, eher rezensives Vorgehen setzt sich dem — nicht ganz unberechtigten — Vorwurf aus, kritizistisch und nicht-konstruktiv zu sein. Ich kritisiere die Club-of-Rome-Programmatik als in ihren Politikvorstellungen und -strategien abstrakt und unrealistisch. Ich könnte freilich weitergehend kritisieren, daß diese Literatur gar kein, als Bezugspunkt für Strategien dienliches, Zielmodell enthält. Wachstumsbegrenzung oder -stop bilden nämlich kein positives Zielmodell für die (Welt-)Gesellschaft. Auf der anderen Seite kritisiere ich den — vergleichsweise realistischen — Ansatz von Gruhl wegen des Preises, den dieser Realismus kostet: faschistische Zustände. Aber auch hier könnte ich die Kritik ausdehnen; diesmal hinsichtlich der Wünschbarkeit des Zielmodells: Weltweiter darwinistischer Kampf der Nationen um Rohstoffe mag zwar eine realistische Perspektive sein; ein wünschenswertes Ziel ist darin ebenso wenig zu sehen wie in den „innenpolitisch" faschistischen Zuständen, die damit einhergehen.

Was aber dann — würde die legitime Frage lauten. Wegen des hier in der Hauptsache gewählten (quasi rezensierenden) Vorgehens kann ich diese Frage nur in der Kürze und Verkürzung einer Schlußthese „beantworten".

Man muß wohl zwei (nicht aufeinander reduzierbare) Aspekte (d.h. auch zwei Kritikebenen) miteinander verknüpfen. Nur einer davon ist gesellschaftlicher Natur, betrifft Produktions*weise* und *-verhältnisse*; der andere liegt außerhalb des Sozialen (und Soziologischen) — wenn auch nicht außerhalb sozialer Wünsche und Ziele —, betrifft das Verhältnis der — *produzierenden* und *konsumierenden*, sich reproduzierenden — Menschen (die anthropologische Abstraktheit ist *hier* angemessen) *zur Natur*. In der Diskussion wird meistens nur auf *einer* dieser Ebenen argumentiert und werden häufig beide Ebenen *gegeneinander* ausgespielt: Umweltprobleme, Ressourcenprobleme usw. als Resultat von, und als lösbar durch, Industriegesellschaft *oder* Kapitalismus (resp. Sozialismus). Diese Fragestellung (und damit die Antworten darauf) dürfte falsch sein. Könnte es nicht sein — logisch sowieso —, daß Industriegesellschaft *und* Kapitalismus *(aus anderen Gründen auch:* Sozialismus) problematisch sind?!

Meiner Kenntnis nach hat bisher vor allem Amery (1976) diese These gewagt[20]. Als Kürzel lautet seine Forderung: *Sozialismus* — um von der Determination der Gebrauchswerte durch die Tauschwertgesetzlichkeit wegzukommen, d.h. um des *Realismus* willen — plus — gegen zu große und „offene" Mensch-Natur-(d.h. Produktions- und Konsumtions-)Kreisläufe gerichtete — *Ökologie*, um eines wünschenswerten, weil humanen und dauerhaften, *Zielmodells* willen. Amery vertritt diese Forderung übrigens nicht als abstrakte, sondern schlägt vor, diesen „ökologischen Sozialismus" (oder diese „sozialistische Ökologie") unter gegebenen (kapitalistischen) Verhältnissen piecemeal-mäßig anzugehen. Mir erscheint dieser Ansatz sehr erwägenswert.

Dies bedeutet freilich nicht, wie es bei Amery anklingt, die Rückkehr des Menschen in die Natur, die Aufhebung der Soziologie in die

Ökologie. Das Mensch-Natur-Verhältnis bleibt eines von Subjekt und Objekt; der Mensch/die Gesellschaft greift in die Natur ein und eignet sie sich an.

„Die Naturaneignung erfolgt zwar unter bestimmten natürlichen Bedingungen, entsprechend dem jeweiligen Entwicklungsstand der Produktivkräfte und der Erkenntnis und Anwendung der Naturgesetze; sie erfolgt jedoch stets als gesellschaftlicher Akt, innerhalb einer konkreten Gesellschaftsformation und entsprechend ihren ökonomischen Gesetzmäßigkeiten, durch die sie geprägt wird." (Rechtziegler et al. 1977, 27)

Motto 4
„Die Überwindung des Kapitalismus ist... nicht nur eine gesellschaftliche Notwendigkeit, sondern wird zunehmend auch zu einer ‚Naturnotwendigkeit'."
(Rechtziegler et al. 1977, 42)

Die Aufgabe, zu der die ökologische Diskussion wie ihre sozialwissenschaftliche Kritik beitragen müssen, besteht immer stärker im „Aufbau eines *ökologisch und sozial* lebensfähigen Gesellschaftssystems" (Heilbroner 1976, 97; Hervorhebung von mir, VR). Daß für eine *derart* optimierte Gesellschaft das *Problem der Größenordnung* eine herausragende Rolle spielt, schält sich in der sozio-ökologischen Diskussion immer mehr heraus. Amery (1976, 133, 170) etwa vertritt so etwas wie eine „Politik der kleinsten Einheit" (vgl. auch Kieffer 1977). Theoretisch formuliert geht es um das Problem der sozialen Komplexität – der arbeitsteiligen Massengesellschaft –, das einer Diskussion dringend bedarf. Der Zwang zu derartiger Problematisierung geht heute offenbar von der Ökologie aus; andererseits handelt es sich um ein ehrwürdiges Thema der Soziologie: nämlich um die Frage der Entfremdung. Die heute als notwendig erscheinende Verknüpfung der ökologischen Problematik, in der „Räumlichkeit" einen zentralen Stellenwert einnimmt, mit der für die Soziologie „alten" Frage des „begrenzten Aufmerksamkeitspotentials" des Menschen (Luhmann) kann m.E. geradezu revolutionären Gehalt besitzen.

Anmerkungen

1 Vgl. zur Verwendung des Begriffs der „Ökologie" Galtung 1973, 89. Zu dem, was „Sozio-Ökologie" meint, siehe Amery 1976, 43 und 65.
2 Übrigens ist die Unterstellung der Populärwissenschaftlichkeit selbst inzwischen kaum mehr haltbar. Eher scheint es, als sei so manche „populärwissenschaftliche" Abhandlung – auch und gerade im genuin sozialwissenschaftlichen Feld, z.B. marxistischer Theorie – zumindest intellektuell pari mit professionell-sozialwissenschaftlicher Argumentation (die es in diesem Feld

freilich kaum gibt). Ich würde dies z.B. von den Arbeiten der „Literaten" Enzensberger (1973) und Amery (1976) behaupten.

3 Die Frage nach dem Realismus der ökologischen Literatur ist eine spezifisch eingeschränkte: sie richtet sich ausschließlich auf die Realitätsadäquanz der vorgeschlagenen *politischen Strategien,* nicht auf jene der beschreibenden oder prognostizierenden Modelle (vgl. zur letzteren, mit Bezug auf die Modelle von Forrester und Meadows, ausführlich: Hugger 1974).

4 Hierin liegt eine Beschränkung, die etwa Amery (1976) mit einem radikal ökologisch, d.h. nicht mehr anthropozentrisch definierten Zielmodell unterläuft. Eine solche Perspektive läßt sich, wie sozial und politisch diskussionswürdig auch immer, m.E. von der Sozial- und Politik*wissenschaft* nicht mehr argumentativ erreichen. Was demgegenüber diese Wissenschaften (jenseits einiger marginaler Bemerkungen) nur noch leisten können, ist zu prüfen, ob nicht hier ein vielleicht humanes und wünschenswertes Ziel nur um den Preis der Nichtbeachtung der Fragen und Probleme seiner *Erzielung,* d.h. des Übergangs, vertreten wird und werden kann. Insofern zwischen Faktizität und Ziel in der Hauptsache der Entschluß bzw. der Appell zum Entschluß oder relativ beliebiger Aktionismus stehen, kann man sozialwissenschaftlich-kritisch möglicherweise von einer apolitischen Strategie sprechen.

5 Dagegen, daß ich überhaupt die Schriften im Umkreis des Club of Rome unter den gestellten Fragen analysiere, könnte eingewandt werden, daß deren eigentliche Bedeutung nicht in ihrem *Inhalt* liege, sondern in dem, was sie ausdrücken und wozu sie anstoßen. Touraine (1976, 26) hat diese Auffassung im Hinblick auf den Club of Rome (und auch I. Illich) vertreten: „Aber wie immer sind diese Utopien nicht so sehr aus sich selbst heraus wichtig, sondern als Kritik am herrschenden Denken und als erster Ausdruck von Protestbewegungen, die sich noch nicht organisiert haben..."
Obwohl ich das Argument für grundsätzlich berechtigt halte, wäre m.E. dem Club of Rome Unrecht getan, wenn er nicht auch inhaltlich ernstgenommen würde; Zahl und inhaltliche Strategie der Publikationen jedenfalls weisen auf ein entsprechendes Selbstverständnis des Clubs hin.

6 Nicht zuletzt lag die Projektfinanzierung auch nicht beim Club of Rome, sondern bei der Stiftung Volkswagenwerk (vgl. Mesarović/Pestel 1974, 8).

7 Vgl. auch die Bezeichnung der Fragen, die man im 1. Bericht aufgreifen wollte und zu können glaubte, durch Pestel (1973, 278):
„1. festzustellen, wie unser gegenwärtiges Bevölkerungs- und Wirtschaftswachstum mit der Tatsache der Begrenztheit unserer Erde verträglich ist und wo und mit welchen Konsequenzen und zu welchem Zeitpunkt etwa irgendwelche Grenzen erreicht werden; und
2. die Natur der Interdependenzen und Interaktionen wesentlicher das typische Verhalten dieses Weltsystems bestimmender Faktoren zu ergründen, um damit *erste Hinweise auf eine mögliche Beeinflussung des Ganges der Dinge zu erhalten"* (Hervorhebung von mir; VR).
Daß die behaupteten Interdependenzen problematisch bis falsch sein müssen, weil die sozio-ökonomische Dimension ausgeklammert blieb, ist klar. Es geht hier nur darum, die „handlungstheoretische" Zurückhaltung des 1. Berichts zu zeigen.
Von anderen Mitgliedern des Club of Rome (Peccei und King) wurde im Hinblick auf den 1. Bericht gesagt (in: Mesarović/Pestel 1974, 180):

„Natürlich wußten wir, daß die Vernachlässigung der Diversität in dieser Welt — auf kulturellem, wirtschaftlichem und politischem Gebiet — es unmöglich machte, daß das MIT-Projekt den Entscheidungsträgern ein Werkzeug für die Gestaltung ihrer zukünftigen Arbeit in die Hand gab. Auf diese Weise konnte lediglich eine globale Perspektive der dynamischen Weltentwicklung gegeben werden. Wir waren daher von der Dringlichkeit überzeugt, daß diesem Anfangsprojekt eine detaillierte Studie folgen mußte, die zu einem tieferen Verständnis des breiten Spektrums globaler, regionaler und nationaler Entwicklungen führen sowie den Politikern eine operationale Stütze sein würde."

8 Die Problematik (problematische Annahmen, triviale Aussagen) des 1. Berichts zeigt sich am deutlichsten in der Selbstdarstellung seiner Autoren in einem (hier nicht mitgezählten) späteren, ausführlichen Bericht (Meadows/ Meadows 1976). Man lese z.B. daraufhin das zentrale Kapitel über den Rohstoffverbrauch (ebd., 132 ff).

9 Ein weiteres soziales Problem, das der (insbesondere atomaren) Rüstung und der Gefahr eines (atomaren) Weltkriegs, wird gesehen, aber als relativ bekannt und keiner weiteren Analyse bedüftig eingeschätzt (Mesarović/Pestel 1974, 10 f.).

10 Die — „systemspezifische" — Kritik am Regionalisierungskonzept des 2. Berichts läßt sich pointiert in einem Satz ausdrücken: Heute „hat die Internationalisierung der Produktivkräfte die kapitalistischen Staaten gezwungen, zu bestimmten Formen der Regionalisierung überzugehen, d.h. zu gesellschaftlichen Formen, die über die nationalen Grenzen hinausgehen . . ." (Carrillo 1977, 50)

11 „Den subjektiven Aspekten auf den Individual- und Gesellschafts-Ebenen muß . . . in geeigneten Szenarios Rechnung getragen werden, die alternative Sequenzen plausibler Ereignisse enthalten sowie gesellschaftliche und individuelle Entscheidungen widerspiegeln. Ein ganz einfaches Beispiel: Bevölkerungspolitische Entscheidungen auf der Gesellschafts-Ebene würden in den entsprechenden Szenarios durch verschiedene zeitliche Verläufe des allmählichen Absinkens der Geburtenrate dargestellt." (Mesarović/Pestel 1974, 46) Die Differenz zwischen Szenario-Analyse und Dialogverfahren ist nur graduell: „In der Szenario-Analyse wird eine Folge möglicher Entscheidungen und Ereignisse — genannt Szenario — gewählt, welche die Eingangsgrößen in das Computer-Modell bestimmen. Der Computer antwortet dann mit den Konsequenzen, die sich ergeben würden, wenn die im Szenario vorgesehenen Entscheidungen ergriffen und die dort niedergelegten „Ereignisse" stattfinden würden.
Im Dialogverfahren dagegen werden die Eingangsgrößen dem Computer in kleinen Zeitschritten stückweise eingegeben. Dabei bewertet der Interaktor . . . stets die Folgen des vorangegangenen Schrittes, wie sie ihm vom Computer auf Anforderung mitgeteilt werden, bevor er im nächsten Schritt dem Computer neue Anweisungen erteilt." (ebd., 54)

12 „Wenn sich der gegenwärtige Stil der Entwicklungspolitik nicht wesentlich ändern sollte, kann man schlicht und einfach jede Hoffnung fahren lassen, daß sich die Wohlstandskluft jemals verkleinert. Die gegenwärtigen wirtschaftlichen Trends und Verhaltensweisen in den Industrieländern wirken offensichtlich gegen jede Verkleinerungstendenz der Kluft zwischen ‚reich' und ‚arm'. Die Krisen, die mit dem steilen Wohlstandsgefälle zwischen

Staats- u. Politikkonzepte in der sozio-ökolog. Diskussion 245

‚Nord' und ‚Süd' zusammenhängen, sind also nicht nur von Dauer, sondern werden sich mit der Zeit noch weiter verschärfen." (Mesarović/Pestel 1974, 61)

13 Man muß annehmen, daß die Autoren des 2. Berichts in dieser These ihren wesentlichen sowohl originellen wie sozialwissenschaftlichen Beitrag zur Öko-Diskussion sehen. Siehe im Zusammenhang eines anderen Problems (Mesarović/Pestel 1974, 72/74/75):
„Bei keiner Krise treten die katastrophalen Folgen einer Politik des Abwartens so deutlich zutage wie bei der Bevölkerungsexplosion (...)
... haben wir unseren Berechnungen verschiedene Szenarios zugrunde gelegt, bei denen die Maßnahmen zur Begrenzung des Bevökerungswachstums zu unterschiedlichen Zeitpunkten ergriffen werden (...)
Was kann getan werden? (...) *Je länger wir die notwendigen Maßnahmen hinausschieben, desto härter wird die Strafe in Form menschlichen Leidens und Sterbens sein.*
Um diesen entscheidenden Punkt (sic!) zu verdeutlichen, haben wir verschiedene Szenarios für alternative bevölkerungspolitische Maßnahmen entworfen. (...)
Wie steht es nun mit der Dringlichkeit solcher Aktionen? Was wären die Folgen, wenn die Maßnahmen in der Hoffnung auf eine spätere, vielleicht günstigere Situation verzögert würden? Und wie ‚teuer' käme uns solcher Aufschub? Zur Untersuchung dieser Frage haben wir ein drittes Szenario entworfen ... "

14 Am Beispiel der Energienutzung:
„Es steht also der industrialisierten Welt nur deswegen genügend Zeit zur Entwicklung neuartiger Energiequellen zur Verfügung, weil sie gegenwärtig nahezu die gesamten Weltreserven an Erdöl für sich allein ausbeutet. Auf diese Weise aber wird den sich entwickelnden Nationen die Versorgung mit den bequemsten und wirkungsvollsten Energiequellen in der Zukunft gerade dann vorenthalten, wenn sie im Zuge ihrer industriellen Entwicklung schließlich auf immer größere Erdölimporte angewiesen sind.
Dürfen diese und andere ähnliche Gesichtspunkte bei der gegenwärtig dringend erforderlichen Neubestimmung und bei der Planung einer Nutzung der Reserven an fossilen Brennstoffen und anderen begrenzt vorhandenen Rohstoffen auch in Zukunft weiter unberücksichtigt bleiben? (...) Wenn die Entwicklungshilfe echt dazu dienen soll, den hungernden Milliarden einen Weg aus ihrer Armut hinaus zu bahnen, dann müssen die industrialisierten Regionen ihrer eigenen weiteren Überentwicklung Einhalt gebieten." (Mesrović/Pestel 1974, 68 f; Hervorhebungen des Originals weggelassen; VR)

15 „Wenn man diese Lektion nicht beizeiten lernt, dann wird es bald für jeden heutigen Terroristen tausend neue geben, und schließlich werden dann Erpressung und Terror mit ‚simplen', im ‚Eigenbau' gefertigten Atombomben überall jedes normale Leben lähmen können. (Mesarović/Pestel 1974, 96)

16 „Bei jedem schwierigen Problem stellt sich die Frage, ob hier und heute oder woanders und später seine Lösung in Angriff genommen werden sollte." (Mesarović/Pestel 1974, 70) Diese Frage stellt sich *auch — unter anderen!*

17 Durch den Einschub der Paranthese „grundsätzlich" in das zweite Zitat ist der Satz zwar formal richtig; nur leider nehmen ihn die Autoren auch als in

hohem Maße empirisch richtig an. Und eben darin erweist sich die fehlende bzw. ideologische „Sozialwissenschaftlichkeit".

18 Die Grenzen dieses Realismus liegen allerdings dort, wo das Verhältnis von internationalisierter Ökonomie (multinationale Konzerne) und Nationalstaaten systematisch unberücksichtigt bleibt.

19 Brandes (1976, 26) charakterisiert den Faschismus durch die „Dominanz der ... Entscheidungsgewalt des faschistischen Planstaats über die Interessen der Einzelkapitale" bei Aufrechterhaltung kapitalistischer Verhältnisse. „Die gegenüber dem Staat im klassischen Konkurrenzkapitalismus zweifellos größeren ökonomischen Eingriffsmöglichkeiten des stärker zentralisierten faschistischen Staates wie auch sein totalitärer politischer Anspruch dürfen nicht übersehen lassen, daß er diese Funktion nicht ‚autonom' ausübt, sondern dies nur unter dem Zwang der *Aufrechterhaltung,* nicht aber der Aufhebung kapitalistischer Produktionsverhältnisse tun kann..." (ebd., 34 f.) „An der grundsätzlich privatkapitalistischen Struktur der Wirtschaft ändert der verstärkte Staatsinterventionismus ebenso wenig etwas wie der wachsende Monopolisierungsgrad der Wirtschaft. Gerade die Geschichte des Faschismus ist ein eindrucksvolles Beispiel dafür, daß der Privatkapitalismus trotz ‚Abkehr vom Liberalismus' nicht im Begriff ist, auf evolutionärem Weg durch ein System direkter ökonomischer Herrschaft des Staates (Staatskapitalismus) ersetzt zu werden, sondern daß unter der Oberfläche ... die privatkapitalistische Konkurrenz durch staatliche Förderung des Konzentrations- und Zentralisationsprozesses auf die Spitze getrieben wird." (ebd., 36)

20 Inzwischen hat Strasser (1977) diesen Ansatz aufgenommen.

Literatur

Amery, C. 1976, Natur als Politik, Reinbek.
Bauer, A. / Paucke, H., 1976, Umweltprobleme in der Sicht des historischen Materialismus und bürgerlicher Weltmodelltheorien, in: Deutsche Zeitschrift für Philosophie, S. 783 ff.
Birnbaum, N., 1976, Möglichkeiten einer neuen Politik im Westen, in: A. Touraine et al., Jenseits der Krise. Wider das politische Defizit der Ökologie, Frankfurt, S. 189 ff.
Brandes, V., 1976, Zum Verhältnis von Ökonomie, Staat und Politik im Faschismus, in: C. Pozzoli (Hrsg.), Faschismus und Kapitalismus (Jahrbuch Arbeiterbewegung, Bd. 4), Frankfurt, S. 18 ff.
Carrillo, S., 1977, „Eurokommunismus" und Staat, Hamburg/Westberlin.
Clark, C., 1976, Der zweite Bericht des Club of Rome, in: Hamb. Jb. für Wirtschafts- und Gesellschaftspolitik, S. 333 ff.
Dreitzel, H.P., 1976, Der politische Inhalt der Kultur, in: A. Touraine et al., Jenseits der Krise. Wider das politische Defizit der Ökologie, Frankfurt, S. 50 ff.
Enzensberger, H.M., 1973; Zur Kritik der politischen Ökologie, in: Kursbuch 33, S. 1 ff.
Gabor, D. et al., 1976, Das Ende der Veschwendung, Stuttgart.
Galtung, J., 1973, Wachstumskrise und Klassenpolitik, in: H.v. Nußbaum (Hrsg.). Die Zukunft des Wachstums, Düsseldorf, S. 89 ff.

Gorz, A., 1977, Ökologie und Politik, Reinbek.
Grauhan, R.-R./Hickel, R., 1977, Krise des Steuerstaats?, in: Aus Politik und Zeitgeschichte. Beilage zur Wochenzeitung Das Parlament, Nr. 46/77, S. 3 ff.
Grottian, P./Murswieck, A. (Hrsg.), 1974, Handlungsspielräume der Staatsadministration, Hamburg.
Gruhl, H., 1975, Ein Planet wird geplündert, Frankfurt.
Heilbroner, R.L., 1973, Wachstum und Überleben, in: H.v. Nußbaum (Hrsg.), Die Zukunft des Wachstums, Düsseldorf, S. 259 ff.
Heilbroner, R.L., 1976, Die Zukunft der Menschheit, Frankfurt.
Herrera, A.O./Scolnik, H.D. et al., 1977, Grenzen des Elends, Frankfurt.
Hugger, W., 1974, Weltmodelle auf dem Prüfstand, Basel/Stuttgart.
Kieffer, K.W., 1977, Mittlere Technologie: dezentral, menschengemäß, in: Wirtschaft und Wissenschaft 2/77, S. 2 ff. Leontief, W. et al., 1977, Die Zukunft der Weltwirtschaft, Stuttgart.
Mattick, P., 1973, Marx und Keynes, Wiener Neustadt.
Mattick, P., 1976, Kapitalismus und Ökologie, in: C. Pozzoli (Hrsg.), Faschismus und Kapitalismus (Jahrbuch Arbeiterbewegung, Bd. 4), Frankfurt, S. 220 ff.
Mayntz, R./Scharpf, F.W., 1973, Kriterien, Voraussetzungen und Einschränkungen aktiver Politik, in: dies. (Hrsg.), Planungsorganisation, München, S. 115 ff.
Meadows, D.L., 1976, Kurskorrektur oder Bis zur Katastrophe, in: H.E. Richter (Hrsg.), Wachstum bis zur Katastrophe?, München, S. 156 ff.
Meadows, D.L. et al., 1973, Die Grenzen des Wachstums, Reinbek.
Meadows, D.L./Meadows, D.H., 1976, Das globale Gleichgewicht, Reinbek.
Mesarović, M./Pestel, E., 1974, Menschheit am Wendepunkt, Stuttgart.
Myrdal, G., 1973, Ökonomie einer verbesserten Umwelt, in: H. v. Nußbaum (Hrsg.), Die Zukunft des Wachstums, Düsseldorf, S. 13 ff.
Narr, W.-D., 1973, Zur Weltanschauung der Systemdynamik, in: Leviathan, S. 276 ff.
Nußbaum, H.v., 1976, Die Zukunft des Untergangs oder Der Untergang der Zukunft, in: H.E. Richter (Hrsg.), Wachstum bis zur Katastrophe?, München, S. 50 ff.
Pestel, E., 1973, Was will und kann die MIT-Studie aussagen? in: H. v. Nußbaum (Hrsg.), Die Zukunft des Wachstums, Düsseldorf, S. 277 ff.
Rechtziegler, E.et al., 1977, Umweltprobleme und staatsmonopolistischer Kapitalismus (IWP-Forschungshefte 1/77), Berlin.
Richter, H.E. (Hrsg.), 1976, Wachstum bis zur Katastrophe?, München.
Ronge, V., 1977, Kritische Analyse der Interaktion von Wissenschaft und Praxis am Beispiel der Arbeit der Projektgruppe „Regierungs- und Verwaltungsreform", in: Wissenschaftszentrum Berlin (Hrsg.), Interaktion von Wissenschaft und Politik, Frankfurt/New York, S. 227 ff.
Ronge, V./Schmieg, G., 1973, Restriktionen politischer Planung, Frankfurt.

Senghaas, D., 1976, Über Struktur und Entwicklungsdynamik der internationalen Gesellschaft, in: H.E. Richter (Hrsg.), Wachstum bis zur Katastrophe?, München, S. 35 ff.
Strasser, J., 1977, Die Zukunft der Demokratie, Reinbek.
Supek, R., 1976, Die „sichtbare Hand" und die Degradierung des Menschen, in:

A. Touraine et al., Jenseits der Krise. Wider das politische Defizit der Ökologie, Frankfurt, S. 159 ff.

Tinbergen, J. et al., 1977, Wir haben eine Zukunft, Opladen.

Touraine, A., 1976, Krise oder Mutation?, in: ders. et al., Jenseits der Krise. Wider das politische Defizit der Ökologie, Frankfurt, S. 19 ff.

Touraine, A. et al., 1976, Jenseits der Krise. Wider das politische Defizit der Ökologie, Frankfurt.

Anhang

Vorbemerkung: Die Beiträge dieses Bandes enthalten — dem politikwissenschaftlichen Forschungsstand auf dem Gebiet der Umweltpolitik entsprechend — mehr Problematisierungen, Diskussionsthesen und Systematisierungsvorschläge als empirische Ergebnisse zum Thema. Deshalb sollen dem in dieser Hinsicht interessierten Leser abschließend noch einige Informationen zur Struktur und Entwicklung der Umweltproblematik — jenseits von Gesetzen und Programmen — an die Hand gegeben werden. Sie sind zugleich Ergänzungen und Konkretisierungen meiner beiden Beiträge in diesem Bande.
Anhang 1 illustriert die vordergründigen Erfolge auf dem Paradegebiet des Umweltschutzes: der Bekämpfung der örtlichen Immissionskonzentrationen von SO_2. Die Entwicklung der Emissionen, der ausgestoßenen Gesamtmenge, unabhängig von ihrer Verteilung, hat bereits eine deutlich ungünstigere Tendenz, zumal wenn man Prognosewerte mit einbezieht (Anhang 1a)*. Die Entwicklung der Lebenserwartung der Männer (Anhang 2) und vor allem die der Arbeitsumwelt (Anhang 4) macht in allgemeiner und konkreter Weise deutlich, wo das Zentrum der Umwelt-Belastungen der Industriegesellschaften heute zu suchen ist: in den industriellen Produktionszentren. Die Entwicklung der Mortalitätsstruktur verweist — wenn auch in sehr allgemeiner und näher zu untersuchender Weise — auf die tendenzielle Überforderung der biologischen und psychischen Anpassungsfähigkeit des Menschen durch die Industriesysteme (Anhang 3). Anhang 5 verdeutlicht — bei einigem methodischen Vorbehalt — das unterschiedliche Gewicht des industriellen Produktionsbereichs in einzelnen Ländern. Anhang 6 veranschaulicht die Variationsbreite umweltpolitischer Anstrengungen — vor allem das Gefälle zwischen Nord- und Südeuropa, das größer ist als zwischen Ost und West. Die Zahlen verweisen allerdings mehr auf vergangene Versäumnisse (Japan) oder Leistungen (Schweden) als auf die derzeitigen Anstrengungen, die unzweifelhaft in Japan am größten sind. Dies zeigt — neben Indikatoren der Umweltqualität — auch der Kostenaufwand besonders Japans (Anhang 7). Dort ist auch allem Anschein nach der Anstieg der Ökologie-Bewegung (Anhang 8) besonders rasant vor sich gegangen. Deren Quantifizierung auf örtlicher und regionaler Basis ist methodisch nicht unproblematisch. Da aber bei der Erfassung gleiche Maßstäbe angewandt wurden (Bürgerinitiativen für den Umweltschutz, die den örtlichen Behörden bekannt wurden), besitzen die Angaben gleichwohl einen gewissen Informationswert. Zumindest zerstören sie etwaige Unklarheiten darüber, daß die Ökologie-Bewegung multinational ist wie das Industriesystem selbst.

M.J.

* Vgl. M. Jänicke: Kosten und Nutzen des Umweltschutzes im internationalen Vergleich, in: UMWELT-POLITIK Nr. 2/1978.

Anhang

Anhang 1:
Schwefeldioxidkonzentrationen (Jahresmittelwerte)
in ausgewählten Großstädten

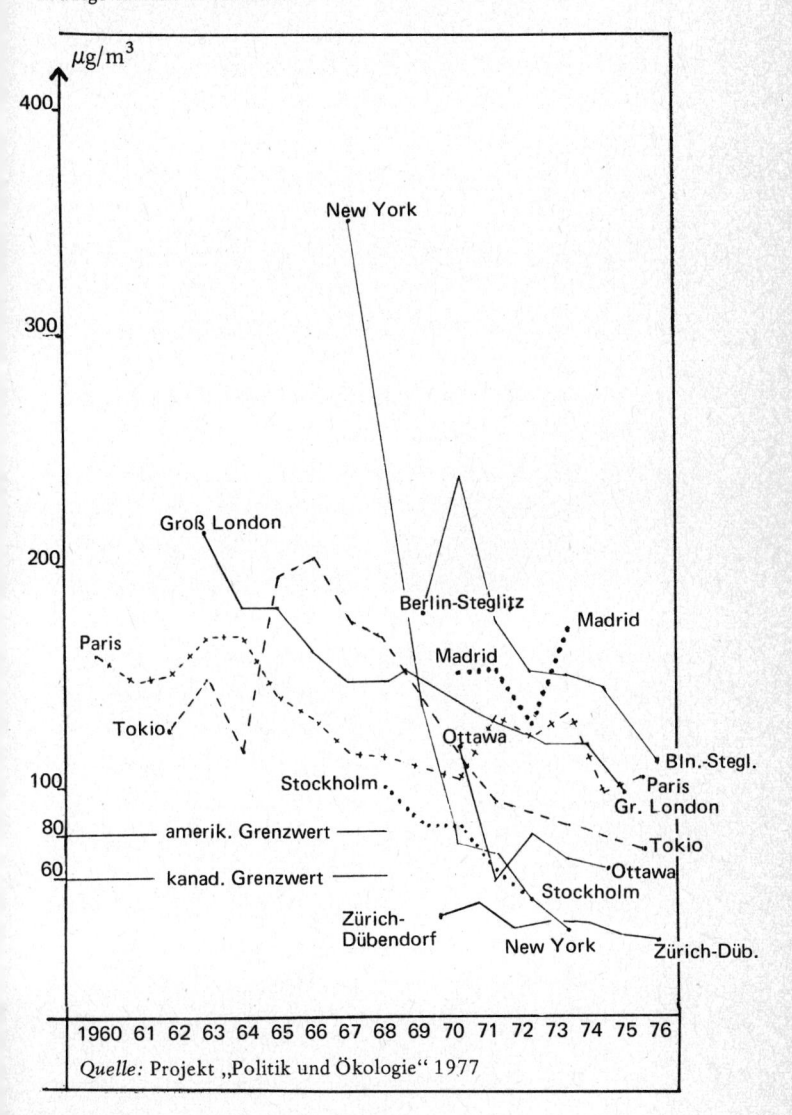

Quelle: Projekt „Politik und Ökologie" 1977

Anhang 1a: Emissionsentwicklung in ausgewählten Industriestaaten (Mio t/a)

Land	Schadstoff	1965	1970	1973	1974	1975	1976	Prognose 1980
Bundesrepublik Deutschland	Staub	2,16	1,06			0,56		0,47
	Schwefeldioxid	4,05	4,27			3,63		4,11
	Kohlenmonoxid (KFZ)		5,4			6,0		5,4 (1982)
	Stickoxide	1,34	1,62			1,84		2,3
	Organ. Verbindungen	1,46	1,84			1,81		1,8
Großbritannien	Smoke (1962)	1,51	0,72	0,49	0,46	0,39		
	Schwefeldioxid "	5,89	6,12	5,87	5,43	5,11		
	Kohlenmonoxid (KFZ)		6,81	8,12	7,92			
	Stickoxide (KFZ)		0,30	0,33	0,31			
	Kohlenwasserstoffe (KFZ)		0,36	0,41	0,40			
Niederlande	Staub	0,19	0,1	0,06	0,04	0,04		
	Schwefeldioxid	0,91	0,68	0,52	0,45	0,37		0,6 (1986)
	Kohlenmonoxid	1,43	1,55	1,75	1,59	1,61		
	Stickoxide	0,25	0,30	0,32	0,31	0,30		
	Kohlenwasserstoffe	0,19	0,15	0,16	0,14	0,14		
Schweden	Staub	(1969) 0,4		0,06				
	Schwefeldioxid	" 0,9		ca. 0,8	0,2			1,0 (1985)
	Kohlenmonoxid	" 1,2		1,2	0,8			
	Stickoxide				1,2			
	Kohlenwasserstoffe	" 0,2			0,2			
USA	Staub (TSP)		26,8	21,9	20,3	18,0		
	Schwefeldioxid		32,3	32,5	31,7	32,9		
	Kohlenmonoxid		113,7	111,5	104,2	96,2		
	Stickoxide		22,7	25,7	25,0	24,2		
	Kohlenwasserstoffe		33,9	34,0	32,5	30,9		
CSSR	Staub		3,0					2,5 (1985)
	Schwefeldioxid		2,9	3,0				3,3 (1985)
Polen	Staub (Industrie)					2,2	2,3	
	Gase "					3,03	3,34	

Quelle: Projekt „Politik und Ökologie", 1978 (nach offiziellen Angaben der jeweiligen Länder)

Anhang 2:
Veränderungen der durchschnittlichen Lebenserwartung*

Land/Vergleichszeitraum	Derzeitige Lebenserwartung f. fünfjährige[1]		Veränderung (i. Jahren)	
	Jungen:	Mädchen:	Jungen:	Mädchen:
Belgien (1959/63-1968/72)	64,71	70,77	+ 0,01	+ 0,59
Bundesrepublik Deutschland (1960/62-1973/75)	64,94	71,12	+ 0,26[2]	+ 1,34
Dänemark (1961/65-1972/73)	67,00	72,30	− 0,20	+ 1,30
DDR (1963/66-1971/72)	65,06	69,99	− 0,80	− 0,52
Frankreich (1960-1971/72)	64,85	72,40	+ 0,45	+ 1,80
Finnland (1961/5-1974)	62,93	71,35	+ 0,83[3]	+ 1,65
Großbritannien u. Nordirland (1960-1969/71)	65,40	71,40	+ 0,20	+ 0,60
Niederlande (1961/65-1971/75)	67,4	73,1	− 0,40	+ 0,90
Norwegen (1961/65-1973/74)	67,69	73,72	− 0,05	+ 1,35
Österreich (1959/61-1970/72)	63,86	70,61	− 0,05	+ 0,76
Polen (1965/66-1970/72)	64,27	70,84	− 1,08	+ 0,08
Rumänien (1964/67-1970/72)	65,24	69,38	− 0,32	+ 0,20
Schweden (1959-1971/75)	68,04	73,45	− 0,22	+ 2,00
Schweiz (1958/63-1968/73)	66,77	72,43	+ 0,96	+ 1,59
Tschechoslowakei (1960/61-1969/70)	63,27	69,88	− 1,54	− 0,02
UdSSR (1958/59-1968/71)	62,02	70,76	− 1,44	+ 0,21
USA (1959-1973) Weiße:	64,90	72,30	+ 0,50	+ 1,60
USA (1959-1973) Farbige:	59,10	67,10	− 0,40	+ 2,70

* Vgl. M. Jänicke: Soziale und ökologische Faktoren rückläufiger Lebenserwartung in Industrieländern, MENSCH MEDIZIN GESELLSCHAFT Nr. 2/1977.
1 Wegen der anhaltenden Verringerung der Säuglingssterblichkeit hat die Lebenserwartung Neugeborener eine günstigere Tendenz.
2 Wiederanstieg nach Rückgang bis 1970/72 (− 0,19 J.)
3 Wiederanstieg nach Rückgang bis 1971 (− 0,10 J.)

Anhang 3:

Mortalitätstrend von Krebs und ischämischen Herzkrankheiten (Sterbefälle auf 100.000 Einwohner)

Land	Vergleichs-zeitraum	(1) Bösartige Neubildungen	Vergleichs-zeitraum	(2) Ischämische Herzkrankheiten	Anteil von (1) plus (2) an der Gesamtsterbeziffer (Vergl.-Zeitr. wie bei (2))
Belgien	1960 / 72:	226,2 / 246,8	1969 / 72	181,4 / 187	33,8% / 35,9%
Bulgarien	1968 / 74:	138,4 / 139,6	1968 / 74:	142,5 / 222,5	32,6% / 36,8%
Bundesrepublik Deutschland	1960 / 74:	207,2 / 239,8	1968 / 74:	157,1 / 202,7	32,2% / 37,7%
Dänemark	1960 / 73:	209,5 / 231,9	1969 / 73:	293,7 / 324,2	52,5% / 55,3%
DDR	1960 / 73:	214,0 / 241,1	1968 / 74:	156,7 / 146,5	28,5% / 27,2%
England u. Wales	1960 / 73:	215,9 / 244,1	1968 / 73:	286,6 / 308,9	43,5% / 46,3%
Finnland	1960 / 73:	155,3 / 172,2	1969 / 72:	251,2 / 254,2	42,3% / 45,8%
Frankreich	1960 / 70:	196,8 / 207,4	1968 / 70:	77,6 / 80,9	26,2% / 27,2%
Italien	1959 / 72:	143,6 / 187,0	1968 / 72:	128,5 / 136,6	30,0% / 33,6%
Japan	1960 / 74:	100,3 / 122,7	1968 / 74:	35,6 / 40,4	22,0% / 25,0%
Kanada	1960 / 73:	130,1 / 149,5	1969 / 73:	230,1 / 228,5	50,5% / 51,0%
Niederlande	1960 / 72:	168,4 / 197,5	1969 / 72:	171,6 / 190,2	43,9% / 45,5%
Norwegen	1960 / 73:	163,9 / 187,5	1969 / 73:	264,4 / 270,2	44,6% / 45,4%
Österreich	1960 / 74:	249,6 / 258,3	1969 / 74:	221,0 / 249,8	35,8% / 40,6%
Polen	1970 / 74:	138,0 / 149,6	1970 / 74:	58,0 / 69,5	23,9% / 26,6%
Rumänien	1969 / 74:	122,1 / 124,4	1969 / 74:	68,3 / 79,4	18,9% / 22,4%
Schweden	1959 / 73:	178,8 / 228,5	1969 / 73:	314,2 / 378,1	49,5% / 57,6%
Schweiz	1959 / 73:	194,8 / 208,1	1969 / 73:	105,7 / 107,4	31,9% / 35,2%
Tschechoslowakei	1968 / 73:	215,2 / 225,7	1968 / 73:	229,6 / 270,4	41,7% / 42,9%
Ungarn	1969 / 74:	209,4 / 239,6	1969 / 74:	217,4 / 236,9	37,7% / 39,7%
USA	1960 / 74:	147,4 / 170,5	1968 / 74:	336,2 / 314,5	51,5% / 53,0%

Quellen: Demogr. Yearbook 1974, New York 1975. Stat. Jahrb. f.d. Bundesrepublik Deutschland 1963, Stuttgart/Mainz 1963. Stat. Jahrb. f.d. Bundesrepublik Deutschland 1977, Stuttg./Mainz 1977. Stat. Jahrb. d. DDR 1976 Berlin (DDR) 1976.

Anhang 4:

Angezeigte Berufskrankheiten in der Bundesrepublik Deutschland von 1971 bis 1976

	1971	1972	1973	1974	1975	1976
Insgesamt:	27 200	30 273	32 827	36 124	38 296	40 038
Darunter:						
Bronchialasthma m. Aufgabe des Berufs	632	671	869	858	801	930
Schwere Hauterkrankungen mit Aufgabe der Berufs	6 852	7 580	8 327	7 756	7 778	8 820
Asbeststaublungenerkrankungen	165	176	158	163	216	206
Asbestose in Verbindung mit Lungenkrebs	10	15	16	15	22	30
Silikose	4 964	5 482	5 241	5 726	6 324	4 901
Schleimhautveränderungen, Krebs oder andere Neubildungen d. Harnwege durch aromatische Amine	14	18	8	8	33	32
Erkrankungen durch Arsen oder seine Verbindungen	36	35	44	49	43	53
Erkrankungen durch Chrom oder seine Verbindungen	27	30	30	25	23	30
Erkrankungen durch Halogenwasserstoffe u.ä.	213	184	288	316	269	240
Erkrankungen der Zähne durch Säuren	280	405	493	533	593	944
Infektionskrankheiten	2 908	2 888	3 251	3 437	3 291	3 468
Lärmschwerhörigkeit u. -taubheit	3 163	4 606	6 337	9 890	12 418	13 789

Quelle: Unfallverhütungsbericht der Bundesregierung, Bundestags-Drucksache 8/1128 (4.11.1977)

Anhang 5:
Anteil der Wirtschaftssektoren am Bruttoinlandprodukt 1975
(Anteil der Beschäftigten in Klammern)

Land	Landwirtsch./ Forstwirtsch./ Fischfang	Industrie/ Bau	Handel/ Transport/ Dienstleistung/ Sonstige
1) OECD-Länder:			
Belgien (1974)	2,8 (3,7)	41,3 (41,2)	55,9 (55,1)
Bundesrepublik Deutschland	2,7 (6,2)	47,8 (44,2)	49,5 (48,9)
Dänemark	7,1 (9,3)	34,9 (31,9)	58,0 (57)
Frankreich	5,1 (11,2)	37,1 (38,1)	57,8 (50,7)
Großbritannien	2,5 (2,8)[1]	36,6 (42,3)[1]	60,9 (54,9)[1]
Italien	8,5 (16,6)[1]	41,0 (44,1)[1]	50,5 (39,8)[1]
Kanada	4,3 (6,3)[1]	32,0 (31,1)[1]	63,7 (62,6)[1]
Niederlande (1972)	5,5 (6,6)[1]	38,3 (35,5)[1]	56,2 (57,9)[1]
Österreich	5,2 (12,5)	44,3 (40,9)	50,5 (45,9)
Schweden	4,5 (6,4)	38,1 (36,5)	57,4 (57,1)
USA	3,4 (4,0)	32,5 (32,1)	64,1 (63,9)
2) COMECON-Länder:			
Bulgarien	21,9 (44,4)	59,8	18,2
CSSR	9,4 (15,2)	77,7 (47,7)	12,9 (37,1)
DDR[2]	10,4 (11,1)	72,6 (49,6)	20,5 (39,3)
Polen	15,1 (30,7)	70,4	14,6
UdSSR	16,8 (26,3)	64,1	19,1
Ungarn	17,0 (22,7)	60,0 (43,9)	23,0 (33,3)

1 1974   2 Incl. Doppelzählungen

Quellen: Monthly Bulletin of Statistics No. 7/1977 (Anteile am BIP). OECD-Länderberichte (Anteil der Beschäftigten). Statist. Jahrbuch der DDR 1976. Berlin (DDR) 1976. Statist. Jb.f.d. BRD 1977. Stuttg. u. Mainz 1977. Vgl. Statist. Yearbook 1976 (UN), New York 1977.
Da die Statistik der COMECON-Länder die Produktionsleistungen überrepräsentiert und die Dienstleistungen unterrepräsentiert bzw. als produktive Leistungen verbucht, sind hier die Beschäftigtenzahlen aussagekräftiger.

Anhang 6:
Anteil der an Kläranlagen angeschlossenen Einwohner

Land	Jahr	Kläranlagen insgesamt	biologische Anlagen
Schweden	1975	82,2%	78 %
England und Wales	1970	79,4%	43 %
USA	1973	75,7%	49,5%
Bundesrepublik Deutschland	1977	—	62 %
Dänemark	1975	59,0%	36,0%
Schweiz	1975	55,0%	
DDR	1975	46,9%	
CSSR	1975	35,0% (Plan)	
Finnland	1971	30,0%	
Österreich	1973	ca. 22 %	ca. 9 %
Norwegen	(1975)	ca. 20 %	
Japan	1975	<23 %*	
Polen	1973	34,8% der Städte	
Italien	1971	12,4%	

* Anschluß an das kommunale Kanalisationsnetz; die Anschlußrate bei Kläranlagen liegt niedriger.

Projekt „Politik und Ökologie" 1977

Anhang 7:

Umweltschutzkosten im internationalen Vergleich: Makroökonomisches Gewicht, Ausgabenschwerpunkte und Umfang der öffentlichen Finanzierung, 1970-1975 (s. Anmerkungen!)

	Land	Zeitraum	Ausgewiesene Ausgaben insgesamt in % des BSP	Investitionen in % der Anlageinvestitionen	Ausgabenschwerpunkte in % der Gesamtausgaben I	Ausgabenschwerpunkte in % der Gesamtausgaben II	Öffentliche Finanzierung % der Gesamtausgaben	Öffentliche Finanzierung % der Schwerpunkte I	Öffentliche Finanzierung % der Schwerpunkte II
	OECD-Länder:								
GESAMTKOSTEN	Japan	1970 1975	1,3 3-3,4	1,8 4,7	— 42b(W)	— 28b(L)	52 36	— 79b	— —
	USA	1972 1974	1,6 1,9	5,3 6,1	47 (W) 43 (W)	35 (L) 41 (L)	29 27	43 46	5 3
	Bundesrep. Deutschld.	1974 1975	1,4 1,4	2,9 3,2	— 64b(W)	— 24b(L)	38 38	— 68b	— 2b
	Schweden(a)	1972 1975	1,7 BIP 1,3 BIP	4,7 4,0	89b(W) 77b(W)1974	—	74 62	89b 87b1974	— —
	Schweiz (c)	1973	1,6	—	88 (W)	—	> 50	—	—
	Österreich (d)	1974	0,8	—	80 (W)	—	64	76	—
	Dänemark(e)	1974 1975	0,8 0,9	2,3 2,5	93b,f(W) 93b,f(W)	— —	81 82	94b,f 95b,f	— —
	Großbritannien (g)	1970 1975	1,1 1,0	— —	60 (W) 44 (W)	29 (A) 39 (A)	> 50 > 50	— —	— —

Anhang

	Ausgewiesene Ausgaben insgesamt in % des Nettomaterialprodukts		Ausgabenschwerpunkte in % der Gesamtausgaben	
			I	II
COMECON-Länder (nur Investitionen):				
DDR (h)	1973	0,7	(L)	(W)
Polen (i)	1970	0,3	(W)	
	1975	0,4	(W)	(L)
UdSSR (j)	1975	0,5		(L)

Anmerkungen:

Die Gesamtausgaben umfassen die Bereiche Wasser (W), Luft (L), Abfall (A) und Lärm. Vgl. *J. Gerau:* Umweltkosten im internationalen Vergleich, Forschungsbericht Nr. 13/1977 des Projekts „Politik und Ökologie ...'' an der FU Berlin.

a) Ohne Aufwendungen der privaten Energiewirtschaft
b) Anteil an den Gesamt*investitionen* für den Umweltschutz
c) Ohne Aufwendungen für die Luftreinhaltung und Lärmbekämpfung
d) Ohne Aufwendungen der Kommunen (aber inklusive der an sie gezahlten Bundestranfers)
e) Ohne kommunale Aufwendungen für Abfallbeseitigung, Luftreinhaltung und Lärmschutz
f) Ohne Aufwendungen des Zentralstaates
g) Nur öffentliche Aufwendungen
h) Investitionen für Wasser- und Luftreinhaltung, Abfallbeseitigung und Lärmschutz; ein Rest ist unausgewiesen
i) Investitionen für Wasser- und Luftreinhaltung sowie industr. Abfallbeseitigung
j) Unspezifizierte Gesamtinvestitionen

Anhang 8:

Anzahl der Bürgerinitiativen für den Umweltschutz in ausgewählten Ländern (1975):

Land	Anzahl der Bürgerinitiativen	Wichtigste Organisationen des Landes
Bundesrepublik Deutschland	1.302	Bundesverband Bürgerinitiativen Umweltschutz (ca. 1.000 Bürgerinitiativen; etwa 300.000 Mitglieder) (1) Bund Natur- und Umweltschutz Deutschland e.V. (ca. 40.000 Mitglieder) (1) Deutscher Naturschutzring e.V. (80 - 90 Mitgliederverbände; über 3 Mio Mitglieder) (1) Arbeitsgemeinschaft für Umweltfragen e.V. Weltbund zum Schutze des Lebens, Sektion Bundesrepublik Deutschland e.V.
Belgien	733	Inter-Environnement Entente Nationale pour la Protection de la Nature Arbeidertoeristenbond Gents Aktiecomite Leefmilieu Nationale Werkgroep Leefmilieu Cebedean-Becewa
Dänemark	128	NOAH (100 lokale Mitgliedsgruppen) Danmarks Naturfredningsforening Frilufsradet
Frankreich	246	Civilisation et environnement (Dachverband: Ca. 500.000 Mitglieder) Association pour la prévention de la pollution atmosphérique Progrès et environnement Aménagement et nature Fédération nationale de sauvegarde des sites et ensembles monumentaux Association des journalistes de l'environnement
Großbritannien	449	Committee for Environmental Conservation (Koordinierungsausschuß) Council on Protection of Rural England (CPRE) Conservation Society Council for Nature Council for Environmental Studies Friends of the Earth WWF-British National Appeal South Western Marine Pollution Group

Irland	51	An Taisce (National Trust for Irland) An Foras Forbatha (Nationales Institut für physikalische Planung und Forschung) Institute for Industrial Research and Standards Keep Ireland Beautiful Inland Waterways Association of Ireland
Italien	110	Italia Nostra Federazione Nazionale Pro Natura Movimento Ecologico Federazione delle Associazioni Scientifiche e Techniche (FAST) Club Alpino Italiano
Luxemburg	24	Ligue luxembourgeoise pour la protection de la nature (NATURA) Jeunes et environnement
Niederlande	260	Stichting Natuur en Milieu, Föderatives Organ von vier Verbänden auf nationaler Ebene: — Contractkommissie voor Natuur- en Landschapsbescherming — Nederlandse Vereniging tegen Water, Boden en Luchtverontreiniging — Stichting Centrum Milieuzorg — Vereniging tot behoud van Natuurmonumenten in Nederland
Schweden		Svenska Turistföreningen (230.000 Mitgl.) Riksförbundet för Hembygsvård (200.000) Sveveriges Fritidsfiskares Riksförbund (84.100) Friluftsfrämjandet (74.300) Svenska Naturskyddsföreningen (65.000) Miljöförbundet (10.000)
Japan:	1.286	(1970: 292)

(1) nach Angaben der betreffenden Verbände

Quellen: „Industrie und Gesellschaft", Hrsg.: Kommission der Europ. Gemeinschaften, 27. Mai 1975, Brüssel. Quality of the Environment in Japan 1976, hrsg. vom japan. Umweltamt, Tokio 1977, S. 76. Notes on Environmental Awareness and Political Change in Sweden. Hans L. Zetterberg, Sifo AB, Vällingby and the Dept. of Sociology, Umea University, Umea, Schweden 1977.

Literaturverzeichnis

Akademie der Wissenschaften der UdSSR, Geographisches Institut (Hrsg.): Mensch, Gesellschaft und Umwelt. Berlin (Ost) 1976.

Altvater, Elmar: Gesellschaftliche Produktion und ökonomische Rationalität. Externe Effekte und zentrale Planung im Wirtschaftssystem des Sozialismus. Frankfurt/M. 1969.

Amery, Carl: Natur als Politik. Die ökologische Chance des Menschen. Reinbek bei Hamburg 1976.

Andrews, Richard N.L.: Environmental policy and administrative change: Implementation of the National Environmental Policy Act. Lexington, Mass., 1976.

dell' Anno, P.: The law and practice relating to pollution control in Italy. London 1976.

Aufgaben Zukunft: Qualität des Lebens. Beiträge zur 4. Intern. Arbeitstagung der IGM 11.-14. April 72 in Oberhausen, 10 Bände. Frankfurt/M. 1972. Band 1: Qualität des Lebens, Band 4: Umwelt, Band 7: Qualitatives Wachstum.

Barthel, Eckhardt: Umwelt - Politik. Situation, Probleme und Lösungsansätze. (Hg. von der Landeszentrale für politische Bildungsarbeit Berlin) Berlin 1976.

Berry, Brian J.L. (ed.): The social burdens of environmental pollution: A comparative metropolitan data source. Cambridge, Mass., 1977.

Binswanger, H. CH/Geissberger, Ginsburg, Th.: Der NAWU-Report: Wege aus der Wohlstandsfalle. Strategien gegen Arbeitslosigkeit und Umweltkrise. Frankfurt/M. 1978.

Biolat, Guy: Ökologische Krise? Ziel und Hintergrund bürgerlicher Theorien von Gesellschaft und Umwelt. Berlin (DDR) 1974.

Brenner, Michael J.: The political economy of America's environmental dilemma. Lexington, Mass., 1973.

Buhné, Rainer: Die internationale Verflechtung der Umweltproblematik. Göttingen 1976.

Burhenne, Wolfgang E. (Hg.): Umweltrecht. Raum und Natur. Systematische Sammlung der Rechtsvorschriften, Entscheidungen und organisatorischen Grundlagen zur Raumplanung und Landespflege sowie zur Nutzung und Erhaltung der natürlichen Hilfsquellen. Berlin 1962 (fortl. Ergänzung).

Cansier, Dieter: Ökonomische Grundprobleme der Umweltpolitik. Berlin 1976.

Colliard, Claude-Albert: The law and practice relating to pollution control in France, London 1976.

Committee on the challenges of modern society (ed.): Environment and regional planning. Brüssel, o. Jg. (NATO-Publikation).

Council on Environmental Quality (CEQ): Environmental quality. The first annual report 1970. Washington, D.C., 1970.
Ders.: Environmental quality. The second annual report 1971, Washington, D.C., 1971.
Ders.: Environmental quality. The third annual report 1972, Washington, D.C., 1972.
Ders.: Environmental quality. The fourth annual report 1973, Washington, D.C., 1973.
Ders.: Environmental quality. The fifth annual report 1974, Washington, D.C., 1974.
Ders.: Environmental quality. The sixth annual report 1975, Washington, D.C., 1975.
Ders.: Environmental quality. The seventh annual report 1976, Washington, D.C., 1976.
Ders.: Environmental quality, The eights annual report 1977, Washington, D.C., 1977.
Dewees, D.N. u.a.: Economic analysis of environmental policies. Toronto 1976.
Dimento, Joseph F.: Managing environmental change. A legal and behavioral perspective. New York 1976.
Doran, CH.F./ Hinz, M.O./Mayer-Tasch. P.C.: Umweltschutz-Politik des peripheren Eingriffs. Eine Einführung in die politische Ökologie. Darmstadt und Neuwied 1974.
Dürr, E. u.a. (Hg.): Das Umweltproblem aus ökonomischer und juristischer Sicht. Göttingen 1975.
Enloe, Cynthia H.: The politics of pollution in a comparative perspective: Ecology and power in four nations. New York 1975.
Environment Agency, Japan: Quality of the environment in Japan 1973, Tokio 1973.
Dies.: Quality of the environment in Japan 1974, Tokio 1974.
Dies.: Quality of the environment in Japan 1975, Tokio 1975.
Dies.: Quality of the environment in Japan 1976, Tokio 1976.
Dies.: Quality of the environment in Japan 1977, Tokio 1977.
Environment Agency, Japan: Environmental laws and regulations in Japan. Tokio 1976.
Eppler, Erhard: Ende oder Wende. Von der Machbarkeit des Notwendigen. Überarbeitete Fassung, München 1976.
Flickinger, Hans-Georg/Summerer, Stefan: Voraussetzungen erfolgreicher Umweltplanung in Recht und Verwaltung. Göttingen 1975.
Forrester, Jay W.: Der teufliche Regelkreis. Das Globalmodell der Menschheitskrise. Stuttgart 1971.
Freeman, A. Myrick/Haveman, R.H./Kneese, A.V.: The economics of environmental policy. New York 1973.
Frey, Bruno S.: Umweltökonomie. Göttingen 1972.
Fritsch, Bruno: Wachstumsbegrenzung als Machtinstrument. Stuttgart 1974.
Gabor, D. u.a.: Das Ende der Verschwendung. Stuttgart 1976.
Giersch, Herbert (Hg.): Das Umweltproblem in ökonomischer Sicht. Kiel 1974.
Glagow, Manfred (Hg.): Umweltgefährdung und Gesellschaftssystem. München 1972.
Goldman, Marshall I.: The spoils of progress: Environmental pollution in the

Soviet Union. Cambridge, Mass. 1975 (1° 1972).
Goldsmith, Edward u.a.: Planspiel zum Überleben. Ein Aktionsprogramm. Stuttgart 1972.
Gorz, André: Ökologie und Politik. Beiträge zur Wachstumskrise. Reinbek bei Hamburg 1977.
de Graeff, J.J./Pollack, J.M.: The law and practice relating to pollution control in the Netherlands. London 1976.
Gruhl, Herbert: Ein Planet wird geplündert. Frankfurt 1975.
Gunnarsson, Bo: Japans ökologisches Harakiri oder Das tödliche Ende des Wachstums. Reinbek bei Hamburg 1974.
Hassenpflug, Dieter: Umweltzerstörung und Sozialkosten. Die Umwelt-Krise des Kapitalismus. Berlin 1974.
Hauff, Volker/Scharpf, Fritz W.: Modernisierung der Volkswirtschaft. Technologiepolitik als Strukturpolitik. Frankfurt/M. und Köln 1975.
Heilbroner, Robert L.: Die Zukunft der Menschheit. Frankfurt/M. 1976.
Henning, Daniel H.: Environmental policy and administration. New York, London, Amsterdam 1974.
Herrera, Amílcar O./Scolnik, Hugo D. u.a.: Grenzen des Elends. Das BARILOCHE-Modell: So kann die Menschheit überleben. Frankfurt/M. 1977.
Hjalte, Krister/Lindgren, Karl/Stahl, Ingemar: Environmental Poliicy and welfare economics. Cambridge 1977.
Hödl, Erich: Wirtschaftswachstum und Umweltpolitik, Göttingen 1975.
Höhmann, Hans-Hermann/Seidenstecher, Gertraud/Vajna, Thomas: Umweltschutz und ökonomisches System in Osteuropa. Stuttgart, Berlin, Köln, Mainz 1973.
Horn, Christopher (Hg.): Umweltpolitik in Europa. Frauenfeld 1973.
Huddle, Norie/Reich, M.: Island of dreams. Environmental crisis in Japan. New York und Tokio 1975.
IG Metall (Hg.): Krise und Reform der Industriegesellschaft. Frankfurt/M. 1976.
Institut für Wissenschaft und Kunst (Hg.): Umwelt und Gesellschaft. Wien 1977.
Issing, O. (Hg.): Ökonomische Probleme der Umweltschutzpolitik. Berlin 1976.
Jarre, Jan: Umweltbelastungen und ihre Verteilung auf soziale Schichten. Göttingen 1975.
Jensen, C. Haagen: The law and practice relating to pollution control in Denmark. London 1976.
Johnson, Hope: Environmental policies in the Developing Countries. Berlin 1977.
Johnson, Stanley P.: The politics of environment. The British experience. London 1973.
Jones, Charles O.: Clean air, the policies and politics of pollution control. Pittsburgh 1975.
Jungk, Robert: Der Atomstaat. Vom Fortschritt in die Unmenschlichkeit. München 1977.
Kapp, K. William/Vilmar, F. (Hg.): Sozialisierung der Verluste? Die sozialen Kosten eines privatwirtschaftlichen Systems. München 1972.
Kapp, K. William: Staatliche Förderung „umweltfreundlicher" Technologien. Göttingen 1976.
Kelley, Donald R./Stunkel, K.R./Wescott, R.R.: The economic superpowers and the environment. The United States, the Soviet Union and Japan. San

Francisco 1976.
Knappe, E.: Möglichkeiten und Grenzen dezentraler Umweltschutzpolitik. Berlin 1974.
Kneese, Allen V.: Economics and the environment. New York 1977.
Kneese, Allen V./Schultze, Charles L.: Pollution, prices and public policy. Washington D.C. 1975.
Kommission für wirtschaftlichen und sozialen Wandel: Wirtschaftlicher und sozialer Wandel in der Bundesrepublik Deutschland. Gutachten der Kommission. Göttingen 1977.
Külp, B./Haas, H.-D. (Hg.): Soziale Probleme der modernen Industriegesellschaft. Bd. 1. Berlin 1977.
Kunze, Jürgen: Umweltschutz-Investitionen und Wirtschaftswachstum. Berlin 1975.
Kursbuch 33: Ökologie und Politik oder Die Zukunft der Industrialisierung. Berlin 1973.
Leone, R.A.: Environmental control. The impact on industry, Lexington, Toronto, London 1976.
Leontief, Wassily u.a.: Die Zukunft der Weltwirtschaft. Bericht der Vereinten Nationen. Stuttgart 1977.
Leuenberger, Theodor/Schilling, Rudolf: Die Ohnmacht des Bürgers. Plädoyer für eine nachmoderne Gesellschaft. Frankfurt/M. 1977.
Leung, K. Chuan-K'ai/Klein, J.A.: The environmental control industry. An analysis of conditions and prospects for the pollution control equipment industry. Submitted to the Council on Environmental Quality. Washington 1975.
Liroff, Richard A.: A national policy for the environment. NEPA and its aftermath. Bloomington 1976.
Löhndorf, Alf: Umweltverschmutzung und Umweltschutz in Japan. Hamburg 1975.
Mayer-Tasch, Peter Cornelius: Die Bürgerinitiativbewegung. Der aktive Bürger als rechts- und politikwissenschaftliches Problem. Reinbek bei Hamburg 1976.
McKnight, Allan D. et al. (ed.): Enviromental pollution control: Technical, economic and legal aspects. London 1974.
McLoughlin, J.: The law and practice relating to pollution control in the United Kingdom. London 1976.
McLoughlin, J.: The law and practice relating to pollution control in the member states of the European Communities: A comparative survey. London 1976.
Mesarović, Mihailo/Pestel, Eduard: Menschheit am Wendepunkt. 2. Bericht an den Club of Rome zur Weltlage. Stuttgart 1974.
Michelson, William: Environmental choice, human behavior, and residential satisfaction. New York 1977.
Milbrath, Lester W./Inscho, Frederick R. (Hg.): The Politics of Environmental Policy. Beverly Hills/London 1975.
Moll, Walter L.H.: Taschenbuch für Umweltschutz I: Chemische und technologische Informationen. Darmstadt 1973.
Ders.: Taschenbuch für Umweltschutz II: Biologische Informationen. Darmstadt 1976.
Murswieck, Axel (Hg.): Staatliche Politik im Sozialsektor. München 1976.
Musolf, Lloyd D.: Legislatures, environmental protection, and development

goals. Beverly Hills, Calif. 1975.
Naumann, Michael (Hg.): Ein Konzern hält die Luft an. Ein politisches Sachbuch. München 1976.
Nowotny, Ewald: Wirtschaftspolitik und Umweltschutz. Freiburg i. Breisgau 1974.
Nussbaum, Henrich von (Hg.): Die Zukunft des Wachstums. Kritische Antworten zum „Bericht des Club of Rome". Düsseldorf 1973.
OECD: Economic implications of pollution control. Paris 1974.
OECD: Environmental policy in Japan. Paris 1977.
OECD: Environmental policy in Sweden. Paris 1977.
OECD: Water management policies and instruments. Paris 1977.
OECD: Measurement of environmental damage. Paris 1976.
Quarles, John: Cleaning up America. An insider's view of EPA. Boston 1976.
Der Rat von Sachverständigen für Umweltfragen: Umweltgutachten 1974. Stuttgart und Mainz 1974.
Ders.: Umweltgutachten 1978 (i. Druck).
Rechtziegler, E. et al.: Umweltprobleme und staatsmonopolistischer Kapitalismus (IPW-Forschungshefte 1/77). Berlin (DDR) 1977.
Rehbinder, Eckard/Burgbacher, H.-G./Knieper, R.: Bürgerklage im Umweltrecht. Berlin 1972.
Rehbinder, Eckard: Politische und rechtliche Probleme des Verursacherprinzips. Berlin 1973.
Richter, H.E. (Hg.): Wachstum bis zur Katastrophe? München 1974.
Der RIO-Bericht an den Club of Rome (Leitung: Jan Tinbergen): Wir haben nur eine Zukunft. Reform der internationalen Ordnung. Opladen 1977.
Rohrlich, Georg F. (ed.): Environmental management. Economic and social dimensions. Cambridge, Mass. 1976.
Rosenbaum, Walter A.: The politics of environmental concern. New York, Washington, London 1973.
Royal Commission on Environmental Pollution: First Report. London 1971.
Dies.: Second Report. London 1972.
Dies.: Third Report, London 1973.
Dies.: Fourth Report, London 1974.
Dies.: Fifth Report, London 1976.
Scholder, Klaus u.a.: Beiträge zur Umweltforschung. Boppard 1976.
Schultz, Uwe (Hg.): Lebensqualität. Frankfurt 1975.
Schumacher, E.F.: Die Rückkehr zum menschlichen Maß. Alternativen für Wirtschaft und Technik. „Small ist beautiful". Reinbek bei Hamburg 1977.
Siebert, Horst: Das produzierte Chaos. Ökonomie und Umwelt. Stuttgart, Berlin, Köln, Mainz 1973.
Siebert, Horst: Instrumente der Umweltpolitik. Göttingen 1976.
Singleton, Fred (ed.): Environmental misuse in the Soviet Union. New York 1976.
Stamer, Peter: Niveau- und strukturorientierte Umweltpolitik. Göttingen 1976.
Steiger, H./Kimminich, O.: Umweltschutzrecht und -verwaltung in der Bundesrepublik Deutschland. London 1976.
Stich, Rudolf: Umweltplanung in Frankreich. Berlin (in Vorbereitung).
Stretton, Hugh: Capitalism, socialism, environment. Oxford 1976.
Touraine, A. et al.: Jenseits der Krise. Wider das politische Defizit der Ökologie.

Frankfurt/M. 1976.
Umweltbericht 76: Fortschreibung des Umweltprogramms der Bundesregierung vom 14. Juli 1976. Stuttgart, Berlin, Köln, Mainz 1976.
Umweltbundesamt (Hg.): Materialien zum Immissionsschutzbericht 1977 der Bundesregierung an den Deutschen Bundestag, Berlin 1977.
Uppenbrink, Martin: Organisation der Umweltplanung in den USA. Berlin 1974.
Utton, Albert E. et al.: (eds.): Natural resources for a democratic society. Public participation in decision-making. Boulder 1976.
Vester, Frederic: Das Überlebensprogramm. Frankfurt/M. 1975.
Walter, Ingo (Hg.): Studies in international environmental economics. New York 1976.
Walterskirchen, Martin P. von (Hg.): Umweltschutz und Wirtschaftswachstum. Frauenfeld 1972.
Weidner, Helmut: Die gesetzliche Regelung von Umweltfragen in hochentwickelten kapitalistischen Industriestaaten. Eine vergleichende Analyse. Berlin 1975 (Schriften des Fachbereichs Politische Wissenschaft der FU Nr. 8).
Weintraub, A. et. al. (eds.): The economic growth controversy. New York 1973.
Wolff, Jörg (Hg.:) Wirtschaftspolitik in der Umweltkrise. Strategien der Wachstumsbegrenzung und Wachstumslenkung. Stuttgart 1974.

Die Autoren

Ulrich Albrecht: Jg. 1941, Dr. phil., Professor für Friedens- und Konfliktforschung am Institut für Internationale Politik im Fachbereich Politische Wissenschaft der Freien Universität Berlin. Veröffentlichungen über Rüstungsprobleme und Fragen der Forschungspolitik.
Dieter Ewringmann: Jg. 1940, Dipl.-Volkswirt und Dr.rer.pol., Geschäftsführer des Finanzwissenschaftlichen Forschungsinstituts an der Universität Köln. Publikationen u.a.: Zur Voraussage kommunaler Investitionsbedarfe, Opladen 1971. Die Flexibilität öffentlicher Aufgaben, Göttingen 1975. Verwaltungseffizienz und Motivation (zus. m.J. Denso, K.H. Hansmeyer, R. Koch, H. König und H. Siedentopf), Göttingen 1976.
Jürgen Gerau: Jg. 1949, Dipl.-Pol. Bis 1977 Assistent am Fachbereich Politische Wissenschaft an der Freien Universität Berlin (Projekt „Politik und Ökologie"). Jetzt Referent für Industriestrukturplanung in der Deutschen Stiftung für Internationale Entwicklung. Publikationen zur Umweltschutzökonomie und zur Entwicklungspolitik,
Erich Hödl: Jg. 1940. Dipl.-Kaufmann und Dr.rer.pol. 1974 Prof. an der Gesamthochschule Kassel. Seit 1977 Prof. für Volkswirtschaftslehre und Planung an der Gesamthochschule Wuppertal. Publikationen zur Gesamtwirtschaftlichen Planung, zum Links-Keynesianismus, zur Politischen Ökonomie und zur Umweltökonomie.
Martin Jänicke: Jg. 1937. Dipl.-Soziologe und Dr.phil., Professor für Vergleichende Politikwissenschaft an der Freien Universität Berlin. Leiter des Projekts „Politik und Ökologie". Publikationen u.a.: Der dritte Weg (1964); Totalitäre Herrschaft (1971); Herrschaft und Krise (1973); Politische Systemkrisen (1973).
Lennart Lundqvist: Jg. 1939. Dr.phil., Dozent für Politologie an der Universität Uppsala bis 1978; Mitarbeiter im schwedischen Forschungsrat für Sozialwissenschaften; Sozialwissenschaftlicher Berater für die Zeitschrift „Ambio". Veröffentlichungen u.a.: Miljövardsförvaltning och politisk struktur (1971); Clean Air Policy in Change in Sweden and USA, i.V.
Volker Ronge: Jg. 1943, Privatdozent an der FU Berlin, Dr.rer.pol., Diplom-Politologe, wissenschaftl. Mitarbeiter am Max-Planck-Institut zur Erforschung der Lebensbedingungen der wissen.-techn. Welt in Starnberg. Veröffentlichungen u.a.: Restriktionen politischer Planung (zus. mit G. Schmieg), München 1973; Forschungspolitik als Strukturpolitik, München 1977.
Alparslan Yenal: Jg. 1935. Dr.rer.pol., Assistenzprofessor am Fachbereich Politische Wissenschaft an der Freien Universität Berlin. Publikationen zur Politischen Ökonomie und zur Weltwirtschaft.
Klaus Zimmermann: Jg. 1944. Dipl.-Volkswirt und Dr.rer.pol., stellvertret. Direktor des Internationalen Instituts für Umwelt und Gesellschaft des Wissenschaftszentrum Berlin. Mitarbeit im Sachverständigenrat für Umweltfragen. Publikationen zur Finanzwissenschaft, Regionalforschung, Verteilungspolitik, Stadtentwicklungsplanung und Umweltökonomie.

Gegenwartskunde

Gesellschaft Staat Erziehung

Zeitschrift für Gesellschaft, Wirtschaft, Politik und Bildung

Herausgegeben von Prof. Dr. Walter Gagel, Hagen; Prof. Dr. Hans-Hermann Hartwich, Hamburg; Prof. Dr. Wolfgang Hilligen, Gießen; Dr. Willi Walter Puls, Hamburg. Zusammen mit Dipl.-Soz. Helmut Bilstein, Hamburg; Dr. Wolfgang Bobke, Wiesbaden; Prof. Dr. Karl Martin Bolte, München; Prof. Friedrich-Wilhelm Dörge, Bielefeld; Dr. Friedrich Minssen, Frankfurt; Dr. Felix Messerschmid, München; Prof. Dr. Hans-Joachim Winkler, Hagen.

Gegenwartskunde ist eine Zeitschrift für die Praxis der politischen Bildung ebenso wie für den politisch allgemein interessierten Leser. Sie veröffentlicht Aufsätze, Materialzusammenstellungen, Kurzberichte, Analysen und Lehrbeispiele zu den Hauptthemenbereichen der politischen Bildung: Gesellschaft — Wirtschaft — Politik. Sie informiert und bietet darüber hinaus dem Praktiker der politischen Bildung unmittelbar anwendbares Material.

„Die didaktische Relevanz der Gegenwartskunde ergibt sich nicht nur aus der Zielsetzung, problembewußte Analysen des gegenwärtigen Geschehens in Gesellschaft, Wirtschaft und Politik zu bieten, die in jeder Nummer mit geradezu bewundernswerter Exaktheit realisiert wird, sondern auch aus ihrer Singularität auf dem deutschen Zeitschriftenmarkt. Zu dieser Weite der Perspektive kommt die unbestreitbare Aktualität der Beiträge in Vorausspielung und Reaktion."
(Informationen für den Geschichts- und Gemeinschaftskundelehrer)

Wer die Informationen der Zeitschrift regelmäßig ordnet und sammelt, hat schon nach kurzer Zeit ein recht aktuelles politisches Kompendium zur Hand, das für die tägliche Unterrichtsarbeit ganz konkrete Hilfen liefert. (betrifft: erziehung)

„Sie (GEGENWARTSKUNDE) hilft dem interessierten Lehrer, in wichtigen Fachbereichen auf dem neuesten Informationsstand zu bleiben: sie unterstützt den Lehrer, der die notwendige Auseinandersetzung mit aktuellen, teilweise kontroversen Themen nicht scheut und sie erfolgreich bestreiten will; sie ist geeignet, den Blick zu schärfen für Notwendigkeit und Ausmaß gesellschaftlicher Veränderung und einen realistischen und dynamischen Demokratiebegriff; sie liefert vor allem neben Anregungen didaktischer Art eine Fülle guten Materials, das nicht nur der Information des Lehrers dient, sondern auch teilweise im Arbeitsunterricht unmittelbar verwendet werden kann."
(Der Bürger im Staat)

Gegenwartskunde erscheint vierteljährlich
Jahresabonnement DM 28,—, für Studenten gegen Studienbescheinigung und Referendare DM 20,40, Einzelheft DM 8,—, jeweils zuzüglich Versandkosten.

Leske Verlag + Budrich GmbH

Für alle, die über
GATT, ECOSOC, OECD, OPEC,
MBFR, UNCTAD und über
weitere 64 zentrale Begriffe der
internationalen Politik
Bescheid wissen wollen:

HANDWÖRTERBUCH INTERNATIONALE POLITIK

Dieses neue Nachschlagewerk vermittelt in 70 Stichwörtern auf rund 400 Seiten aktuelles und grundlegendes Wissen über internationale Politik. Fakten, Probleme, Theorien und Ideen werden knapp und klar dargestellt. Umfangreiche Sach- und Personenregister erschließen Kreuz- und Querverbindungen und damit weitere Information.

Das Handwörterbuch ist unentbehrlich für jeden, der sich mit Fragen der internationalen Politik — der „Weltinnenpolitik" — beschäftigt.

**Handwörterbuch Internationale Politik
Herausgegeben von Wichard Woyke.
392 Seiten, gebunden: 36,— DM
Studienausgabe UTB 702: 22,80 DM**

Leske Verlag + Budrich GmbH Opladen